DK编程教室

Scratch3.0从入门到自由创作

〔英〕乔恩·伍德科克　等　著　余宙华　译

南海出版公司

新经典文化股份有限公司
www.readinglife.com
出　品

作者 乔恩·伍德科克（Jon Woodcock）

牛津大学物理学学士、伦敦大学天体物理学博士。8 岁开始编程，从单片机到世界一流的超级计算机，他为各种不同类型的计算机编写过程序，内容涉及太空模拟、智能机器人等。乔恩对于科技教育充满热情，在学校开设了关于太空和计算机编程的讲座，出版了《编程真好玩》《为孩子们写的编程书》《电脑编程轻松学》等作品。

作者 克雷格·斯蒂尔（Craig Steele）

计算机科学教育专家。他是苏格兰 Coder Dojo 项目的负责人，这个项目为年轻人运营免费的编程俱乐部。克雷格曾为树莓派基金会、格拉斯哥科学中心、BBC 的 micor:bit 项目等多个机构工作。

译者 余宙华

浙江大学学士，北京大学信息科学专业硕士。毕业后在跨国互联网公司从事 IT 技术工作。2009 年涉足少儿编程教育领域，创办“阿儿法营”。2010 年至今，在北京育才学校、首师大附小、中关村二小等学校讲授少儿编程。2012 年成为中国科技馆特聘教师。2015 年应中国科协邀请，共同发起“探索计划”，担任“探索计划”教案主要研发人及主讲人，致力于在中国普及少儿创意编程。

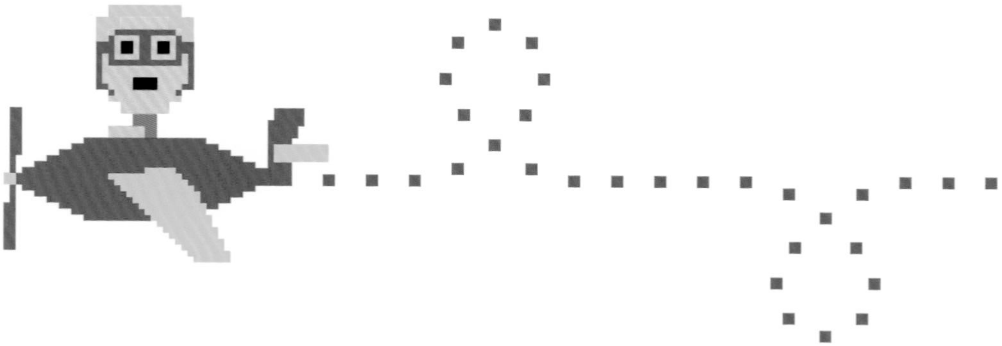

推荐序

近几年来，人们对编程兴趣大增，编程开始风靡全球。世界各地的学校纷纷把它加入课程体系，众多的编程俱乐部开始培训初学者，很多成年人重回大学学习编程，因为它被认为是工作中的重要技能。在很多家庭，人们也开始学习编程，享受其中的乐趣。

你很幸运，现在是学习编程最好的时代。过去，程序员要手动输入一行行代码，使用各种晦涩的指令和数学符号，一个句号没放对位置，就可能毁掉一切努力。今天，你只须使用编程工具拖拽指令，比如使用本书即将介绍的 Scratch，就可以在几分钟内编出令人惊叹的强大程序。

当编程变得更加简单、方便时，越来越多的人发现了电脑的创造潜能，这就是本书的主题。《DK 编程教室：Scratch 3.0 从入门到自由创作》讲述如何用编程实现创造性的目标：创作艺术作品、创作音乐、制作动画和各种特效。充分发挥想象力，你就能做出酷炫的作品，从闪耀的烟火表演，到随着音乐旋转舞动的万花筒般的杰作。

即使你对编程一无所知，也不用担心。在前两章，你会学到基本的编程知识和 Scratch 的使用方法。后面的章节将逐渐提升你的编程能力，让你了解如何创作可以互动的艺术作品、栩栩如生的模拟现实、令人困惑的视觉幻象，以及各种超有意思的游戏。

学习新知识是一项艰巨的任务，但是如果你能发现其中的乐趣，学习速度就会大大加快。基于这个理念，这本书竭尽全力让编程学习变得好玩、有趣。希望你跟随书里的指导创建编程作品时，也能感受到创作的喜悦。

英国著名电视节目主持人　卡罗尔 · 沃德曼

目　录

1 什么是编程？

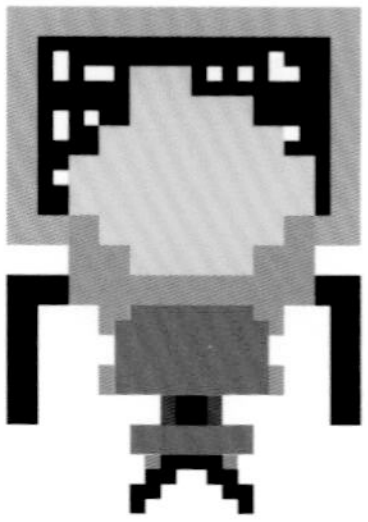

10　充满创造力的计算机
12　编程语言
14　Scratch 如何运行
16　获取 Scratch 3.0
18　Scratch 界面
20　作品的种类

2 新手入门

24　小猫绘画
32　恐龙舞会
46　动物赛跑
58　帕布问答
68　滑稽脸蛋

3 艺术

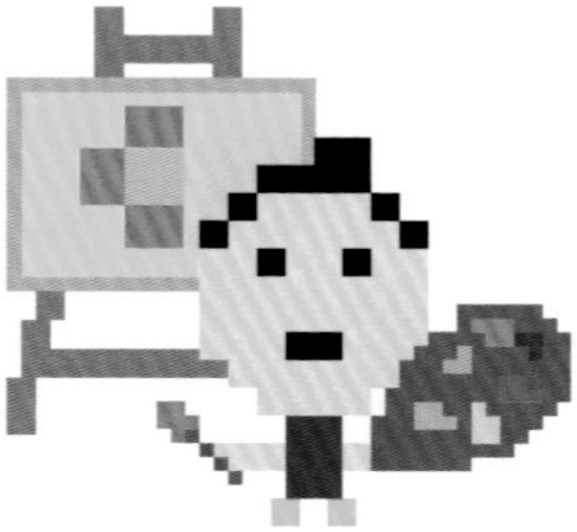

80　生日贺卡
92　螺旋生成器
104　梦幻花园

4 游戏

120　死亡隧道
132　窗户清洁工

5 模拟

142 雪花飘飘
152 烟火表演
160 分形大树
170 雪花模拟器

6 角色和音效

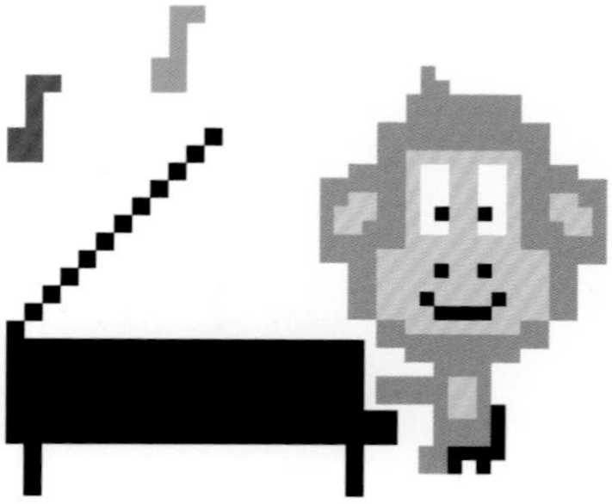

180 角色和音效
188 打击乐

7 意识扭曲

198 魔幻圆点
206 创螺旋

8 下一个阶段

216 下一步
218 词汇表

* 因 Scratch 中文版翻译不断更新，故本书中的指令描述可能与实际略有不同，请以官网最新版为准。

1

什么是编程？

充满创造力的计算机

生活中到处都有计算机的身影，它们的用途各具创意。但是，想要真正体验创造的乐趣，你必须学会控制计算机，也就是学会为它编写程序！在你的指尖下，编程将创造一个有无限可能的世界。

像计算机一样思考

编程，也叫作编码，意思就是“告诉计算机应该做什么”。编程意味着你要像计算机一样思考，把一项任务分解成一系列详细而简单的步骤。这就是编程！

▷一个简洁的食谱

假设你想让朋友做一个蛋糕，但是他不知道如何烘焙蛋糕。如果你只是简单地下达“做蛋糕”的指令，他根本无从下手。你应该给他一道食谱，里面写明一些简单的步骤，比如“打一个鸡蛋”“加一勺糖”等。编程就有点像写一道食谱。

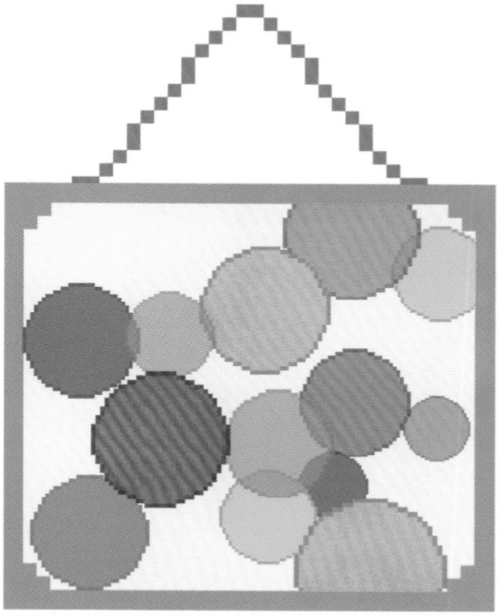

◁一步一步做

假设你想编写一个程序，让计算机画出左侧的图案：不同颜色的圆圈随机重叠在一起。你必须把画图的工作转换成某道“食谱”，详细描述计算机需要执行的每一个步骤。食谱看起来就像这样：

食谱

食材

1. 10个大小不同的圆圈。
2. 7种颜色。

操作步骤

1. 清除屏幕，生成白色背景。
2. 重复10次下面的步骤：
   a）在屏幕上随机选一个位置；
   b）任选一个圆圈；
   c）任选一种颜色；
   d）在已选的位置，用这种颜色画一个和选中圆圈等大的半透明的圆。

▷计算机语言

尽管你能理解制作蛋糕或者画彩色圆圈的步骤，却看不懂计算机。所以，你需要把这样的指令转变成一种计算机能够理解的特殊语言——编程语言。本书使用的编程语言就是 Scratch。

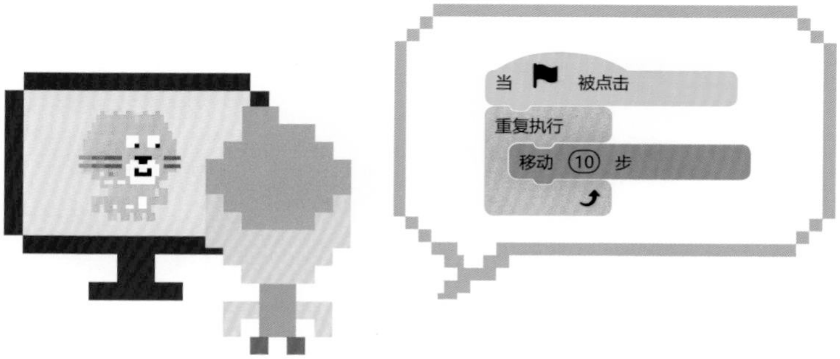
当 被点击
重复执行
移动 10 步

充满想象力的世界

在当今世界，任何创造性的领域都有计算机的介入。跟随这本书，你会完成很多出色的作品，激发想象力，学会创意思考和编程。

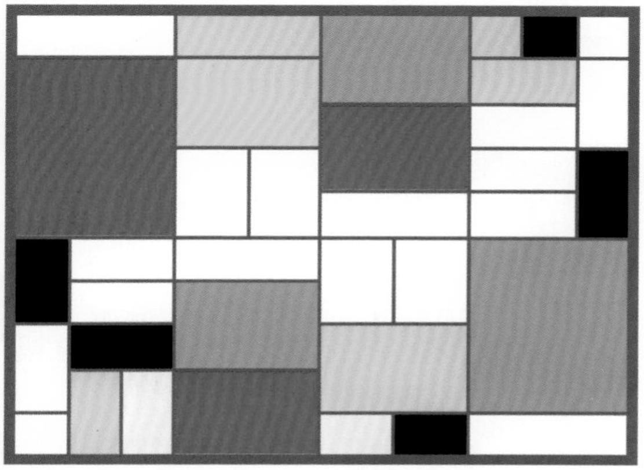

通过编程，计算机可以画出原创美术作品。

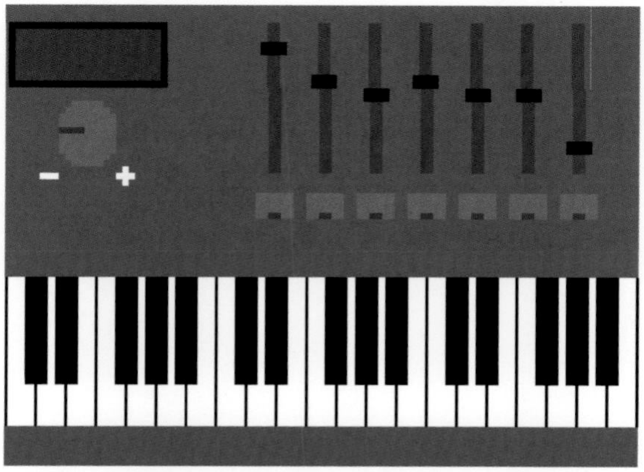

音效程序可以把音乐和其他声音以各种方式混合在一起。

制作游戏和玩游戏一样有趣，尤其是当所有游戏规则都由你来制定的时候。

图像程序可以创造出电影里的奇幻特效和戏剧性画面。

编程语言

想要告诉计算机如何行动，必须使用一种正确的语言：编程语言。编程语言种类繁多，有的为初学者设计，简单易学，比如本书使用的 Scratch ；有的很复杂，需要花多年时间才能熟练掌握。用编程语言写出的一串指令就叫作“程序”。

主流编程语言

世界上的编程语言超过 500 种，但是大多数程序都由几种主流语言组成。虽然这些编程语言都使用单词，但是一行行的指令看起来和句子截然不同。下面将介绍如何用各种语言让计算机在屏幕上说“Hello！”

▷ C 语言

C 语言常用于编写直接在计算机硬件上运行的程序，比如 Windows 操作系统的程序。如果追求运行速度，C 语言当仁不让，它已经被用于太空探测器的程序中。

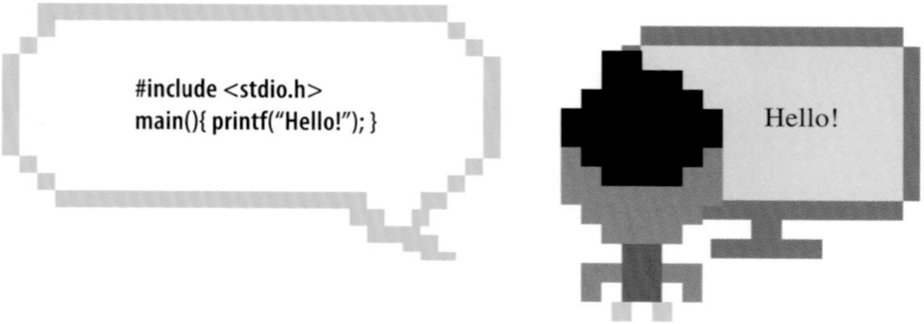

▷ C++

这是一种复杂的语言，常用于编写规模庞大的商业软件，比如文字处理软件、万维网浏览器及操作系统。C++ 从 C 语言发展而来，但是添加了很多额外的特性，以便更好地编写大型程序。

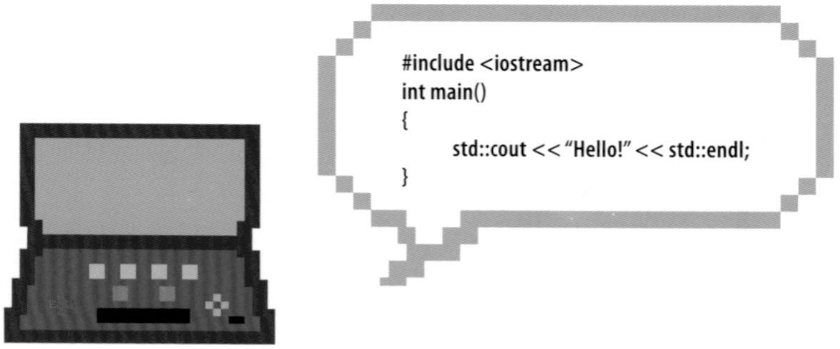

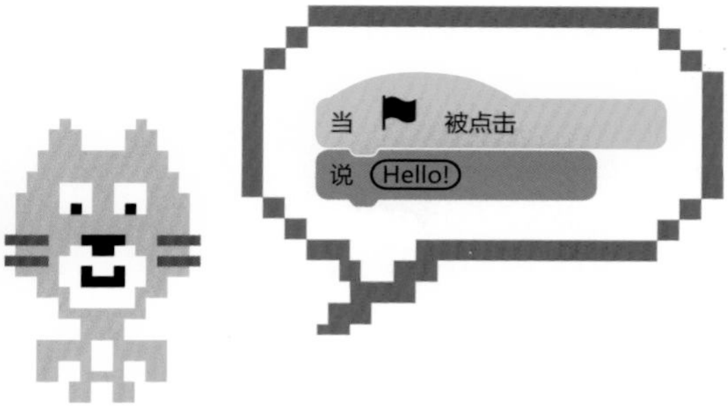

△ Scratch

初学者通常从简单的编程语言开始学习，比如 Scratch。无须敲出每一个指令，用预先准备好的指令块就能编写程序。

△ Python

Python 是一种当下非常流行、能适应各种用途的编程语言。每一行代码都比其他语言更短小精悍，所以比较容易掌握。在学完 Scratch 之后，学习 Python 是不错的选择。

△ JavaScript

程序员常使用 JavaScript 编写能在网站上运行的互动页面，比如广告、游戏等。

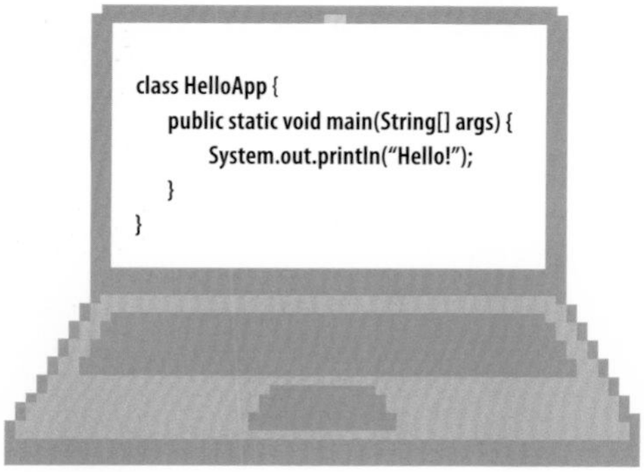

△ Java

Java 语言的设计目标是能在各种设备上运行，从手机、笔记本电脑，到游戏控制台、超级计算机。游戏《我的世界》（*Minecraft*）就是用 Java 写出来的。

术语

编程词汇

算法

按照一系列的指令工作，以完成特定的任务。计算机程序是按照算法设计的。

臭虫（Bug）

程序中的错误和漏洞。为什么管它们叫“臭虫”呢？原来第一台计算机曾发生故障，就是因为真的有虫子爬了进去！

代码

用一种计算机语言编写的指令通常叫作“代码”。编写代码就是编写程序。

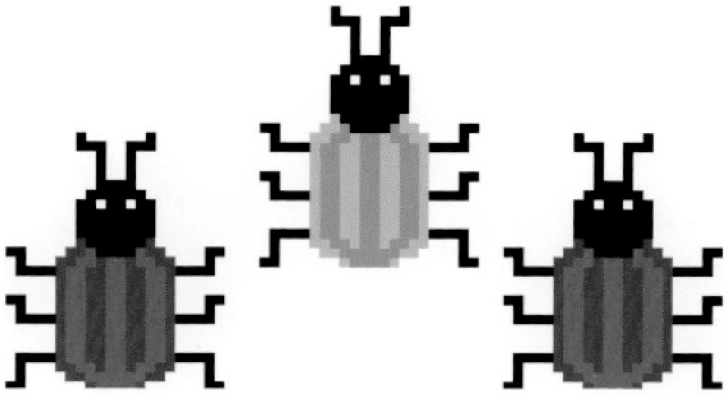

Scratch 如何运行

这本书会教你如何用 Scratch 编写各种精彩的程序。方法就是拖拽预先准备好的指令块拼接在一起，用它们控制各种人物，也就是我们所说的“角色”。

角色

角色就是显示在舞台上的那些物体。Scratch 为你准备了很多角色，比如大象、香蕉、气球等，不过你也可以动手画自己的角色。角色可以做出各种动作，比如移动、变色和旋转。

角色可以移动。
角色可以发出声音、演奏音乐。
我是角色！
角色可以在屏幕上显示消息。

指令块和代码

Scratch 有各种颜色的指令块，它们会发出指令，告诉角色应该做什么。每个角色都按照叠放的指令串工作，这一串指令就叫作“代码”。各个指令块从上到下按顺序执行。下面是一个让吸血鬼简单变身的代码。

▽创建程序

用鼠标拖拽指令块，把它们像积木一样拼接起来。指令块按照功能分为不同的颜色，方便你快速找到正确的那个。例如，紫色指令块会改变角色的外观。

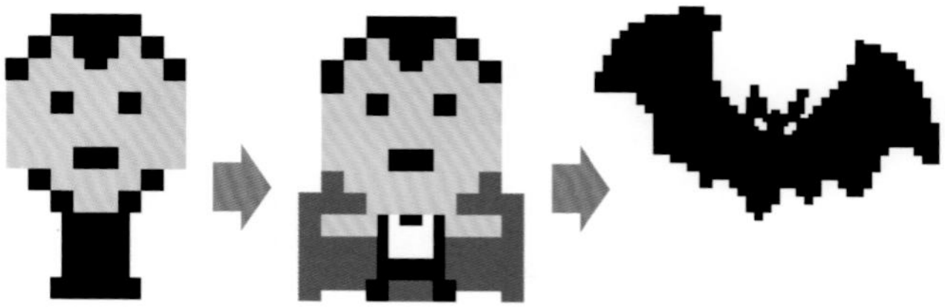

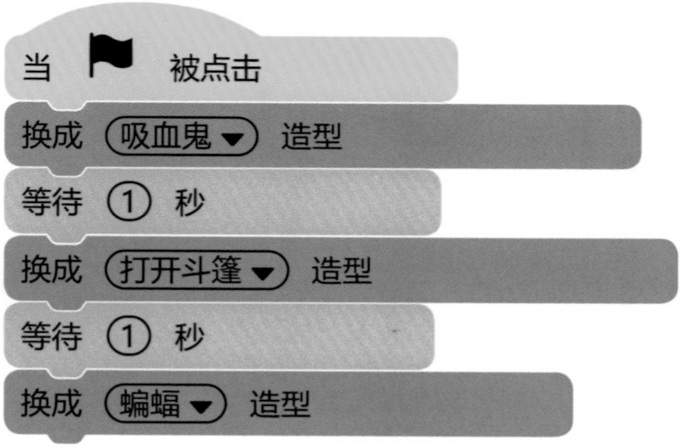

典型的 Scratch 作品

一个 Scratch 作品由代码、造型和声音组成，这些元素互相合作，形成了屏幕上的表演效果。观看表演的地方叫作“舞台”。你可以选择一张图片作为舞台背景。

点击绿旗运行程序。

点击红色按钮终止程序。

点击这里进入全屏模式。

▷点击绿旗，运行！

启动或运行一个程序意味着让代码获得生命，开始工作。在 Scratch 中，点击绿旗会运行所有使用了“当绿旗被点击”指令块的程序；点击红色按钮能让所有程序停止运行，这样就可以继续编写代码了。

华丽的灯光和恐龙跳舞的台子是“舞台”（背景图片）的一部分。

跳舞的恐龙和小女孩由各自的代码控制。

▽互相合作的指令块

一个作品通常有好几个角色，每个角色都拥有一个或者多个指令块。每个指令块控制一种动作。下面这个程序让角色在舞台上追逐鼠标指针。

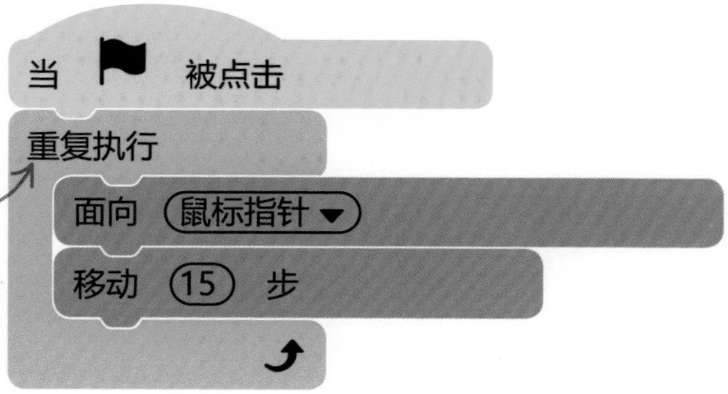

“重复执行”指令块能让指令一次又一次地运行，无限循环。

专家提示

读懂 Scratch

Scratch 设计得特别易于理解。每个指令块要做的事情都写在了上面，只要读一下指令块上的文字就能理解它的用途。

猜猜看，这个指令块让角色做什么事情？

获取 Scratch 3.0

想要动手完成本书所有的编程作品，必须用电脑安装 Scratch 3.0 软件。请按照如下提示进行操作。

本书使用
Scratch 3.0！

在线版和离线版 Scratch

如果你的电脑总是可以很方便地连接网络，使用在线版的 Scratch 最方便。如果你不经常连接网络，那就可以下载安装离线版的 Scratch。

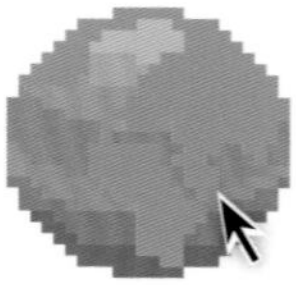

在线版

访问 Scratch 官方网站（http://scratch.mit.edu），点击“加入 Scratch 社区”注册为网站用户，为自己设置用户名和密码。注册需要电子邮箱地址。

在线版的 Scratch 在浏览器中运行，只须访问 Scratch 网站，点击屏幕上方的“创建”按钮，就可以打开 Scratch 编程界面。

使用在线版 Scratch 不用担心作品保存的问题，它们会自动保存。

在线版 Scratch 可以在装有 Windows、Mac OS 和 Linux 系统的电脑上运行，还可以在平板电脑上使用。

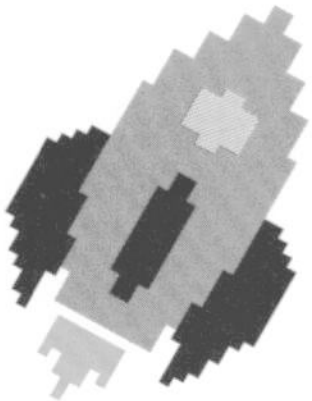

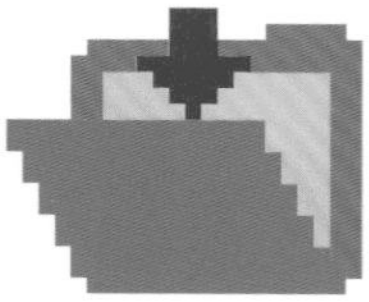

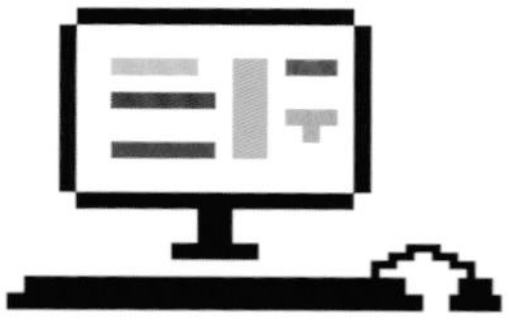

离线版

访问 http://scratch.mit.edu/download，按照提示下载软件，安装到电脑上。

安装之后，与其他软件一样，电脑桌面上会出现 Scratch 的图标。双击图标，就可以启动 Scratch。

保存作品须点击文件菜单中的“保存”功能。Scratch 会询问把文件保存在何处——请和电脑的主人商定。

离线版 Scratch 在 Windows、Mac OS 系统中运行良好，但是在 Linux 系统中常会出现故障。

Scratch 版本

这本书中的作品都需要使用 Scratch 3.0 来完成，其他旧版的 Scratch 不适用。如果你的计算机上已经安装了 Scratch，却不清楚它的版本，可以根据下图核查。

▽ Scratch 2.0

旧版的 Scratch 中，舞台在屏幕左侧。如果发现这个情况，就需要安装 Scratch 3.0。

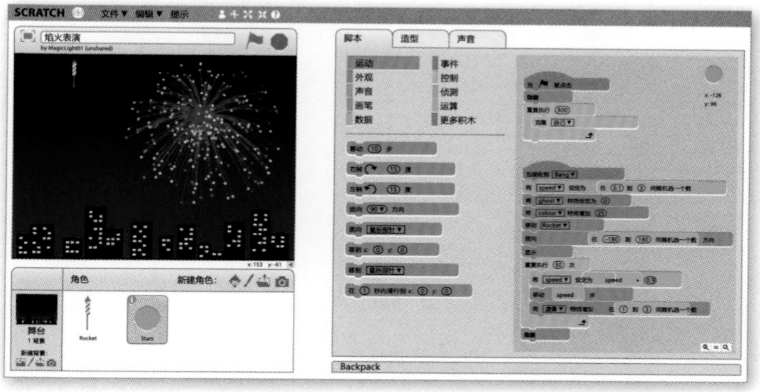

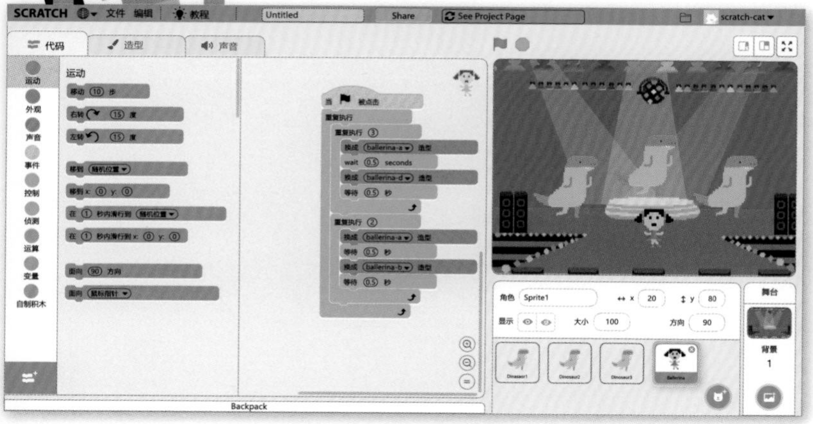

◁ Scratch 3.0

Scratch3.0 发布于 2019 年。舞台被移动到了右边，指令块的数量变多了，还增加了更多新特性，主要包括：新角色、优化的声音编辑器，以及“添加扩展”部分（里面有更多功能的指令块）。

专家提示

鼠标指针

Scratch 需要精确细致的定位操作，这时使用鼠标就比触摸板更加方便。本书经常提示使用鼠标右键，如果你的鼠标只有一个按键，在按下鼠标的同时按下键盘上的“Shift”或“Ctrl”键，也能达到按下右键的效果。

Scratch 界面

这就是 Scratch 的操作界面，左侧区域用于编写代码，右侧是舞台，展示了整个程序的运行效果。

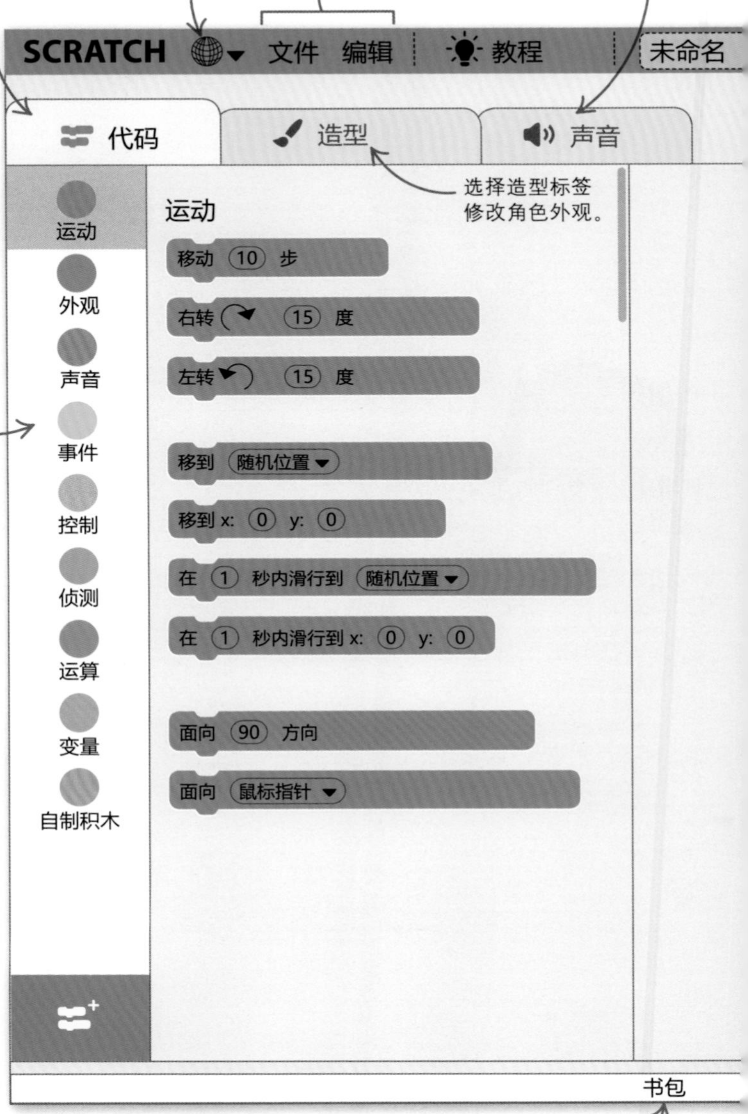

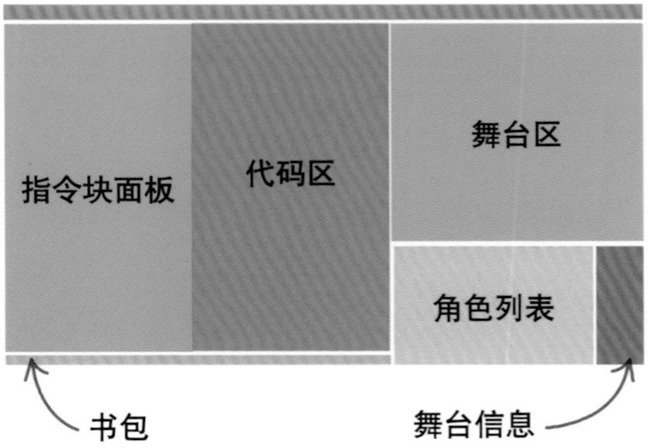

△熟悉界面

使用本书时，必须了解 Scratch 有哪些功能。这里展示了界面中每个部分的名字。指令块面板上方的标签可以用来打开造型和声音的编辑区。

代码区
把指令块拖到这个区域拼接。你可以为游戏中的每个角色编写代码。

舞台区
这里是角色表演动作的地方。当你运行程序，角色就会出现在舞台上，它们会根据指令在舞台上移动，互相配合完成动作。

点击这里进入全屏模式。

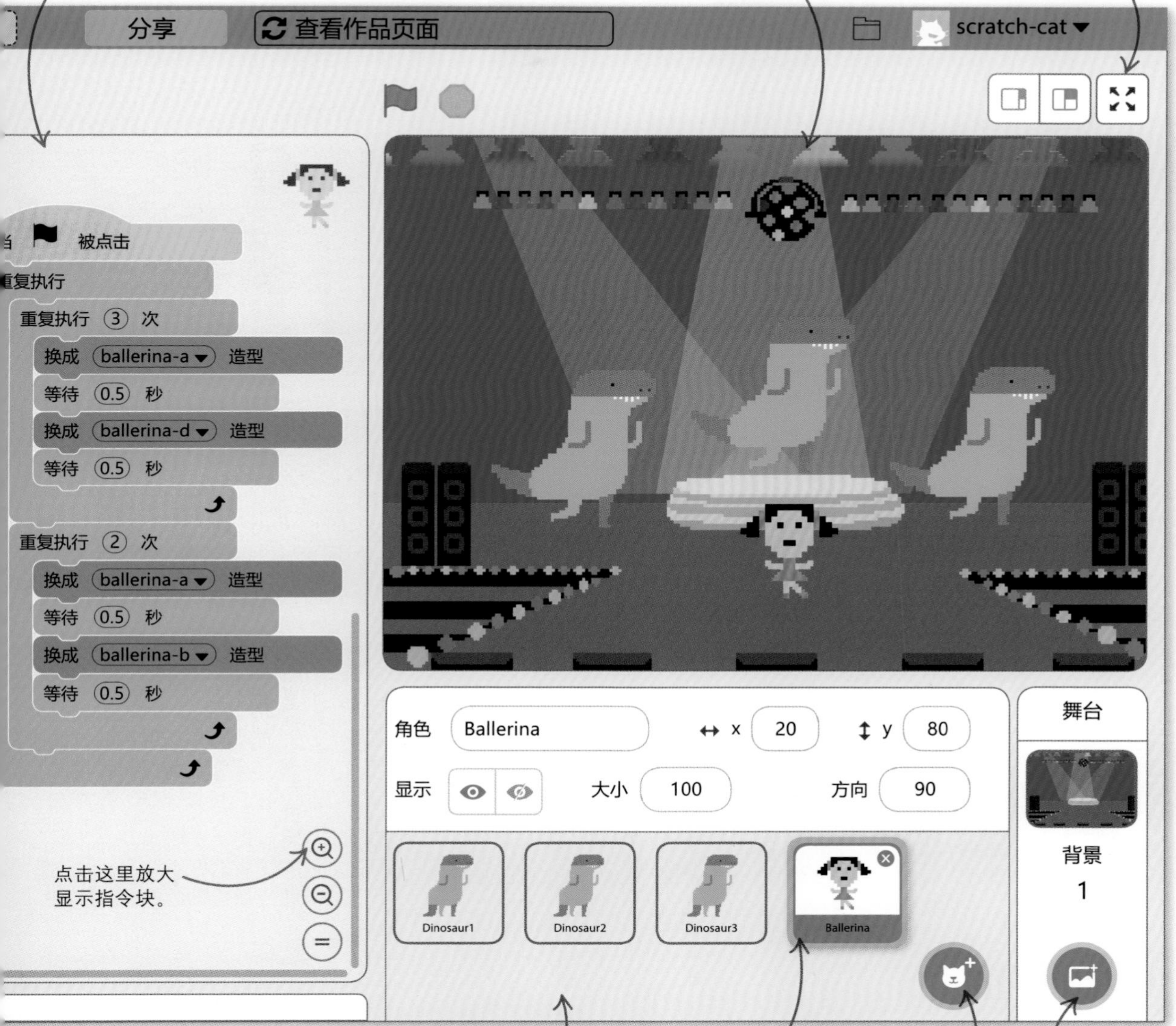

分享
查看作品页面
scratch-cat
当 被点击
重复执行
重复执行 3 次
换成 ballerina-a 造型
等待 0.5 秒
换成 ballerina-d 造型
等待 0.5 秒
重复执行 2 次
换成 ballerina-a 造型
等待 0.5 秒
换成 ballerina-b 造型
等待 0.5 秒
角色 Ballerina
x 20
y 80
显示
大小 100
方向 90
舞台
背景
1
Dinosaur1
Dinosaur2
Dinosaur3
Ballerina

点击这里放大显示指令块。

角色列表
选中一个角色，它的代码就会出现在代码区。

被选中的角色会以蓝色方框标记出来。

点击图标添加新角色。

点击这个图标可以修改舞台背景。

作品的种类

本书有各种各样有趣的 Scratch 作品。即便你不是高手，甚至从未使用过 Scratch，也不必担心，“新手入门”这一章会引领你简单了解。下面是对本书作品的介绍。

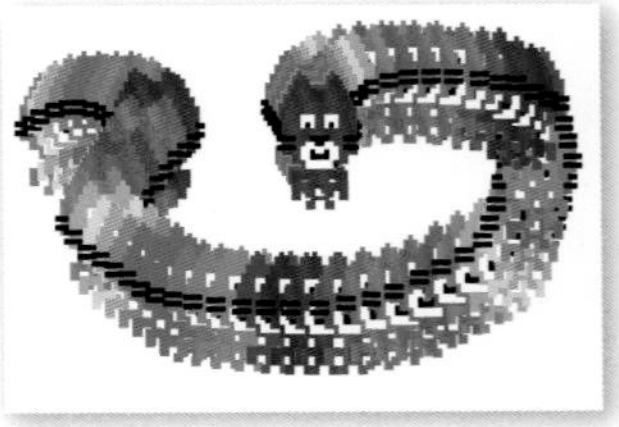

小猫绘画（24页）

恐龙舞会（32页）

动物赛跑（46页）

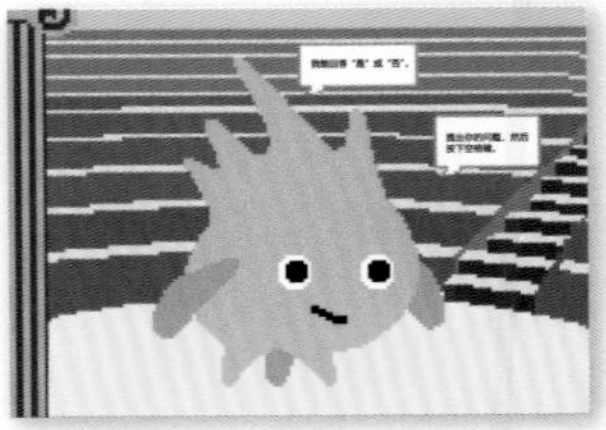

帕布问答（58页）

△新手入门

这一章的作品比较简单，但会讲解重要的新概念，如果你是一个新手，就不要跳过任何细节。学完这一章，你就能熟练掌握 Scratch 的基本功能了。

滑稽脸蛋（68页）

生日贺卡（80页）

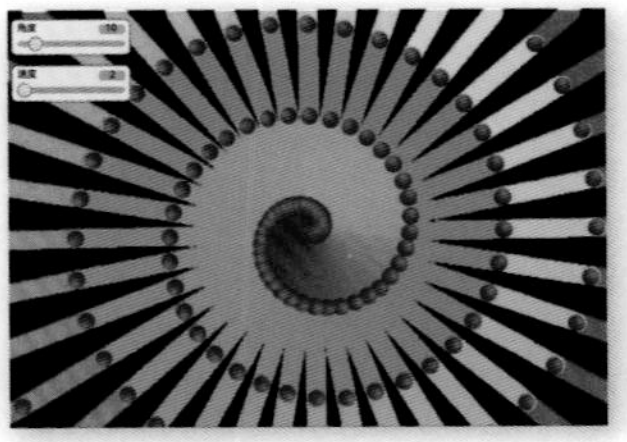

螺旋生成器（92页）

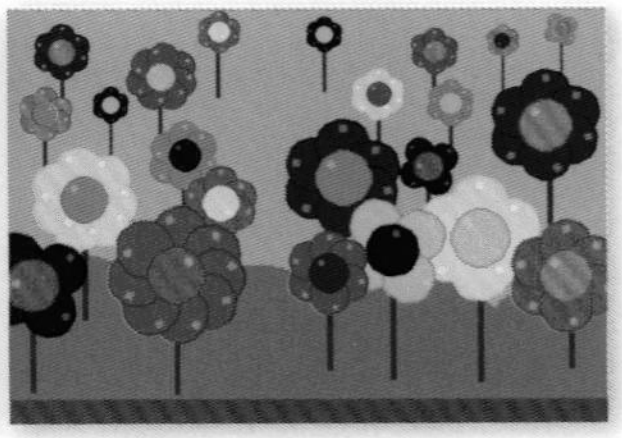

梦幻花园（104页）

◁艺术

艺术家喜欢用新的方式进行创作，计算机为他们提供了强大的工具，效果连达·芬奇都难以想象。你可以做生日贺卡，让奇妙的螺旋线转动起来，还可以用鲜花装点你的世界。

▷游戏

游戏设计是编程中最具创造性的领域。游戏设计者为了吸引玩家或讲述有趣的故事，总是努力寻找充满创意的新方法。这一章的作品会让你操控一个角色穿过弯曲的隧道，或者清除屏幕上的虚拟污渍。

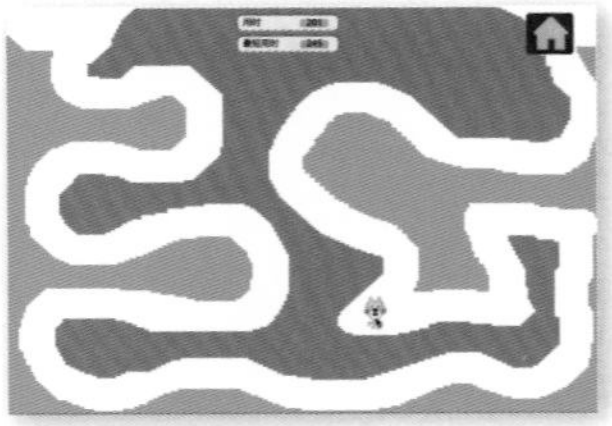

死亡隧道（120页）

窗户清洁工（132页）

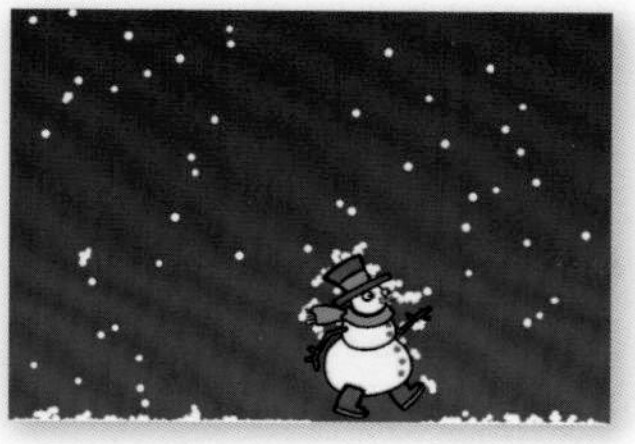

雪花飘飘（142页）

烟火表演（152页）

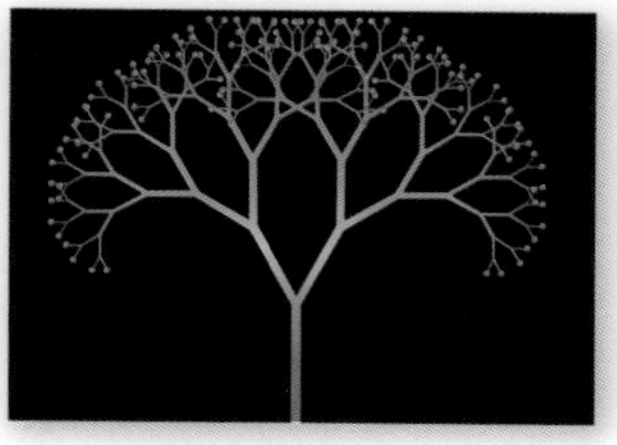

分形大树（160页）

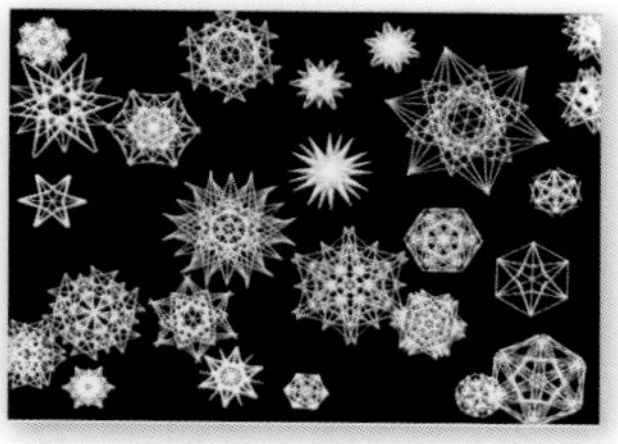

雪花模拟器（170页）

△模拟

通过有效的程序设计，计算机可以模拟出现实世界存在的东西。这一章将向你展示如何模拟飘落的雪花、闪耀的烟花、生长的大树，以及各种形状的雪花结晶。

角色和音效（180页）

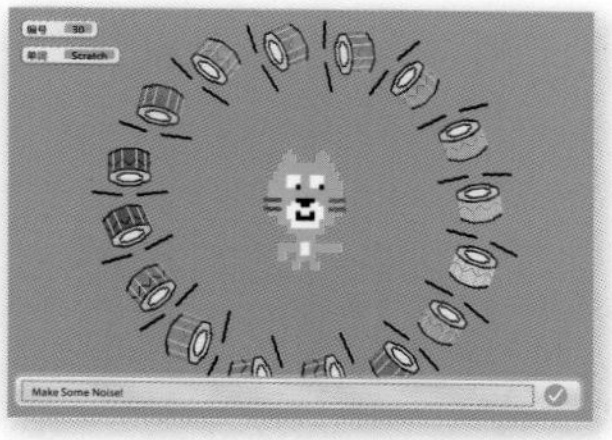

打击乐（188页）

◁音乐和音效

早期的电脑只能模拟简单的哔哔声，但是现在电脑可以创造出交响乐队中所有乐器的声音。用你的耳朵来体验一下这两个有趣的作品吧。第一个作品把音效和可爱的动画匹配起来，第二个则在你的指尖下创造出一组数字鼓乐。

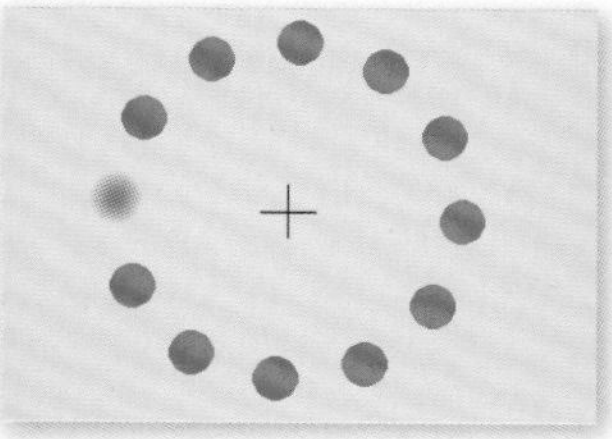

魔幻圆点（198页）

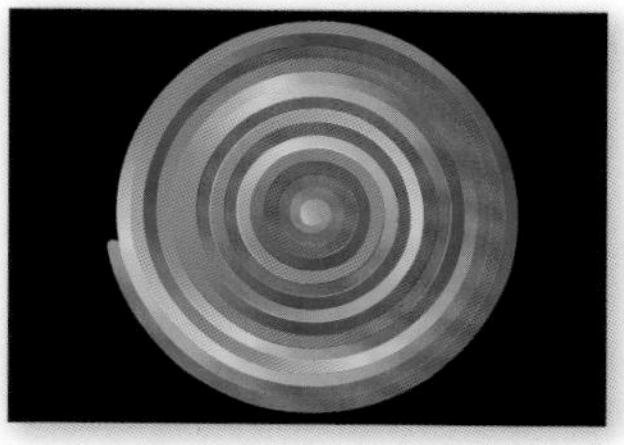

创螺旋（206页）

◁眩幻器

使图像以一种巧妙的方式运动，让人的眼睛产生幻觉，仿佛看到了不可思议的图样和光影幻象。试着创作眩幻器，让图案旋转起来吧。

专家提示

完美的作品

本书中的每一个作品都被分解成简单的步骤，只要仔细阅读每一步，你就能顺利完成。在后面的章节中，作品的难度会逐渐加大。如果你发现某个作品没有按预想的那样运行，就退回到之前的步骤，仔细检查每一步的说明。如果还是无法解决，可以请大人来帮助你。作品可以正常运行后，就大胆加入你的想法，把程序变得更好吧！

2

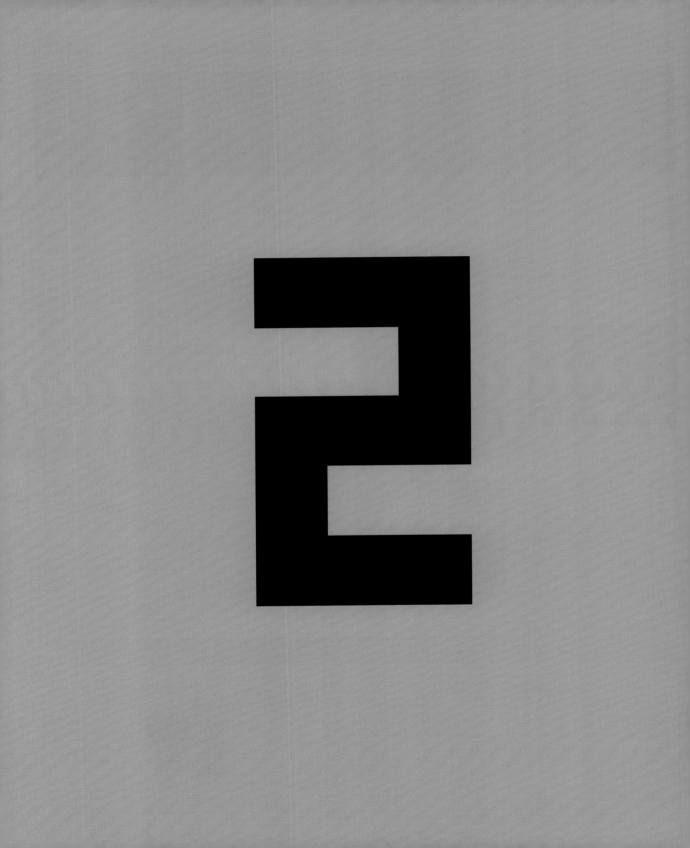

新手入门

小猫绘画

这只小猫是 Scratch 的吉祥物，用它来做一些简单的作品吧。这次我们要把小猫变成一个五彩缤纷的画图刷，当然，你也可以用这个技巧把其他任何角色变成绘图工具。

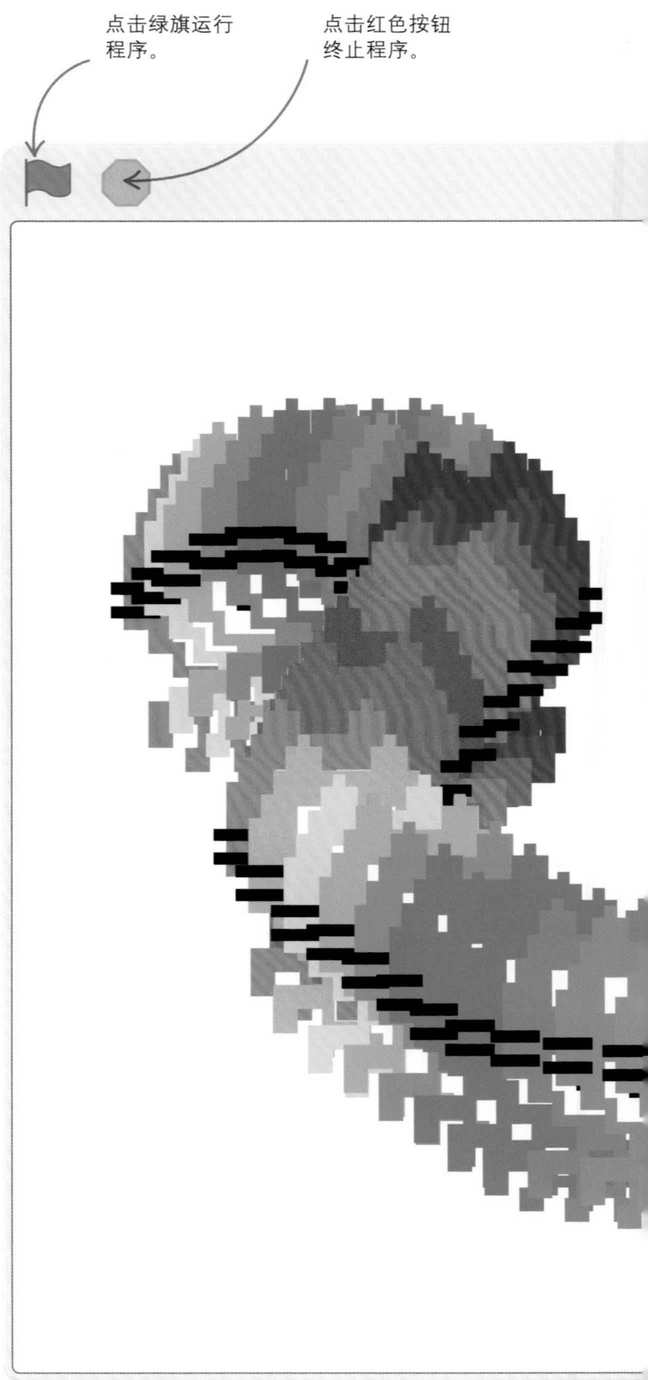
点击绿旗运行程序。
点击红色按钮终止程序。

工作原理

这个简单的作品可以用鼠标绘制五颜六色的小猫艺术品。无论把鼠标拖拽到哪里，一道由小猫组成的彩虹带都会紧随其后。之后你会了解如何添加更多的特殊效果。

△跟随鼠标

首先，你要完成一段代码，它能让小猫角色跟着鼠标指针在舞台上移动。

△改变颜色

然后，添加一些指令块，让代码能改变小猫的颜色。

△复制小猫

接下来，使用图章指令在舞台上生成一串小猫复制品。

△再狂野一点

一旦开始动手尝试，你会发现原来可以给小猫添加非常多的特殊效果。

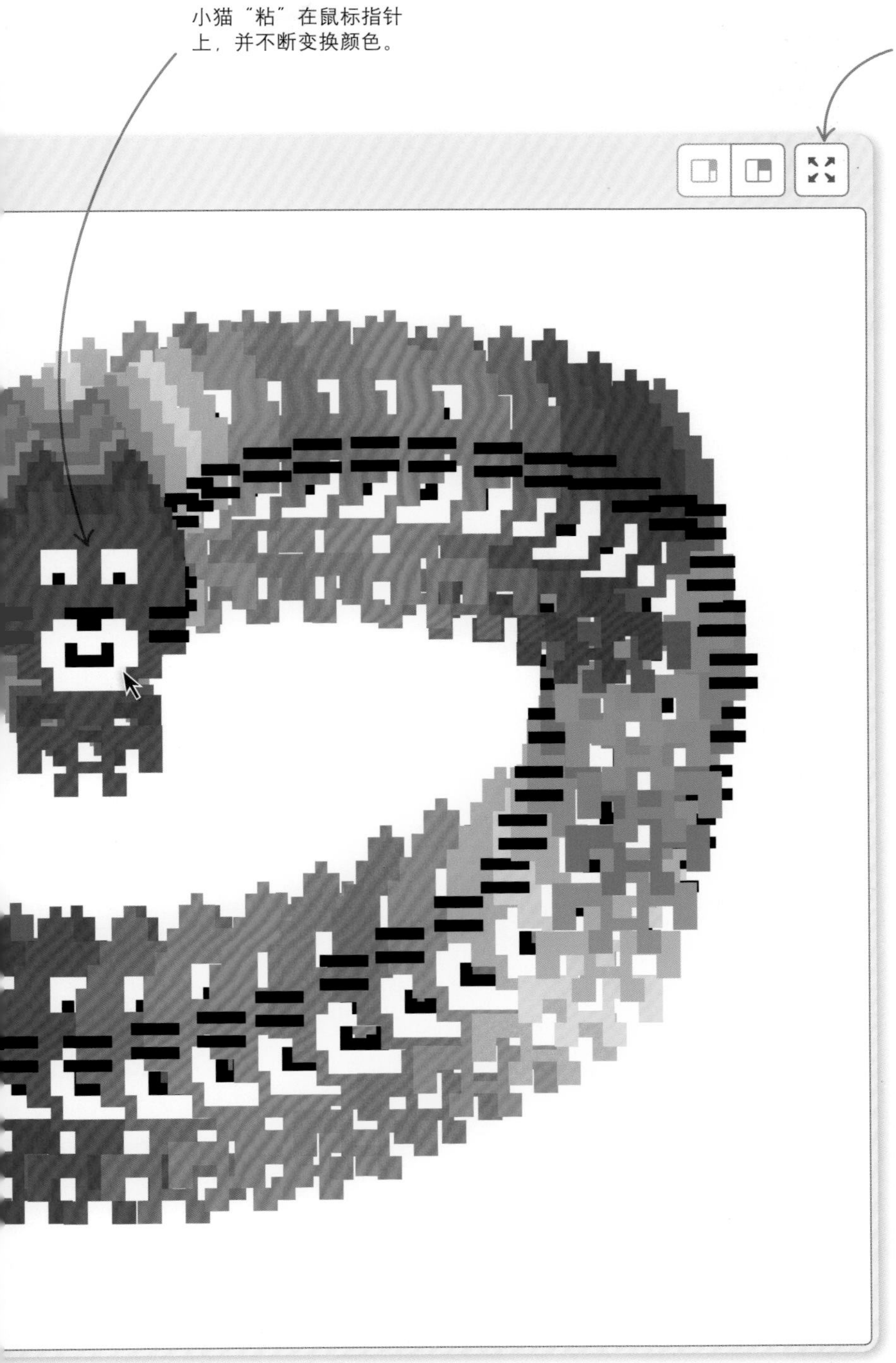

小猫“粘”在鼠标指针上，并不断变换颜色。
点击这里进入全屏模式。

◁充满艺术气质的猫

你可以尽情发挥天马行空的想象力，试一试各种颜色、大小和特效的猫。最后你会发现，自己成功创作了一幅现代美术作品。

这就是我的大作！

鼠标控制

第一步是让小猫角色跟随鼠标四处移动。你需要编写一系列指令，也就是一段代码，用来控制小猫跟随鼠标。

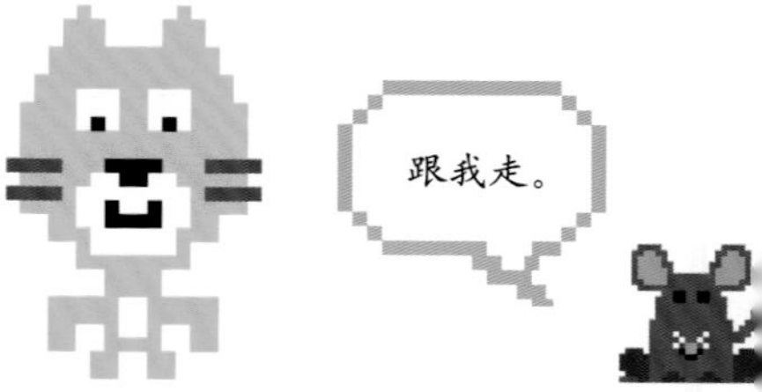

1 首先新建一个 Scratch 作品。如果你使用的是在线版 Scratch，打开官网首页（http://scratch.mit.edu），点击页面顶部的“创建”按钮。假如你用的是离线版，双击桌面上的 Scratch 图标，就会出现一个全新的空白作品，等待你去编写程序。

新作品的画面上只有小猫角色。

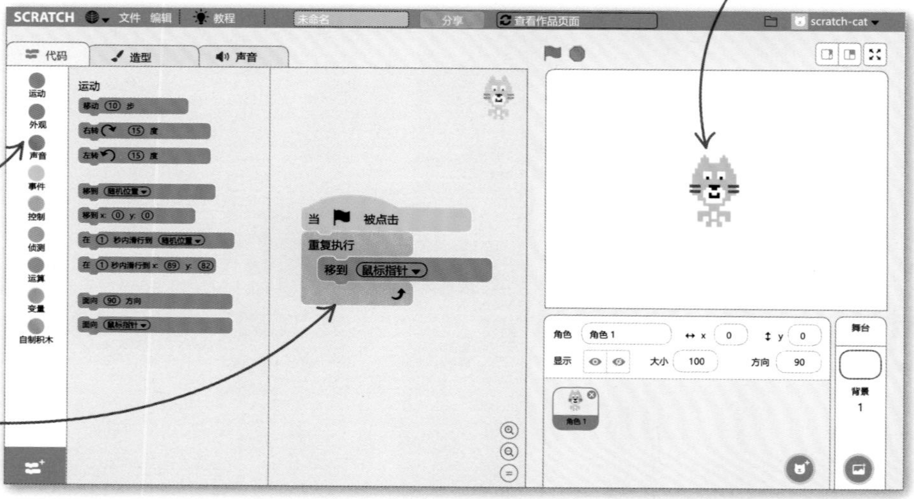

面板上的指令块根据不同功能用颜色分类。

在这里编写代码。

2 编写代码的方法很简单，从左侧的区域（指令块面板）把不同颜色的指令块拖拽到中间空白的灰色区域（代码区）。指令块按照功能用不同颜色分类。点击相应的标签，就可以在不同的指令组中切换。

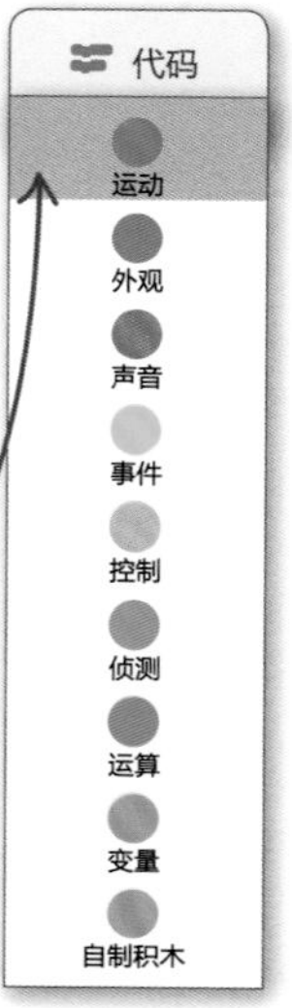

每当你开始一个新作品，都会默认选择“运动”组指令。点击相应标签就会显示不同功能、不同颜色的指令块。

术语

运行程序

对程序员而言，“运行程序”就是“启动程序”。一个程序工作时就是在“运行”。在 Scratch 里，程序也叫作“项目”，点击绿旗就可以让当前项目运行。

3 把“移到随机位置”的指令块拖拽到右边的代码区，它就会乖乖待在你松开鼠标的地方。点击下拉菜单，选择“鼠标指针”。

4 现在点击指令块面板上的“控制”组，右侧所有的指令块都会变成橙色。

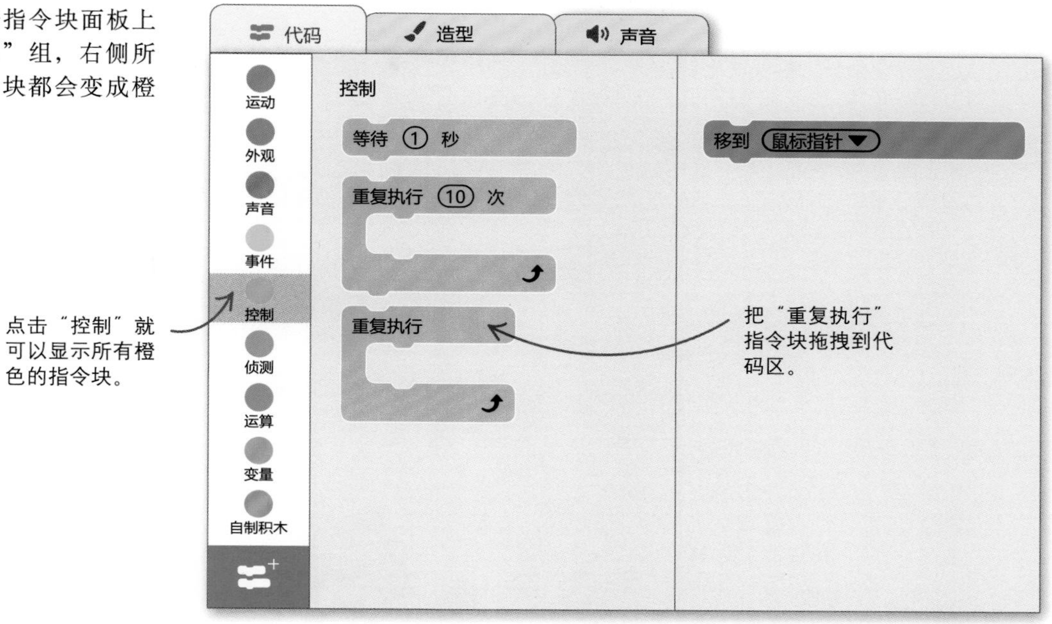

5 用鼠标拖拽“重复执行”指令块，把它嵌套在“移到鼠标指针”指令块的外面。在“移到鼠标指针”蓝色指令块附近松开鼠标按键，“重复执行”就会刚好套住它。“重复执行”指令块会让它套住的那些指令块不断地反复执行。

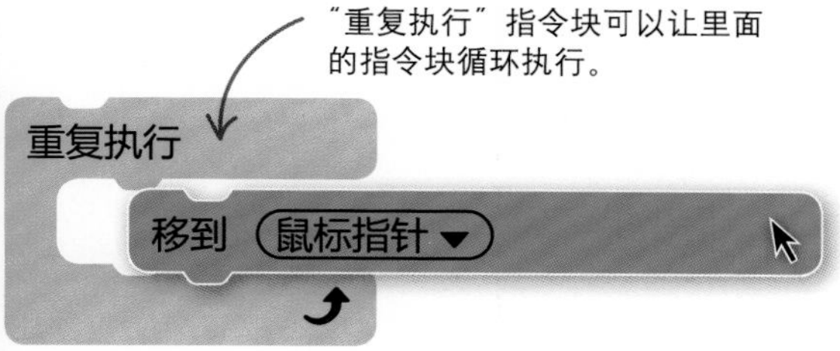

6 要完成你的第一组代码，还需要选择指令块面板上的“事件”组，然后拖拽“当绿旗被点击”的指令块，把它放到刚才指令块的顶部。点击舞台上方的绿旗，就可以运行你的代码了。

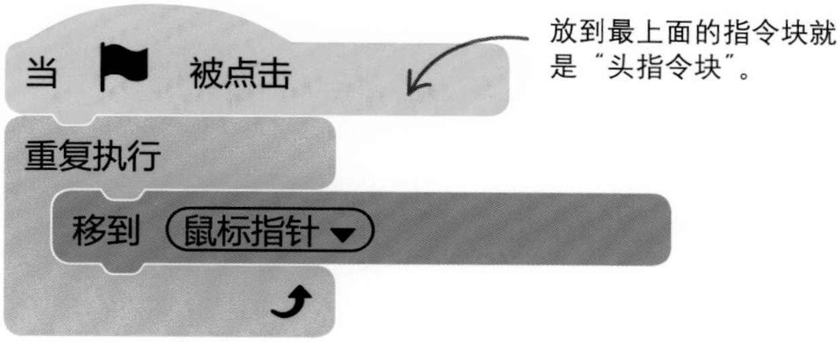

7 点击舞台上方的绿旗，小猫会跟随鼠标指针移动到任何地方。想要小猫停止追逐鼠标指针，可以点击红色按钮停止。恭喜你完成了第一组 Scratch 代码！

五颜六色的猫

Scratch 有很多进行艺术创作的方法，下面这些简单的代码改动能让你创作的猫进入真正的画廊。

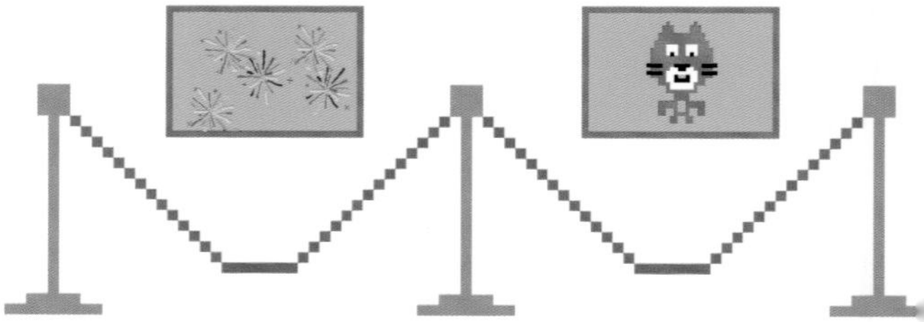

8 点击指令块面板上方的“外观”组，找到“将颜色特效增加”的指令。如右图所示，把它拖拽到“重复执行”指令块内。

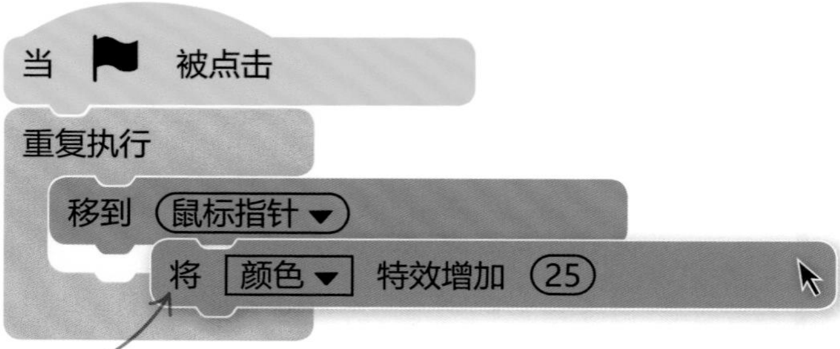

当这组代码开始运行，你能想象会发生什么吗？

9 点击绿旗，运行这个改动后的新作品。现在小猫会随着时间不断地改变颜色，每当循环到“将颜色特效增加”指令块的时候，角色都会稍微改变一下颜色。

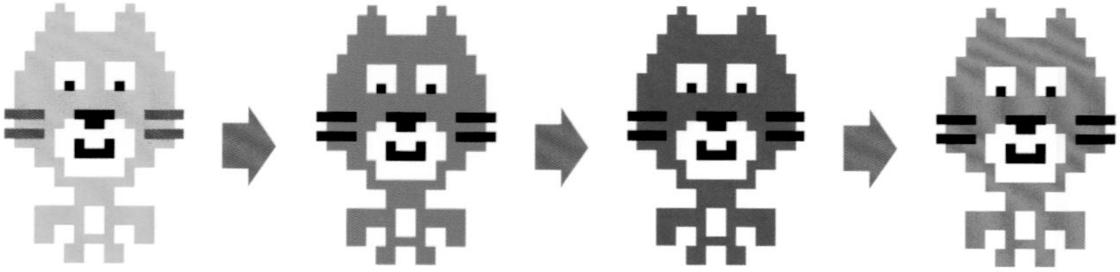

10 现在，让我们进行真正的艺术创作吧。你需要添加一个扩展模块。点击左下角的“添加扩展”按钮，选择“画笔”扩展。在指令块面板左侧选中“画笔”组，就会出现一组绿色的指令。如图所示，把“图章”指令块拖拽到“重复执行”的框内。

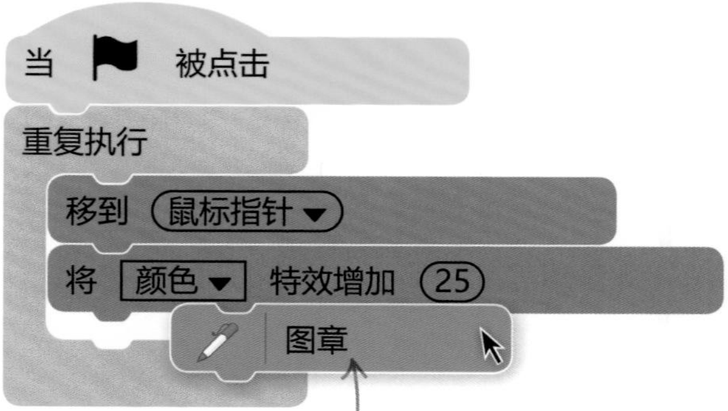

无论小猫在舞台何处，“图章”指令都会把小猫像印章一样印在舞台上。

11 让我们再次点击绿旗，运行程序。小猫会在身后留下一串五颜六色的猫群。多么有艺术表现力的猫啊！

在猫群的运动轨迹中，印出来的每一只猫都是由“图章”指令完成的。

12 你会发现舞台很快就被小猫印满了，但是不必担心，只要添加一段代码就能一键“清扫”舞台。在指令块面板中选择“画笔”组，找到“全部擦除”指令。把它拖拽到代码区，不要和其他指令拼接在一切，单独放一边。再选择“事件”组，把“当按下空格键”指令拖到代码区，和“全部擦除”指令拼接起来，然后运行程序。按下空格键，看看会发生什么？

当选择的按键被按下时，这个头指令块就会启动代码。

专家提示

全屏模式

想要让作品呈现最佳效果，只要点击舞台右上方的“全屏模式”按钮，代码区就会隐藏起来，屏幕上只留下舞台。当然，还有一个类似的按钮可以退出全屏模式，重新显示出代码。

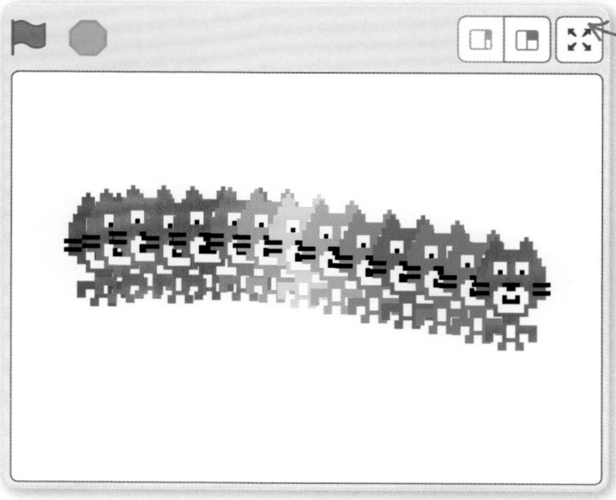

点击这里进入全屏模式。

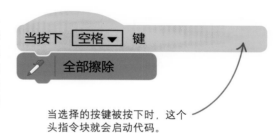

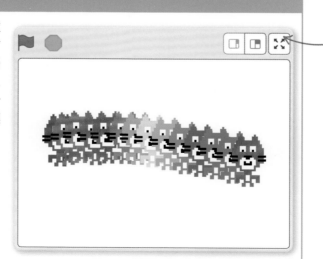

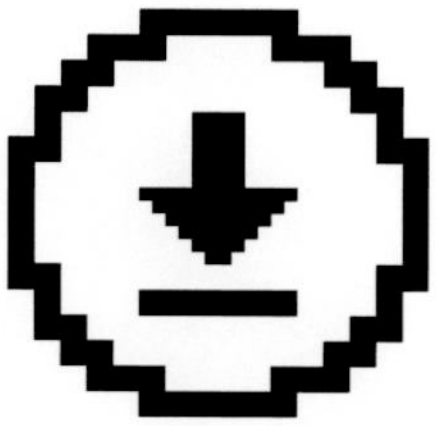

如果你使用的是离线版 Scratch，别忘了隔几分钟就保存一次你的作品！

修正与微调

在 Scratch 中有很多方法能改变小猫的外观，你可以利用这些功能制作令人大吃一惊的效果。下面是一些小技巧，当然，你也可以按照自己的想法尽情试验。

▽变一变尺寸

给小猫添加如下两段代码，这样按上移或者下移键的时候，小猫会变大或变小。

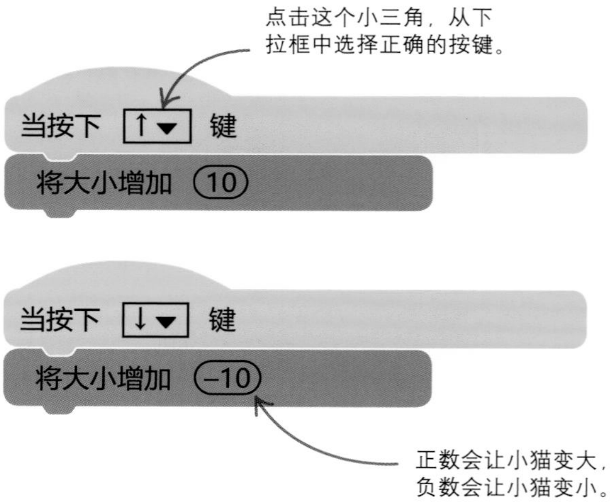

试试看

疯狂的猫

让小猫不断变大，直到占据整个舞台。然后按空格键，清除掉所有的猫，只留下鼠标指针。这时按下移键，会出现一系列越来越小的猫，一个个套在一起，形成五彩缤纷的“猫形隧道”。

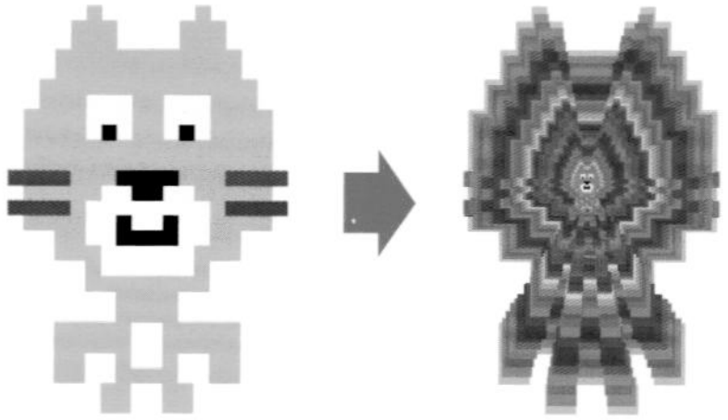

▽逐渐变化

勇敢尝试指令中不同的参数。不一定每次都按参数 25 改变小猫的颜色，数字越小，颜色变化就越缓慢，效果越像彩虹。

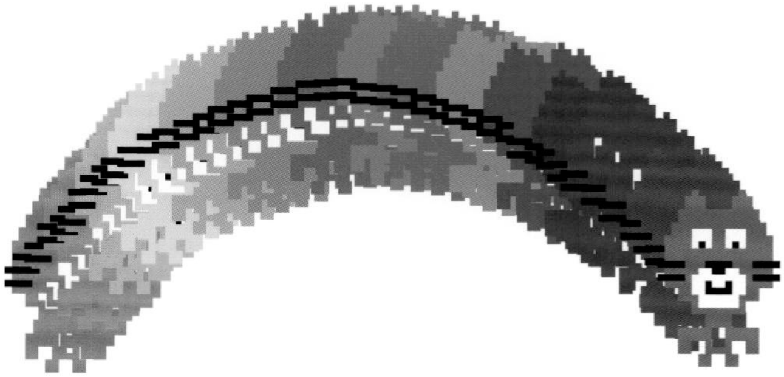

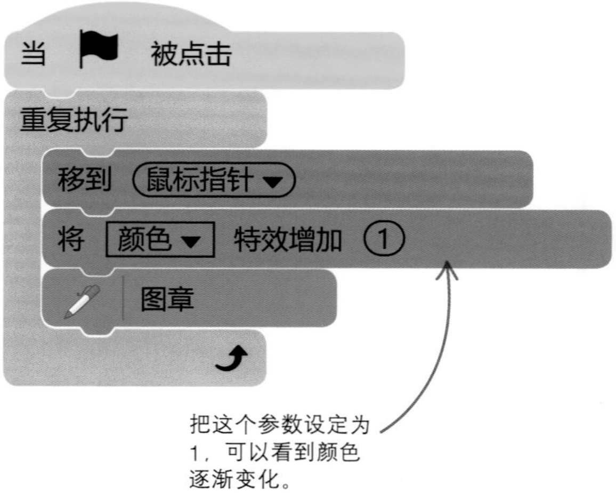

▽特殊效果

除了颜色变化，还可以尝试很多其他特效。如图所示，在主体代码中添加另一个“将……特效增加……”的指令块。点击下拉菜单，试试其他特效，看看会带来什么效果。

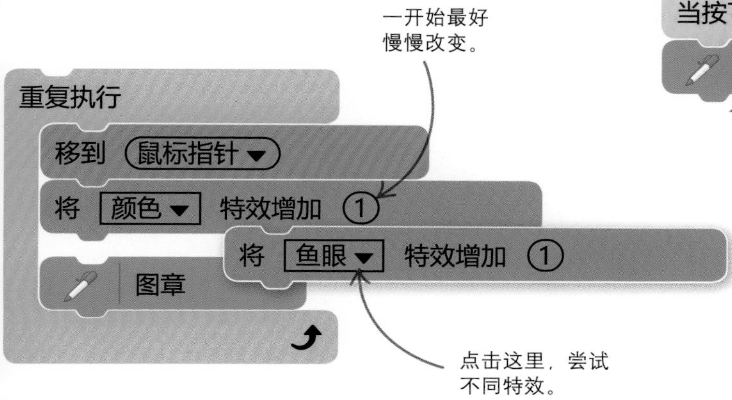

▽清理舞台

使用各种特效以后，舞台变得越来越凌乱。如下图所示，现在我们将“清除图形特效”的指令块添加到代码的最下面。按空格键，这个指令就会把舞台清理干净。

▽触手可及

当小猫在舞台上绘画时，你可以使用更多的特效指令操控它。可以用键盘让小猫产生奇妙的变化，比如下面的虚像特效。

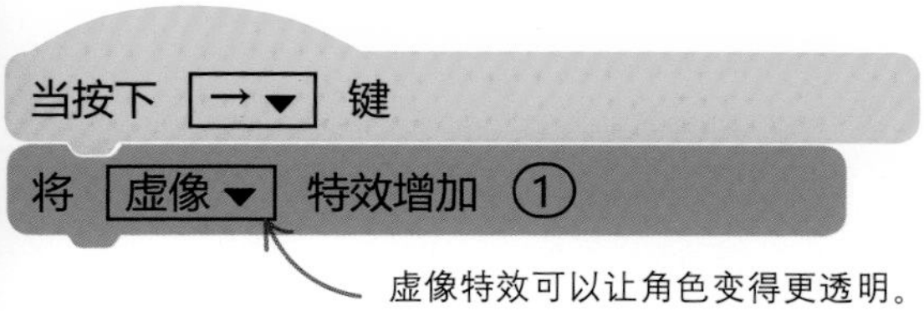

专家提示

循环

几乎所有的计算机程序都包括循环指令。循环非常有用，它可以让代码返回到开始位置，重复执行一串指令，以此精简程序。“重复执行”指令块会实现无穷的循环，而其他种类的循环可以让指令只重复若干次。本书会出现各种“聪明”的循环指令。

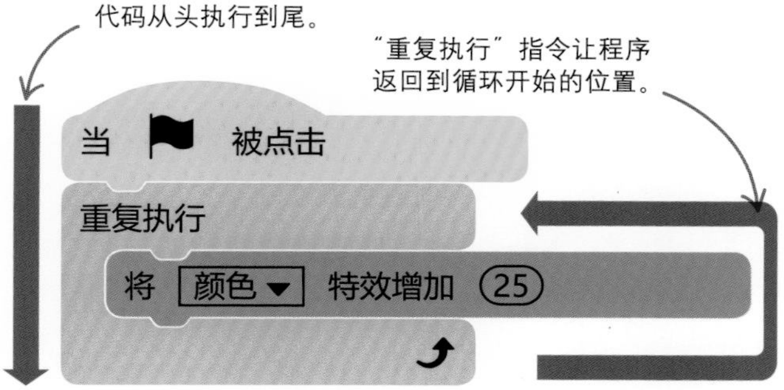

恐龙舞会

刷干净你的舞鞋，赶快来参加恐龙舞会吧！这里有美妙的音乐、绚丽的灯光和灵活的舞步。你会邀请谁呢？舞步顺序就像计算机程序一样，跟着下面的步骤动手试试吧。

点击绿旗
运行程序。
点击红色按钮
终止程序。
聚光灯照射的幕布为整个
舞蹈晚会设置了背景。

工作原理

每个角色的舞步都由一段或多段代码控制。有些舞者只是在两个方向之间简单地转来转去，有些则能够滑过整个舞池，或者展现变化多样的舞步。你可以根据自己的喜好添加任意数量的舞者。

◁恐龙

你可以先创建一只跳舞的恐龙，然后再复制这个角色，生成一群随着节奏舞蹈的恐龙。

◁芭蕾舞者

芭蕾舞者会表演一套更加复杂的舞蹈动作，增加一些格调。

迪斯科灯光每秒都会闪烁很多次。

点击这里进入全屏模式。

恐龙不断切换各种造型，看起来就像在跳舞。

跳舞的恐龙

Scratch 的角色库为你准备了很多设计好的角色。一个角色可以拥有多个“造型”，展示出不同的姿态。如果你快速切换角色的不同造型，它就会“动起来”。

1 首先，新建一个空白的 Scratch 作品。打开 Scratch 官网首页，点击页面顶部的“创建”按钮。如果已经打开了一个 Scratch 作品，那么请在舞台上方的菜单中点击“文件”，选择“新作品”。

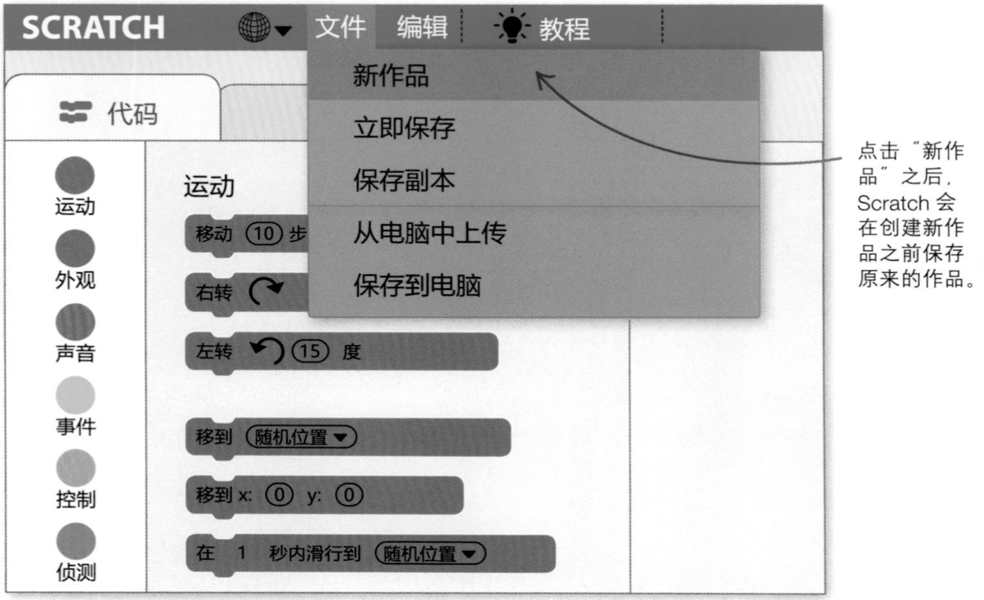

2 创建新作品时，舞台上总会出现一个小猫角色，但这次我们不需要它。要想删除一个角色，用鼠标右键点击它（如果你的鼠标只有一个按键，可以同时按下 Ctrl/Shift 键 + 鼠标单击），在弹出菜单中选择“删除”，小猫就消失了。

3 要导入一个新角色，点击舞台下方的“选择一个角色”图标。这样可以打开一个有很多角色的窗口，从里面选择“Dinosaur 4”，点击“确认”，Dinosaur 4 就会出现在舞台上和角色列表里。再将角色重命名为“恐龙”。

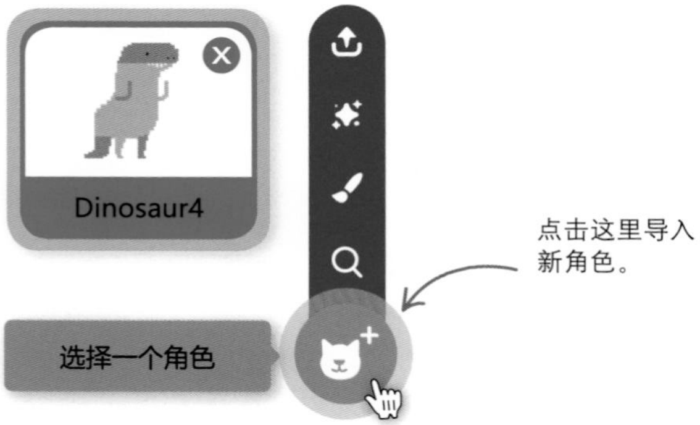

4 为恐龙编写这段简单的代码。请看仔细，这段代码是按下空格键后开始运行，而不是点击绿旗马上运行。

点击“事件”标签就能找到黄色指令块。
当按下 空格 键
下一个造型
点击“外观”标签就能找到紫色指令块。

5 按下空格键，然后仔细观察舞台上的恐龙。它始终都是同一只恐龙，但每当你按下空格键，它的姿势都会变化。每个不同的姿势都是一个“造型”，这些造型让角色看起来像在做不同的事情。

每个姿势都是这个恐龙角色的造型。

6 点击指令块面板上方的“造型”标签就能看见恐龙的所有造型。按下空格键，就会触发“下一个造型”指令，角色列表和舞台上会依次显示这些造型。

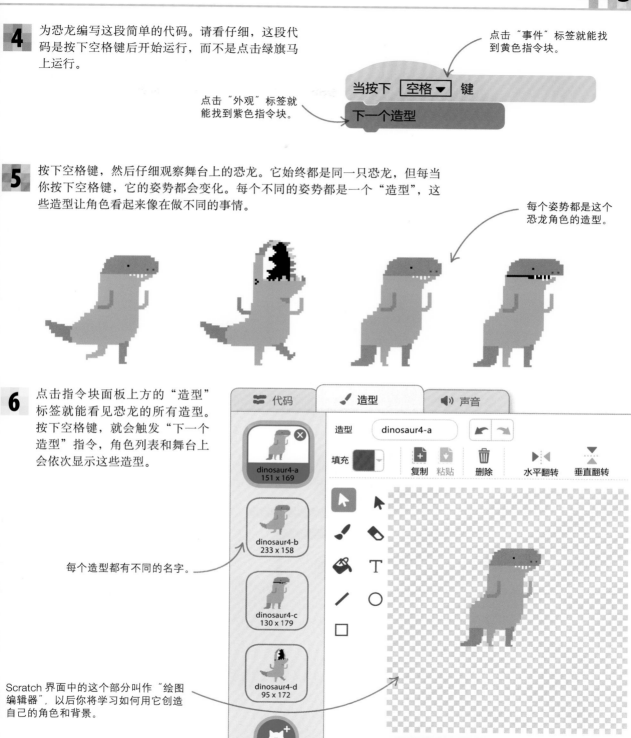

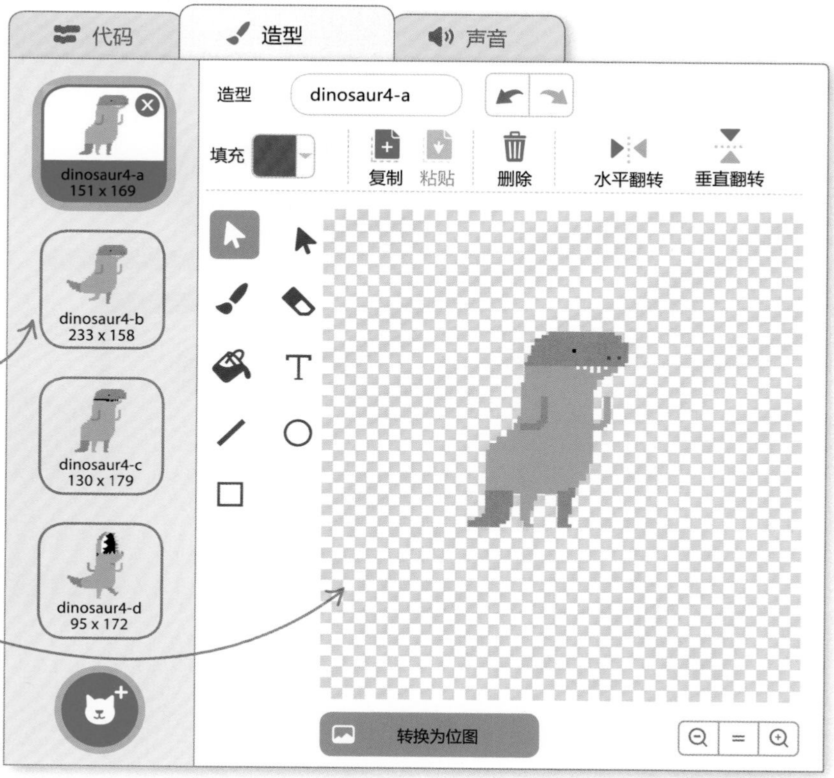

舞步

使用循环指令，可以让恐龙不停地更换造型，看起来就像在运动。快速切换图片会让人产生一种物体在运动的幻觉，这就是“动画”。

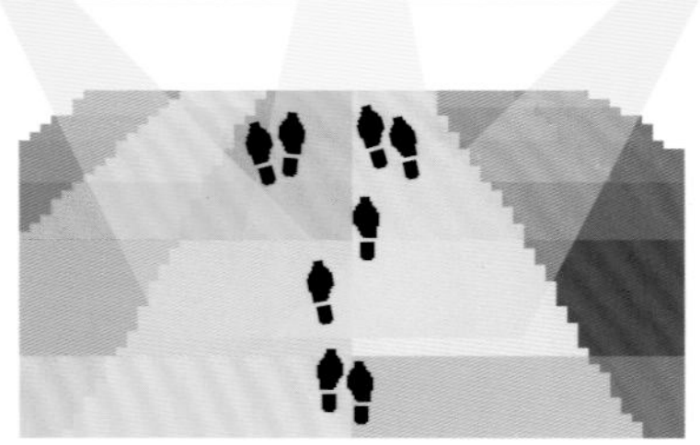

7 在指令块面板上方点击“代码”标签，返回代码区，然后添加如下代码。运行之前，仔细查看一下，你能否预测它会做什么？

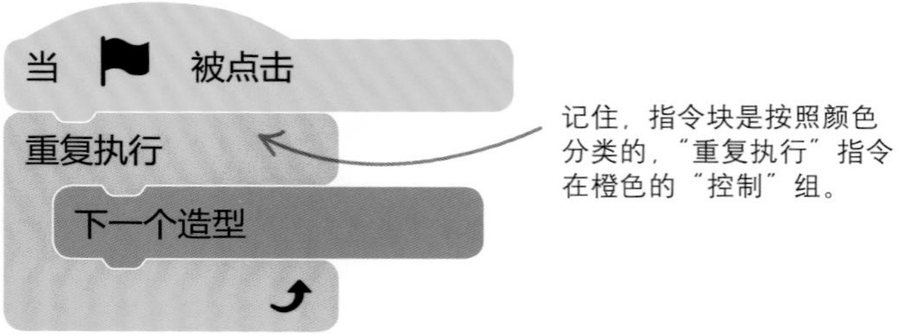

8 点击舞台上方的绿旗，运行程序。你会发现恐龙在疯狂地运动，因为程序在快速循环切换它的造型。为了制造整齐的舞步，下面我们将把造型切换的数量限制为两个。

dinosaur4-c

dinosaur4-d

9 从循环中移除“下一个造型”指令块，用如图所示的指令块替换它。新代码会来回切换两个造型，并通过“等待”指令减慢造型切换的速度。点击绿旗，运行程序，你会发现恐龙的舞蹈动作更简洁了。

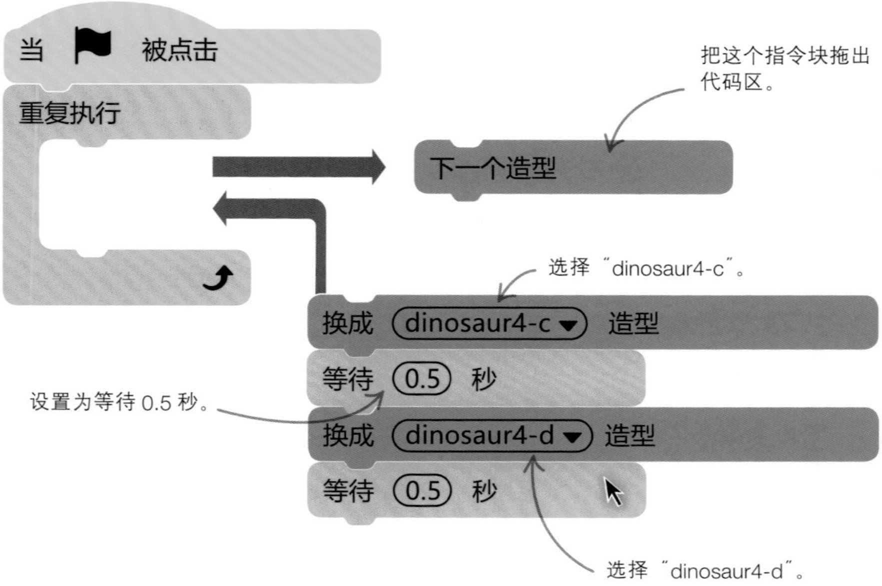

10 要在舞会中添加更多的恐龙，只须复制第一只恐龙。在角色列表用鼠标右键点击恐龙角色，然后在弹出菜单中选择“复制”，一只新的恐龙就会出现在角色列表中！

用鼠标右键点击恐龙（或同时按下 Ctrl/Shift 键 + 鼠标单击）。

选择“复制”功能，就会生成角色及其代码的完整复制品。

11 再复制一只恐龙，这样舞台上就有 3 只恐龙了。可以将它们分别命名为恐龙 1、恐龙 2 和恐龙 3。用鼠标拖拽恐龙，把它们放置在舞台的恰当位置，运行程序。因为它们拥有相同的代码，所以舞蹈动作会整齐一致。

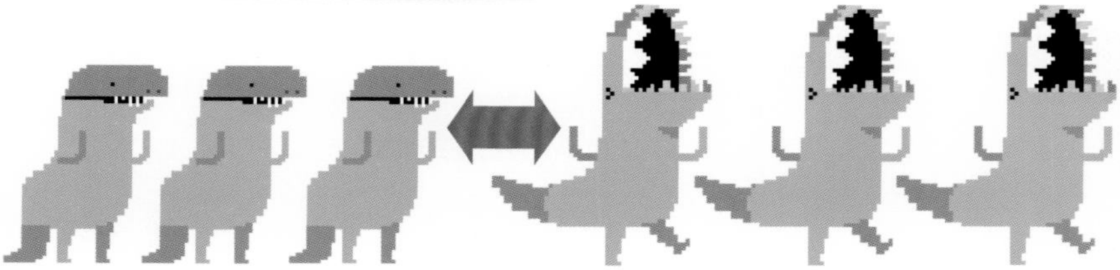

设置场景

恐龙跳舞的房间看起来有些简陋。接下来，我们会添加一些装饰品和音乐。你需要修改一下舞台背景。舞台和角色一样，也拥有自己的代码。

12 首先，更换场景。舞台上的图片叫作“背景”，你可以导入自己喜欢的图片。在舞台右下方，点击角色列表右侧的“选择一个背景”图标。

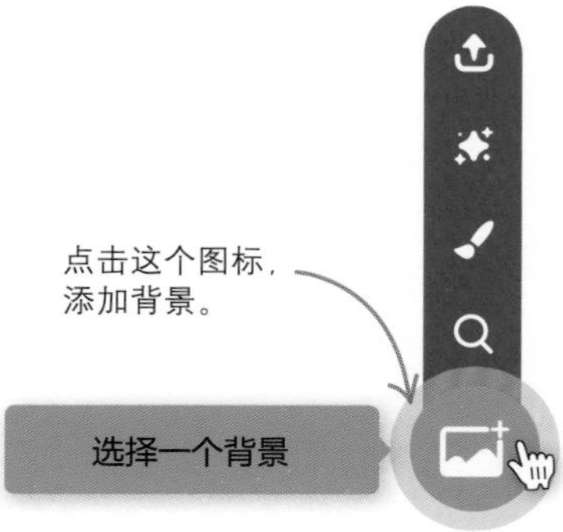

13 在背景图库中搜索“spotlight”（聚光灯），然后点击选择。现在，这个背景出现在了舞者身后。

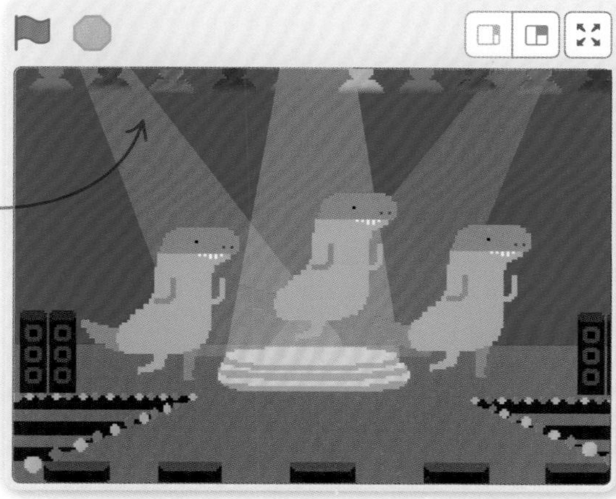

聚光灯的背景为晚会营造了氛围。

14 点击指令块面板上方的“代码”标签，为舞台添加代码。

点击这里，显示代码区。

15 添加一段代码，让迪斯科灯光闪烁。现在，点击绿旗运行程序，舞台看起来有点像真正的迪斯科舞会了。你还可以在“等待”指令中试验不同的时间间隔，让灯光闪烁的速度变快或变慢。

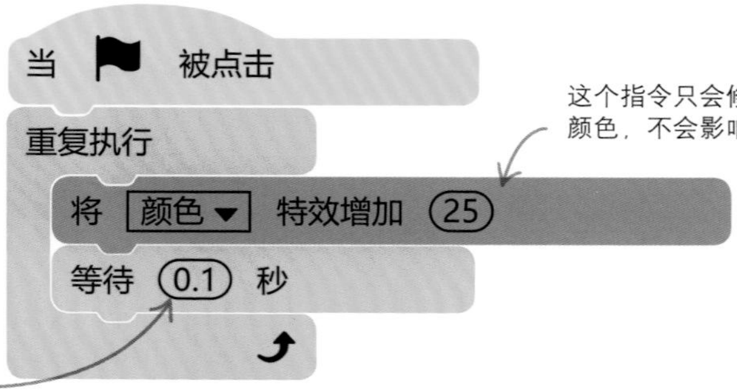

这个指令只会修改背景颜色，不会影响角色。

在这里调整数字，改变灯光闪烁的速度。

16 现在，让我们添加音乐吧！在窗口的顶部，点击“声音”标签。然后点击扬声器图标，打开Scratch的声音库。选择“Dance Around”音乐，把它导入舞台的声音列表。

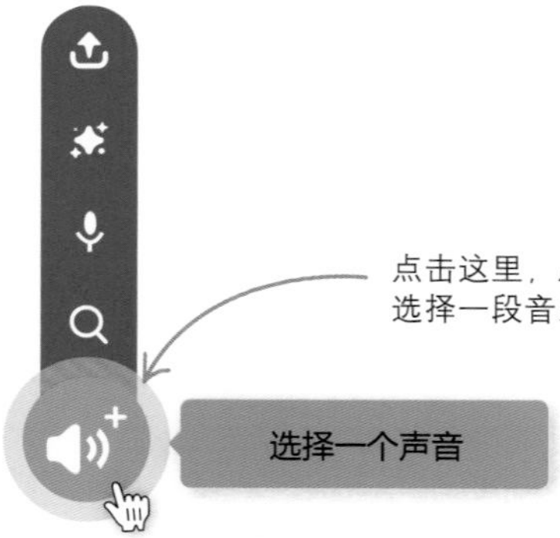

点击这里，从声音库中选择一段音乐。

17 再次选择“代码”标签，把下图的代码添加进去，点击绿旗，重新运行程序，就会循环播放音乐。现在，这是一场名副其实的舞会了！

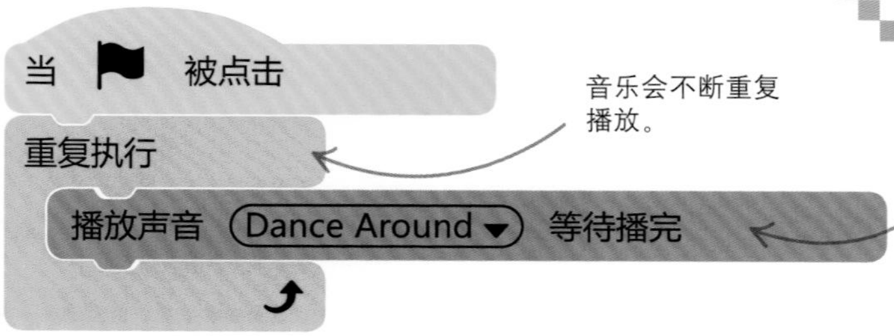

音乐会不断重复播放。

完整播放这段音乐之后，代码才会回到开头的地方。

想看到我的最佳状态？别忘了点击舞台上方的全屏模式图标！

动起来吧！

恐龙展现出奇特的舞姿，但它们没有在舞池中四处移动。你可以利用“运动”组指令来修正这个缺陷。

18 首先，在角色列表中点击“恐龙 2”，代码区会显示它的代码。

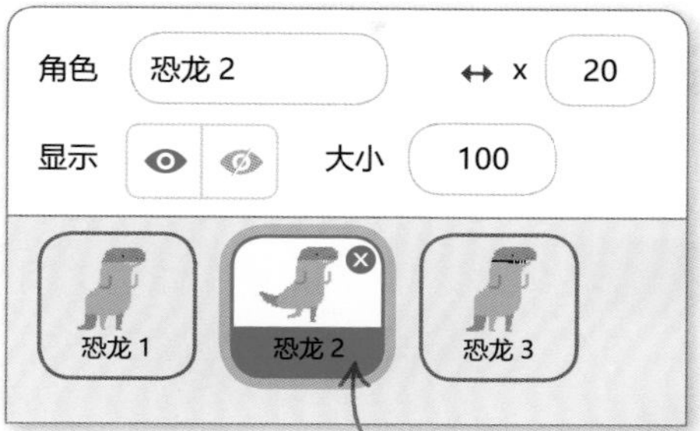

角色
恐龙 2
x
20
显示
大小
100
恐龙 1
恐龙 2
恐龙 3

点击这里，显示恐龙 2 的代码。

19 接下来，把下面这段代码添加进去。点击指令块面板上方的“运动”，就会出现蓝色指令块。猜一猜，这些指令能做什么？

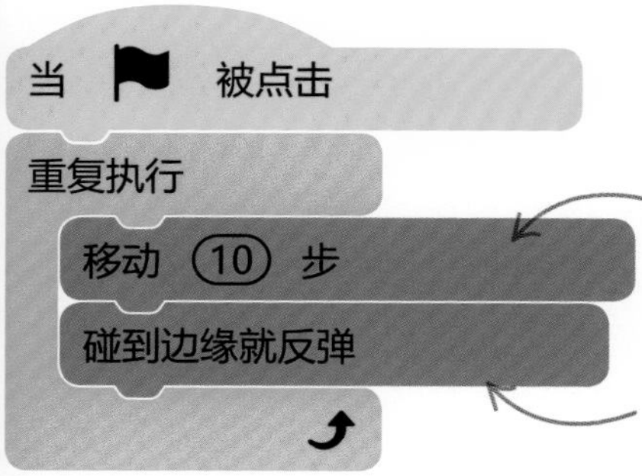

当 被点击
重复执行
移动 10 步
碰到边缘就反弹

这里的“步”不是恐龙真正的舞步，而是 Scratch 用来表示距离的单位。

添加这个指令块，让恐龙到达舞台边缘就转身返回。

20 点击绿旗，恐龙 2 的两段代码会同时运行。恐龙会一路穿过整个舞台，到达边缘后就转身跳着舞返回。但是你会发现，它回来的时候是头朝下的。

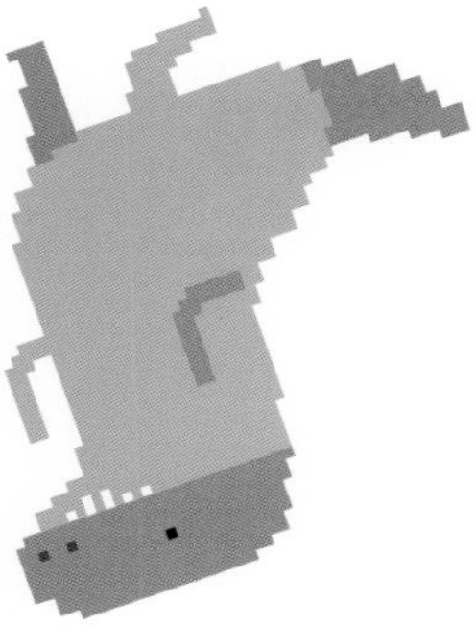

21 为了避免血液冲击恐龙脆弱的大脑，如图所示添加“将旋转方式设为”指令块。现在你可以选择让恐龙头朝上还是头朝下返回了。

当 被点击
将旋转方式设为 左右翻转
重复执行
移动 10 步
碰到边缘就反弹

在下拉菜单中选择“左右翻转”，让恐龙头朝上保持站立。

键盘控制

你有没有梦想过有一只属于自己的恐龙？下面的代码能让你用键盘控制恐龙 3 的运动：你可以用右移键和左移键操纵恐龙穿过整个舞台。

22 在角色列表中点击恐龙 3，开始修改它的代码。

恐龙 3
蓝色方框表示现在选中的角色是恐龙 3。

23 把这段代码添加到代码区中。这段代码比较复杂，请仔细地把每一个指令块放对位置。在橙色的“控制”组中找到“如果……那么……”指令块。这个指令块很特殊，它会提出一个问题，然后根据答案决定是否执行方框里面的指令。注意，图中两个“如果”指令在“重复执行”的方框里并列出现，而不是彼此嵌套。

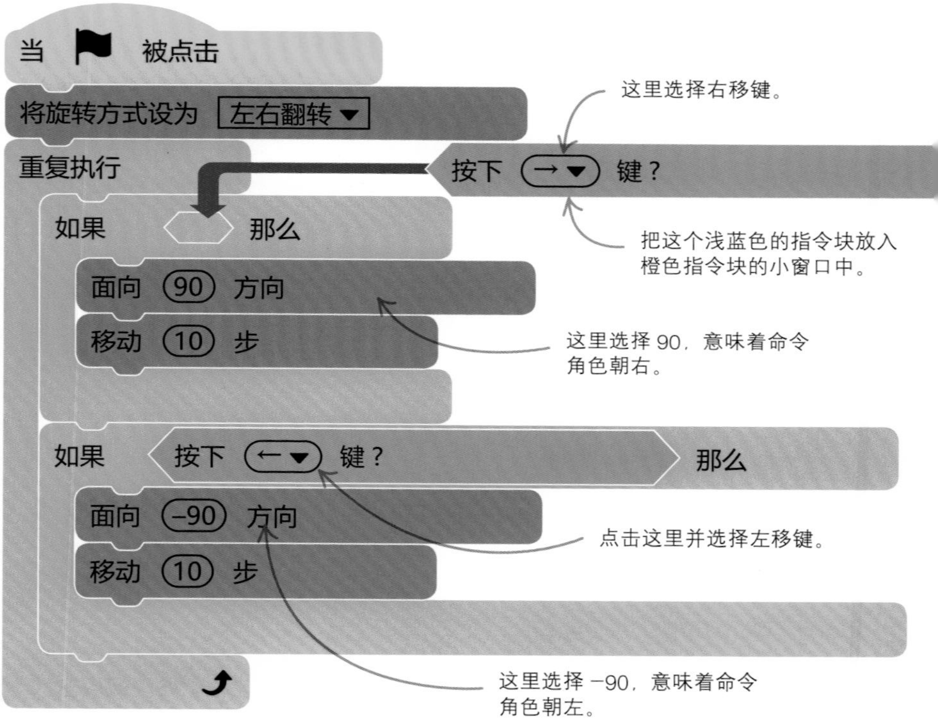

24 在你运行程序之前，请仔细阅读代码，看看能否理解它将如何工作。当你按下右移键，让角色朝向右方并移动的指令就会执行；当按下左移键，让角色朝向左方并移动的指令就会执行。如果左右方向键都没有按下，没有指令会被执行，恐龙将待在原地。

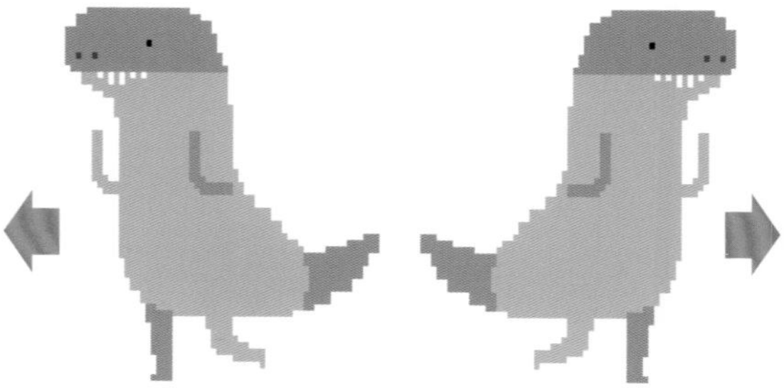

专家提示

做决定

生活中，你几乎总是在做决定。如果你很饿，就会去吃东西；如果不饿，就不吃。计算机也会在各种选择中作决定。让计算机作决定的一种方法是使用“如果……那么……”指令，几乎所有的编程语言都有这种指令。在 Scratch 中，“如果……那么……”指令块包含一个判断或一个问题，只有在判断结果为真（或者说回答为肯定）的时候才会执行方框里的指令。

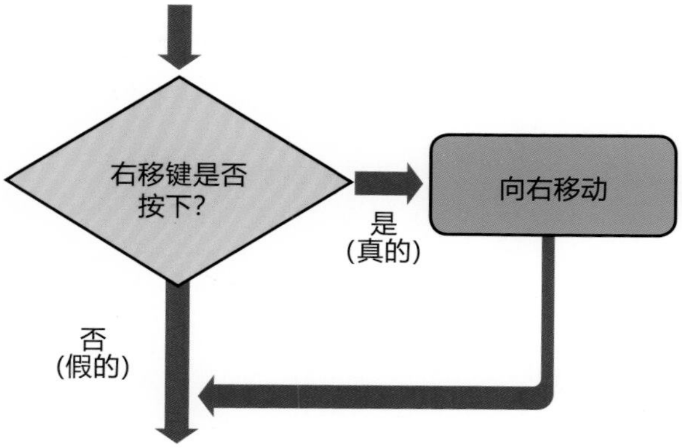

添加芭蕾舞者

恐龙开始跳舞了，但是如果没有朋友出席，可算不上是一场好舞会。跳芭蕾的小女孩将要加入欢乐的舞会，并表演一段舞蹈。接下来的代码会向你展示如何创造一套复杂的舞蹈动作。

25 在角色列表中点击“选择一个角色”，把“Ballerina”导入到作品中，然后重命名为“芭蕾舞者”。用鼠标把这个角色拖拽到舞台上合适的位置。在角色列表中选中她，选中的角色周围会有一个蓝色的方框，这样就可以给她添加代码了。

芭蕾舞者是被选中的角色。

26 选中角色后，点击“造型”标签，这样角色的所有造型都会显示出来。芭蕾舞者有 4 个造型，在 4 个造型之间切换就可以让她跳一段漂亮的芭蕾舞。

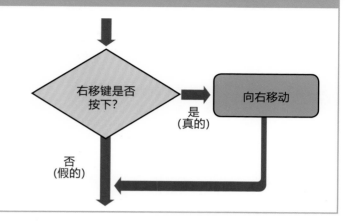

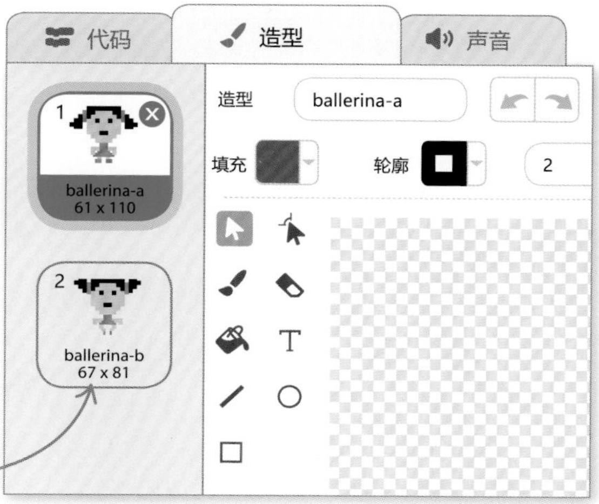

每个造型都有独一无二的名字。

27 通过指定每个造型的名字，可以让芭蕾舞者跳一段漂亮的舞蹈，就像右图那样。舞蹈中的每个动作都对应程序中的一个指令块。

先切换到造型 ballerina-a，然后切换到 ballerina-d，重复 3 次。

28 编写这段代码，让芭蕾舞者完成第一段舞蹈。这里没有使用“重复执行”指令块，而是使用了“重复执行……次”，这个指令块在完成规定次数的循环后，就会继续执行下面的其他指令。运行程序，看看她是如何表演的。

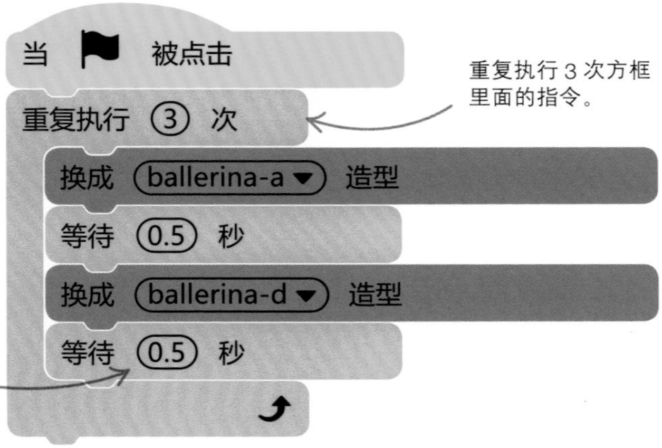

术语

算法

“算法”就是一系列简单的、逐个进行的指令，它们合在一起能够完成一项具体的任务。在这个作品中，我们把芭蕾舞者的舞步（一个算法）转换成一段程序。每个计算机程序都有一个算法作为它的核心。编程就是把算法的步骤翻译成计算机能理解的编程语言。

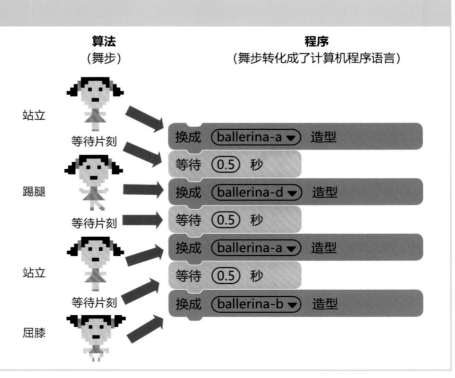

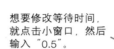

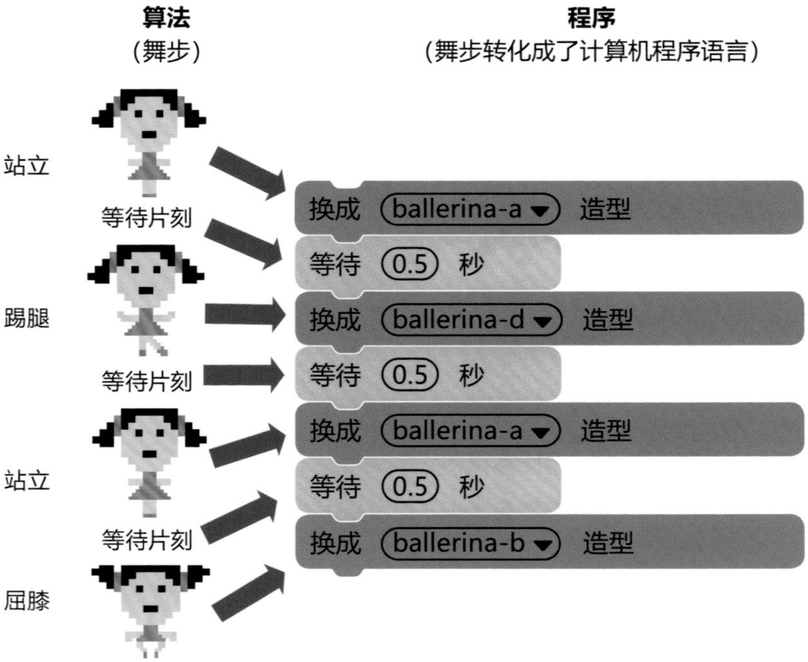

29 现在我们来完成芭蕾舞者的第二段舞步。在踢腿 3 次以后，她要完成 2 次下蹲。

先是造型 ballerina-a，然后切换到 ballerina-b，重复 2 次。

30 在第一个“重复执行……次”的方框下面，添加如图所示的指令块。

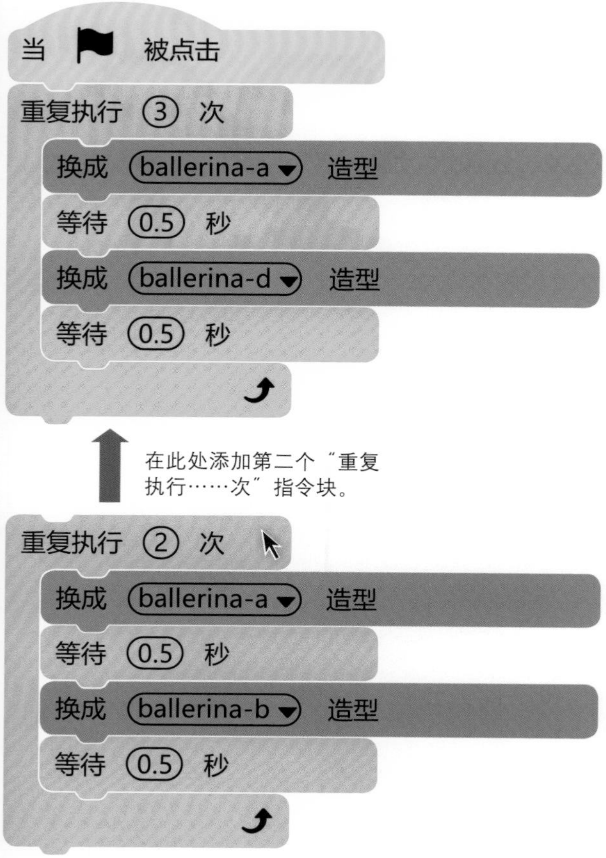

31 接下来，点击绿旗，你会看到芭蕾舞者完成了整段舞蹈。但是她仅仅跳了一次就结束了。为了让她能继续跳舞，我们可以在代码的外面再套一个“重复执行”指令。“重复执行”里面又有“重复执行”！

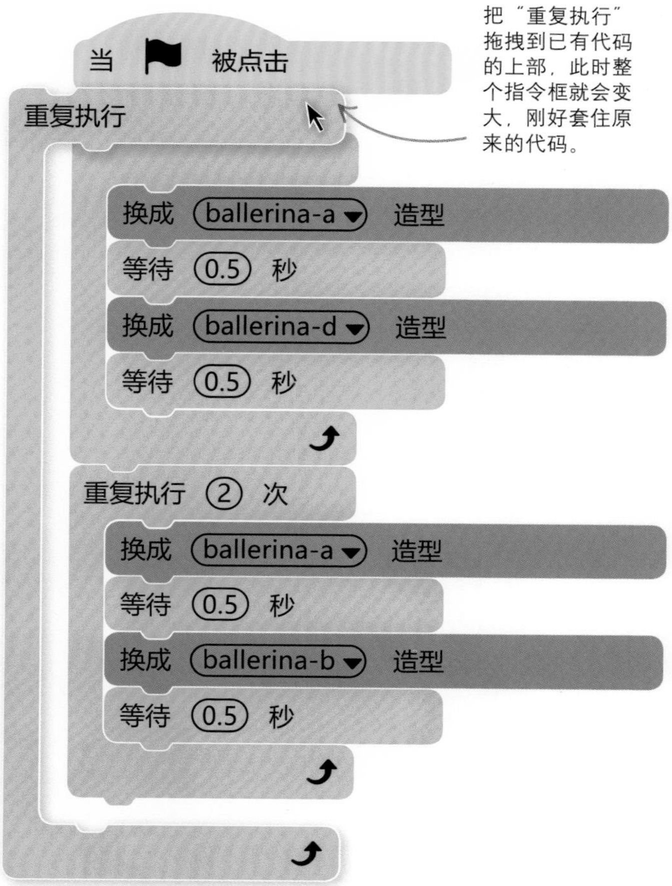

专家提示

无限重复执行与规定次数的重复执行

仔细看看迄今为止你用过的这两种“重复执行”指令。哪一个指令块下面可以拼接其他指令块？你可以发现“重复执行……次”下面有一个凸起的部分，而“重复执行”没有。之所以“重复执行”没有凸起，是因为它是无限的循环，在它后面拼接别的指令毫无意义。对于“重复执行……次”来说，当执行完规定次数以后，代码会继续向下运行。

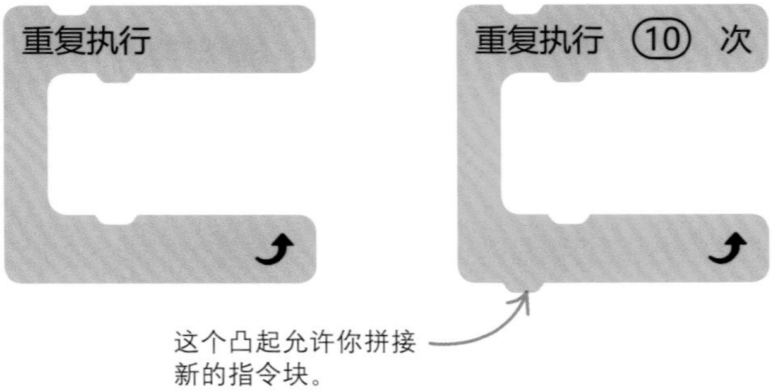

修正与微调

你可以根据自己的喜好给作品添加更多的舞者。在 Scratch 的角色库里，很多角色都有多个造型，那些只有一个造型的角色也可以利用指令跳起舞来，比如左右翻转或者跳到空中。

▽转圈

你可以命令任意角色朝向另一个方向，只要使用指令“旋转 180 度”就可以了。把这个指令添加到“重复执行”方框的最后一步，每循环一次就会让你的角色换一个方向。

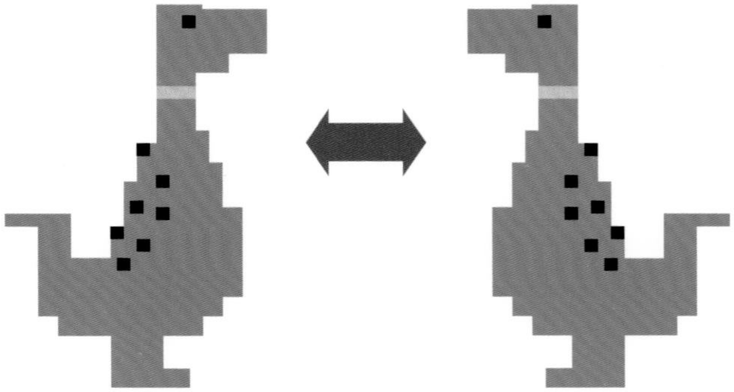

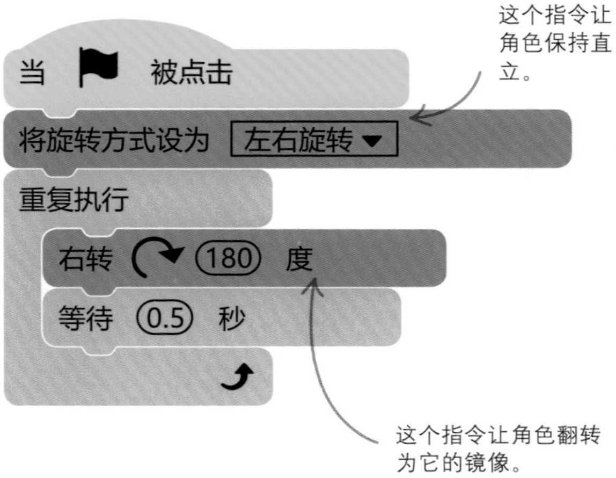

▷舞动起来！

在角色库里找一找其他跳舞的角色。这些角色都有很多造型，可以展示出丰富的舞姿。首先，编写一段如图所示的简单代码，按照顺序显示每一个造型。然后挑选出那些组合起来很酷的造型，在它们之间切换。添加“重复执行”指令让舞蹈持续不停，也可以添加一些“侦测”组指令，用键盘来控制舞蹈。

```
当 ⚑ 被点击
将大小设为 (50)
重复执行
    下一个造型
    等待 (0.2) 秒
↩
```

▽不妨腾空而起！

添加另一个芭蕾舞者，编写程序让她跳到空中。造型的切换会让芭蕾舞者看起来真的像在跳跃。试验一下不同的等待时间，让舞蹈和音乐完美匹配。

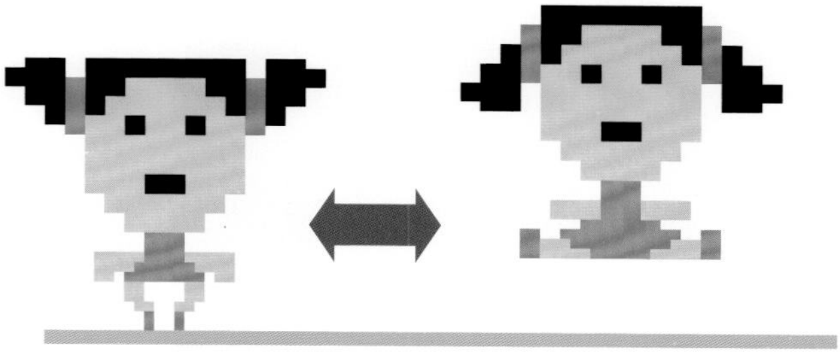

```
当 ⚑ 被点击
将旋转方式设为 [左右旋转 ▾]
重复执行
    换成 (ballerina-b ▾) 造型
    等待 (3) 秒
    面向 (0) 方向
    移动 (50) 步
    换成 (ballerina-c ▾) 造型
    等待 (0.5) 秒
    面向 (180) 方向
    移动 (50) 步
↩
```

输入 0，朝上方移动。

输入 180，朝下方移动。

试试看

大喊！

把下面这一段代码添加到每个角色中。当你按下 X 键，所有的角色都会大喊“舞会！”

```
当按下 [x ▾] 键
说 [舞会！] (2) 秒
```

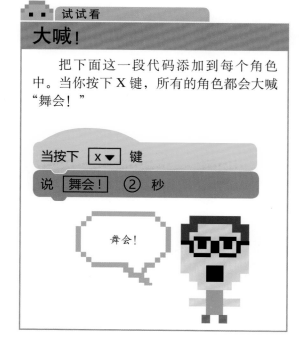

动物赛跑

你有没有想过，到底是小狗跑得快，还是蝙蝠飞得快？只要玩一下这个双人游戏，你就知道答案了。这个游戏使用键盘控制，考验手指灵敏度的时候到了！

点击绿旗运行程序。
跑！
十字和箭头代表起跑线。

工作原理

这个双人游戏的目标是让自己的角色快速横穿屏幕，抢先到达气球所在的位置。要想获胜，你需要非常灵敏的手指。敲打键盘的速度越快，角色就从左向右奔驰得越快。游戏使用按键“Z”和“M”。

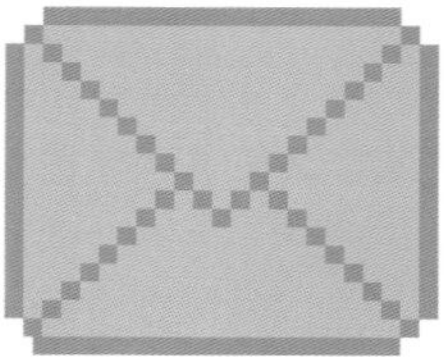

◁发送消息

这个作品会讲解如何利用 Scratch 的消息机制，让一个角色给另一个角色传递信息。比如，小猫在一个时间会告诉小狗和蝙蝠跑步比赛开始。

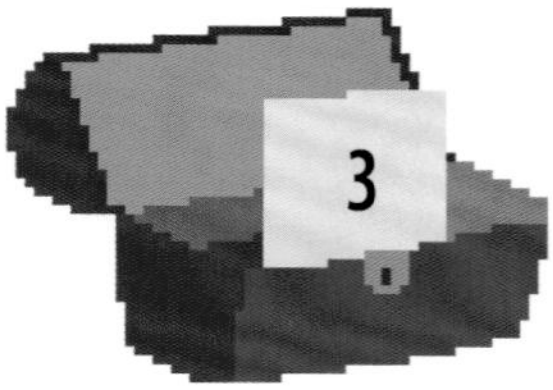

计数

◁变量

小猫把信息保存到程序员们称为“变量”的东西里面。在这个作品中，你会使用变量来保存小猫在比赛前喊出的计数。

每次按下 Z 键，蝙蝠就会拍打一次翅膀。

气球代表终点位置。

小狗奔向终点，每按一次 M 键，它就向前跑一步。

◁手指敏捷最重要

只要小猫宣布比赛开始，小狗和蝙蝠就开始跑向气球。玩家敲打键盘速度越快，他们控制的角色就跑得越快。

小猫发令员

小猫在开始比赛前会喊：“1，2，3，跑！”所以你要教会它如何数数！计算机程序用变量来保存信息，这些信息可以修改，比如玩家的名字或者游戏中的得分。小猫会用一个叫作“计数”的变量来保存它要说出的数字。

1 创建一个新作品。新建一个变量，首先在指令块面板中选择橘红色的“变量”组，然后点击“建立一个变量”。

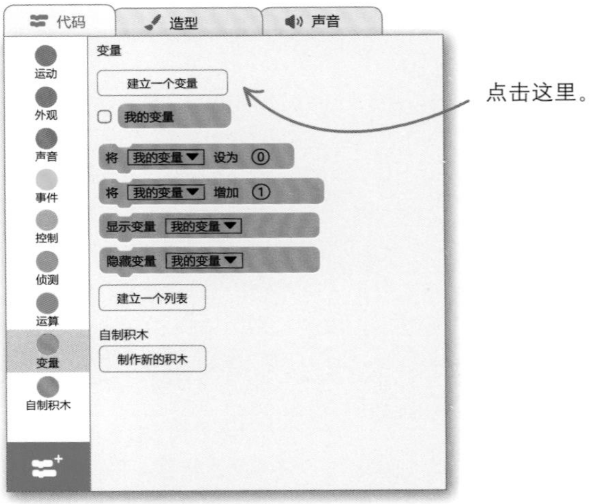

2 一个小窗口会弹出来，请你给变量取一个名字。输入“计数”，不要修改其他选项，直接点击“确定”按钮。

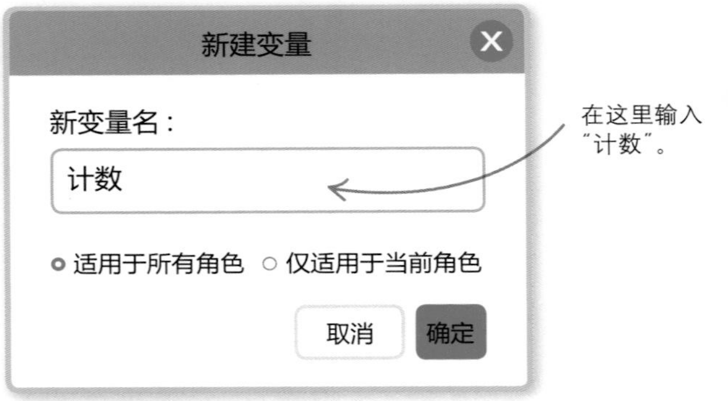

3 在指令块面板中，你会发现 Scratch 为新变量增添了很多新的橘红色指令块。取消变量前面的勾选，这样它就不会出现在舞台上了。

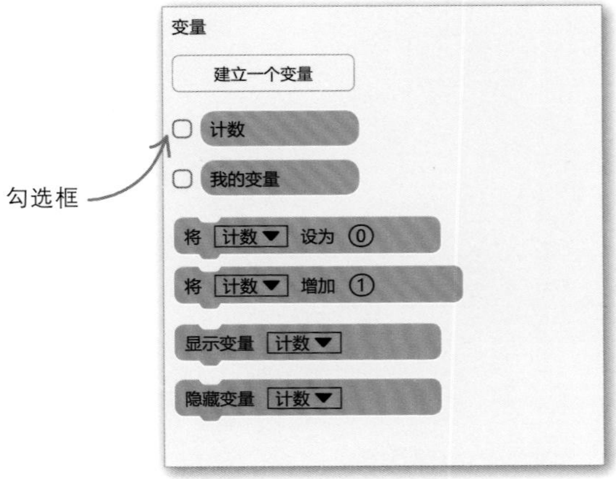

4 为小猫编写如图所示的代码。一开始，把变量的值设定为 0。接下来，在“重复执行……次”的里面，把变量的值增加 1，并且让小猫间隔 1 秒说出当前的数字。循环执行 3 次，当小猫说“跑！”就意味着比赛开始了！

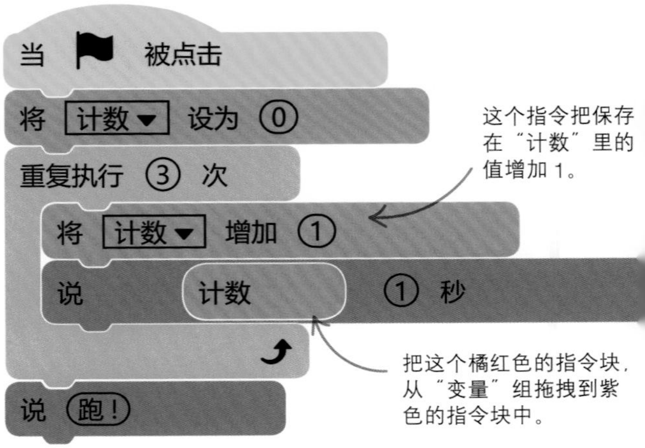

5 点击绿旗，运行程序。请注意在“说……秒”指令中的橘红色“计数”指令块，它能让小猫依次说出变量中的数字。你可以让小猫数到更大的数字，修改重复执行的次数就行。

术语

变量

请把变量想象为一个存放信息的箱子，箱子上的标签告诉你里面装的是什么。当你创建一个变量的时候，请给它起一个合理的名字，比如“最高分”或“玩家姓名”等。你可以把各种类型的信息存入变量，包括数字和文字。当程序运行的时候，这些信息会发生改变。

最高分

各就各位

小猫已经准备好发令了。下面我们要装饰一下比赛场地，然后添加蝙蝠和小狗角色，并用另外的角色表示跑道的起点和终点。

6 添加一个舞台背景。用鼠标点击角色列表右侧的“选择一个背景”，从背景库中选择“Blue Sky”的图片。

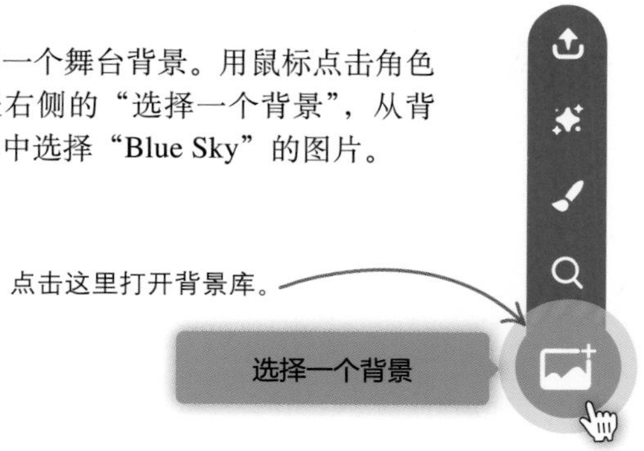

7 现在要添加参赛选手了，先添加一只小狗。在角色列表中点击“选择一个角色”。从角色库中找到“Dog2”，把它添加到作品中，并重命名为“小狗”。

8 在角色列表中选中小狗，然后点击指令块面板上方的“造型”标签，你会看到 3 个不同的小狗造型。前两个是小狗跑步的动作，我们不需要第三个，把它删除。

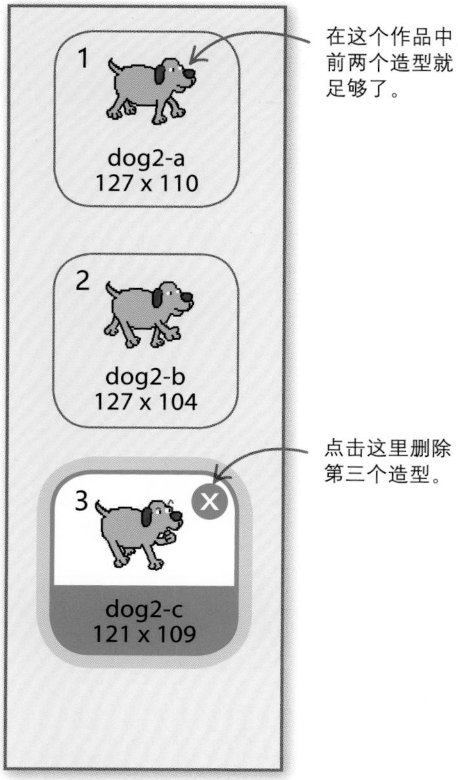

9 为了让小狗知道从哪里起跑，我们添加一个新角色“Button5”，它是一个黑色的十字。把它拖拽到舞台的左下角。

黑色的十字

10 每当你添加一个新角色，都应该给它一个有意义的名字，这能让代码更容易理解。点击角色，把Button5 修改为“小狗起点”。

在这里给角色输入新名字。

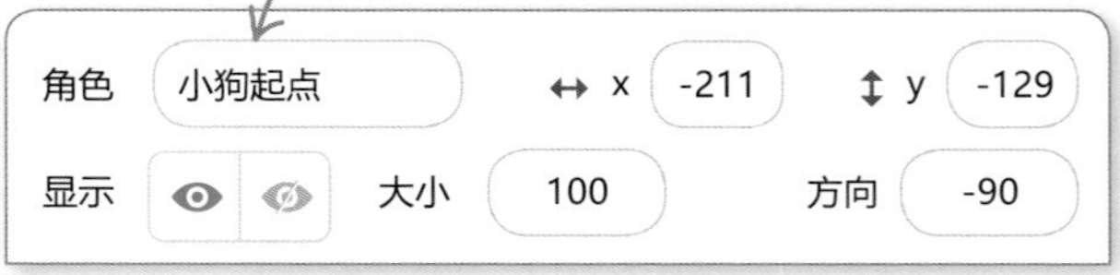

蓝色方框表示“小狗起点”已被选中。

11 再次选中小狗角色，在指令块面板上方点击“代码”标签，添加下图中的代码。这段代码会让小狗从正确的起跑位置出发。运行作品，看看效果如何。

在下拉菜单中选中“小狗起点”。

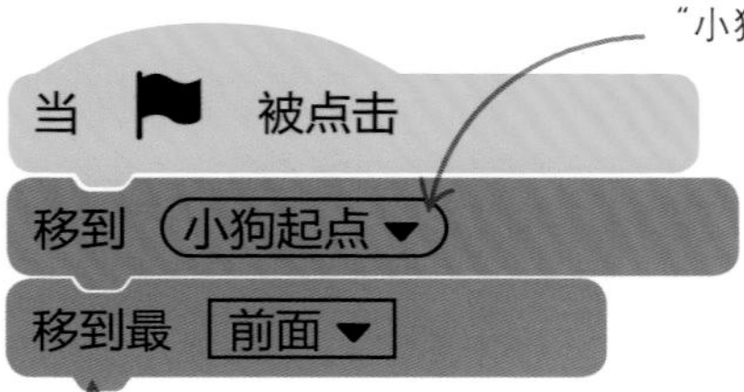

这个指令块让小狗在黑十字上面显示。

12 现在，再添加一个新角色作为小狗的终点线。选择“Balloon1”，把它的名字改为“小狗终点”。要修改气球的颜色，请点击“造型”标签，然后选择黄色造型。在舞台上，把气球拖拽到小狗赛道的终点位置。

13 小狗需要一个比赛对手，在角色列表里点击“选择一个角色”，把“Bat”添加到作品中，并重命名为“蝙蝠”。点击“造型”标签，你会看到蝙蝠有两个造型，刚好可以完美实现拍打翅膀的动画。

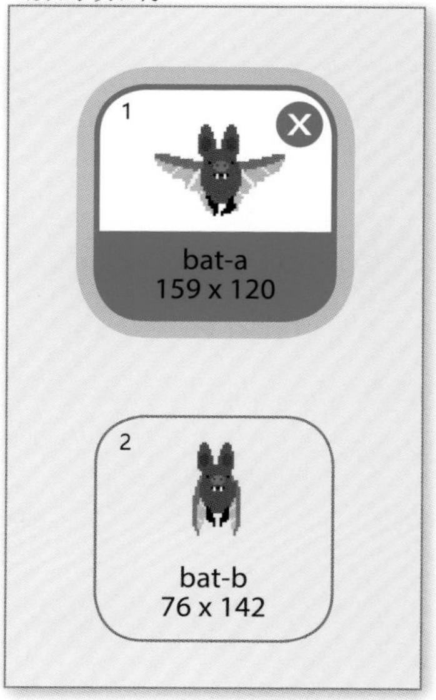

14 现在从角色库中添加名为“Arrow1”的角色，把它重命名为“蝙蝠起点”，然后拖拽到黑十字的上方。接着添加另一个气球，把它的名字改为“蝙蝠终点”，把它放置在舞台右侧蝙蝠的跑道尽头。

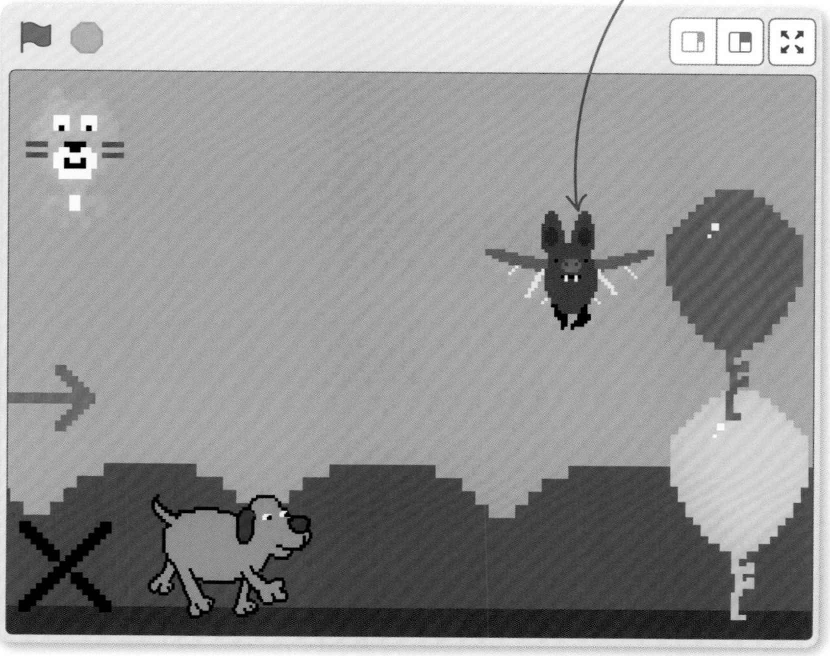

15 在角色列表中选中蝙蝠角色，然后给它添加下图的代码。运行作品，观察两个参赛选手是否在起点等待。

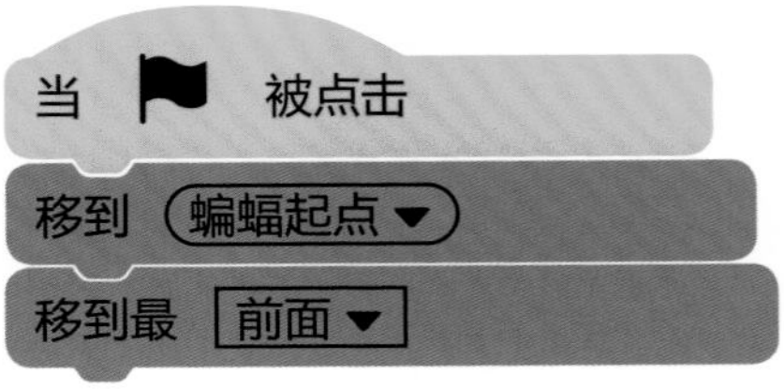

比赛

小狗和蝙蝠都需要代码才能奔跑起来。当比赛开始，小猫喊“跑！”的时候，它会传递一条消息启动这些代码。两个参赛选手会同时收到这条消息。

16 在角色列表中选中小猫，在它的代码的最下面添加一个“广播”指令。这个指令会给其他所有角色发出一条消息。

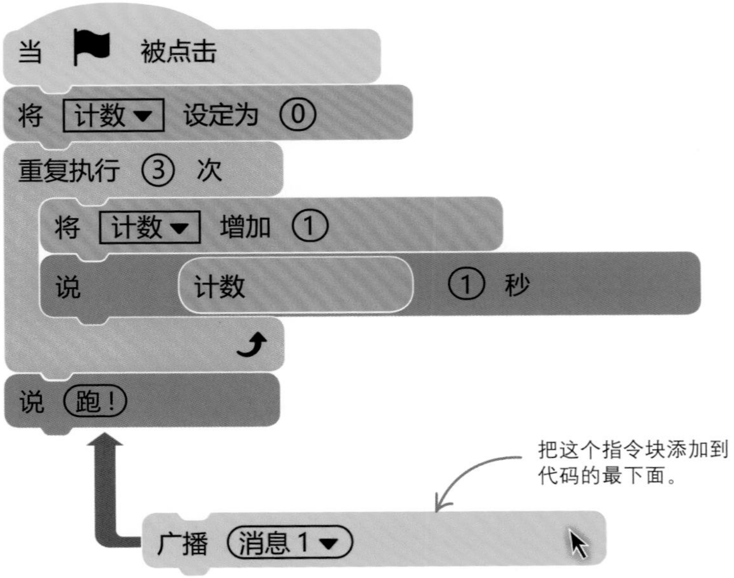

17 点击“广播”指令块的小三角，从弹出的下拉菜单中选择“新消息”，输入“开始比赛”作为新消息的名称，然后点击“确定”。

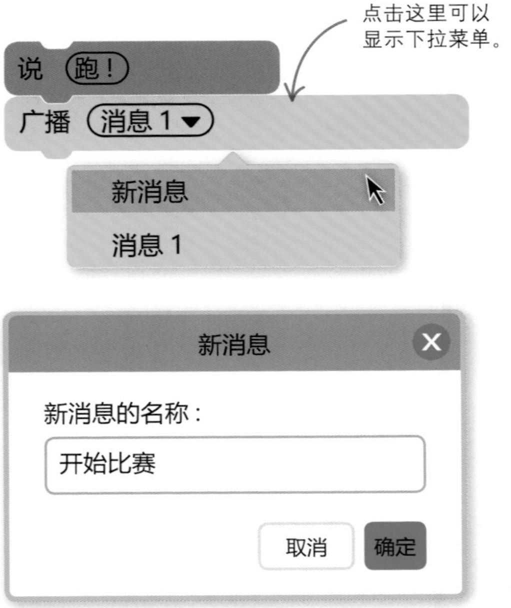

18 比赛开始时，小猫会发出“开始比赛”的消息。每个角色都需要一段代码才能作出反应。选中小狗角色，添加如下代码。仔细看一下，这里如何利用两个“等待”指令实现键盘控制。玩家必须按下 M 键再放开，重复这样的动作才能让小狗运动；如果只是按住 M 键，那是无效的。

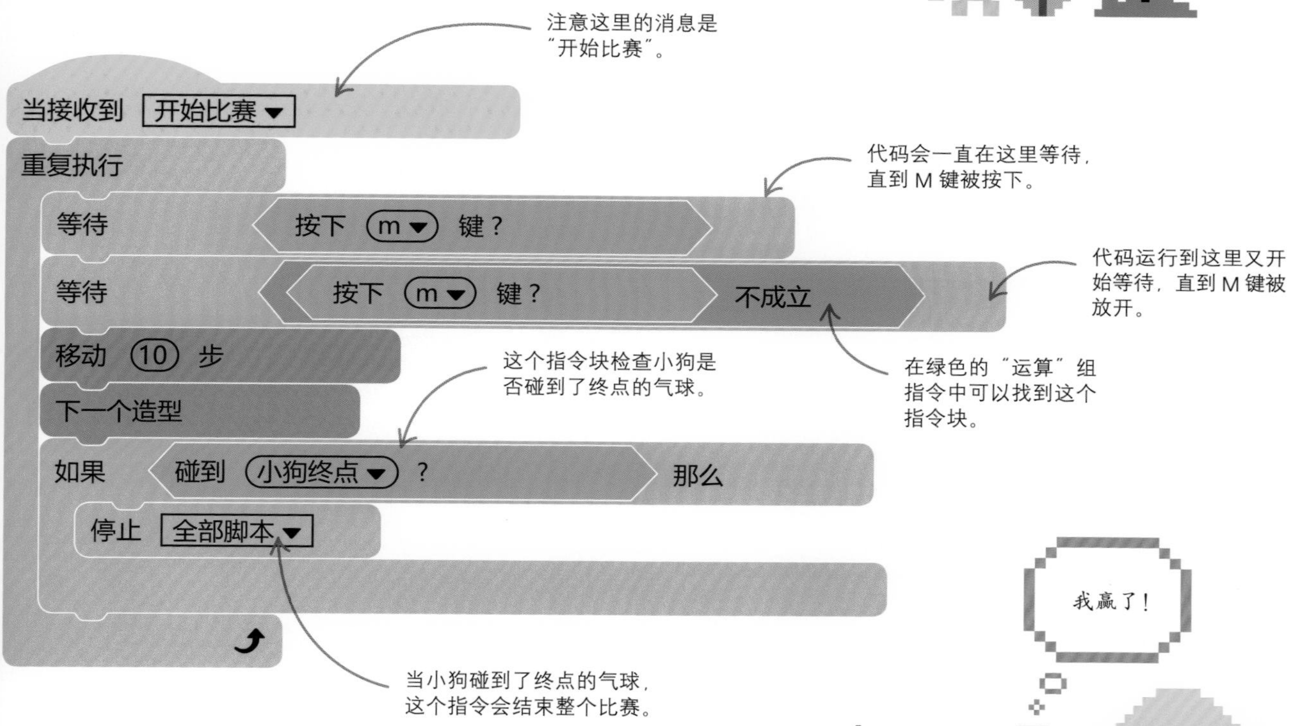

注意这里的消息是“开始比赛”。
当接收到 开始比赛
重复执行
等待 按下 m 键？
等待 按下 m 键？ 不成立
移动 10 步
下一个造型
如果 碰到 小狗终点 ？ 那么
停止 全部脚本
代码会一直在这里等待，直到 M 键被按下。
代码运行到这里又开始等待，直到 M 键被放开。
在绿色的“运算”组指令中可以找到这个指令块。
这个指令块检查小狗是否碰到了终点的气球。
当小狗碰到了终点的气球，这个指令会结束整个比赛。

我赢了！

术语

布尔运算符：不成立

“不成立”会把问题的答案设置为相反的值。这个指令在测试“某个事件没有发生”的时候非常有用。一共有 3 个指令块可以改变对于“是与否”问题的回答（或真假判断），它们都非常有用：“且”“或”和“不成立”。程序员把它们叫作“布尔运算符”，在本书中这 3 个指令你都会用到。

19 运行这个作品。当小猫发出“跑！”的口令后，你会发现只要按下 M 键再放开，小狗就会向前跑一段。当它碰到气球后，就不再对按键作出反应了。如果有哪里运行不正常，请按照之前的代码仔细地核对检查。

20 接下来，给蝙蝠添加一段类似的代码。与小狗的代码只有一点不同，那就是按键被换成了 Z 键，并且蝙蝠要去触碰它自己的终点气球。

```
当接收到 [开始比赛 ▼]
重复执行
    等待 <按下 (z ▼) 键?>
    等待 <<按下 (z ▼) 键?> 不成立>
    移动 (10) 步
    下一个造型
    如果 <碰到 (蝙蝠终点 ▼)?> 那么
        停止 [全部脚本 ▼]
```

请注意，这里和小狗的代码不一样。

当蝙蝠碰到终点气球后，它的程序就停止运行了。

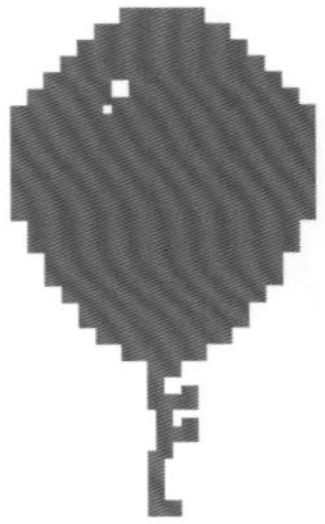

21 现在，让选手们开始比赛吧。你可能会发现某一个动物能轻松获胜，因为它的翅膀或鼻子能伸出去提前碰到终点气球。你可以改变开始位置或者终点位置，让比赛更公平。

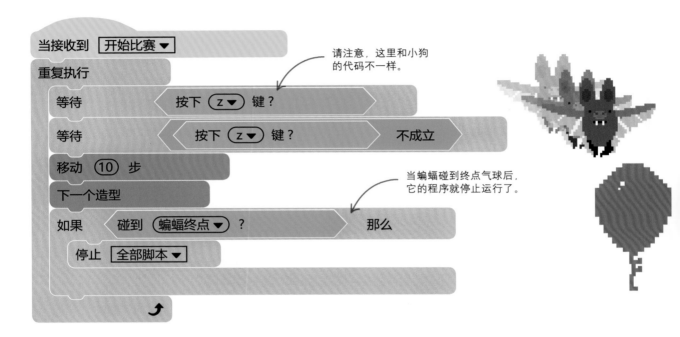

把发令员小猫拖到舞台的角落，不要让它挡住跑道！

修正与微调

这个赛跑游戏非常简单，你可以在作品中添加一些有趣的东西，希望这里的一些建议能启发你的思路。在开始修改程序之前，保存一份原来的完整作品很有必要！保存好以后，你就可以在作品中随意修改做试验了。

▷声音

给发令员小猫的代码添加一个“播放声音”的指令，它会在比赛开始的时候播放有趣的音效。小猫角色已经提前加载了“喵”的声音，你也可以从声音库中选择其他音效，方法是点击“声音”标签，然后再点击“选择一个声音”。

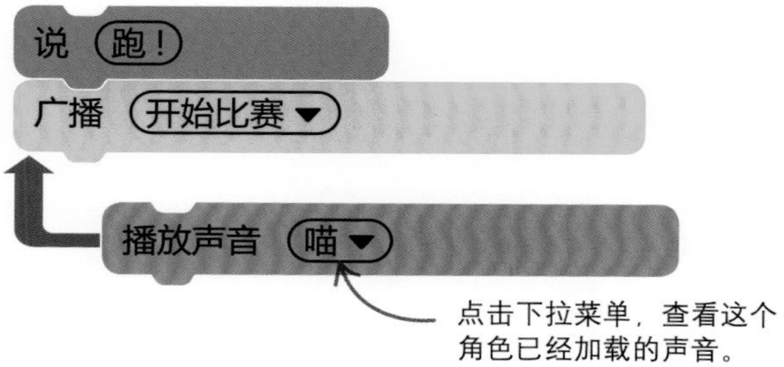

◁倒计时

按照图示修改小猫代码的中间部分。你能想象这会带来什么样的效果吗？

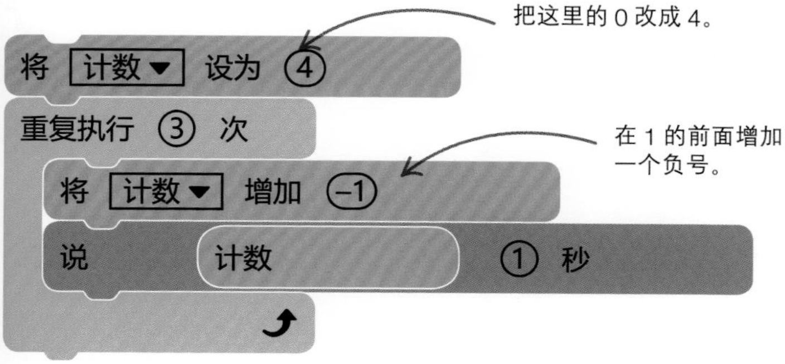

◁额外的竞争对手

为什么不添加更多的动物来比赛呢？在角色库里挑选一些角色，记得选择那些可以切换造型做出动画效果的，比如鹦鹉（Parrot）或者蝴蝶（Butterfly1）。为每一个新选手添加两个角色，分别代表起点和终点位置。然后把它们的代码调整一下，选用不同的按键。如果要调整角色大小，就使用“将大小设为……”指令块。

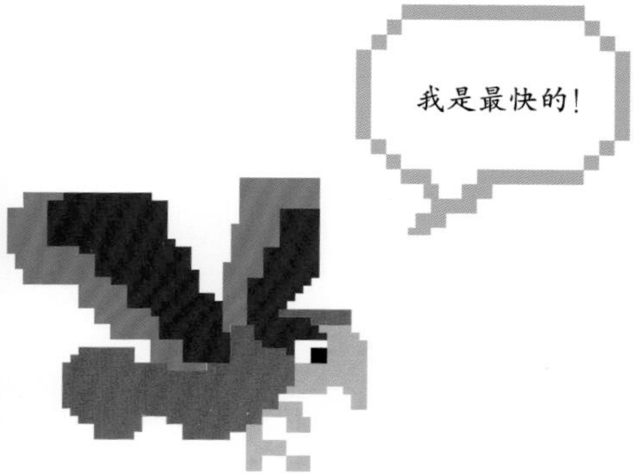

▽提高操控难度

如何让玩家感觉操控起来更有挑战性呢？把按键方式修改为交替按下两个不同的键，而不是重复按下同一个键，这样就可以了。只用简单修改一下代码，让程序在第一个按键按下之后，等待第二个按键按下。下图显示了如何修改小狗角色的代码。对于蝙蝠来说，第二个按键用 X 替换掉 N 就可以了。

快点，再快点，
尽量走直线！

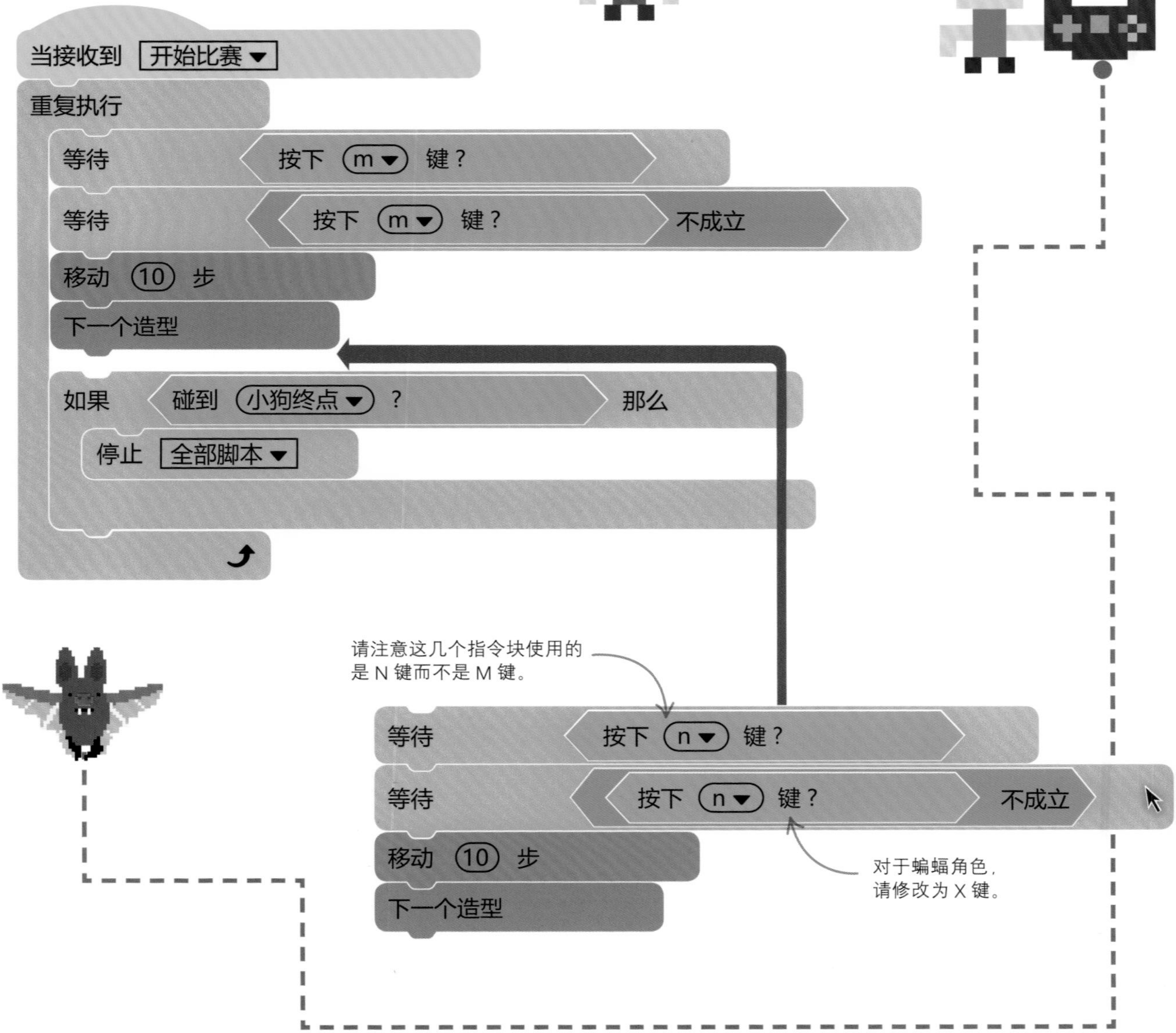
当接收到 开始比赛
重复执行
等待 按下 m 键？
等待 按下 m 键？ 不成立
移动 10 步
下一个造型
如果 碰到 小狗终点 ？ 那么
停止 全部脚本
请注意这几个指令块使用的是 N 键而不是 M 键。
等待 按下 n 键？
等待 按下 n 键？ 不成立
移动 10 步
下一个造型
对于蝙蝠角色，请修改为 X 键。

赛跑定位

如果两位参赛选手到达终点的时间非常接近，就很难分辨到底是谁赢了。为了修正这个缺陷，你可以让每个动物到达终点（游戏结束）的时候报告它们的具体位置。

1 在指令块面板中选择“变量”，然后点击“新建变量”，把它命名为“位置”。

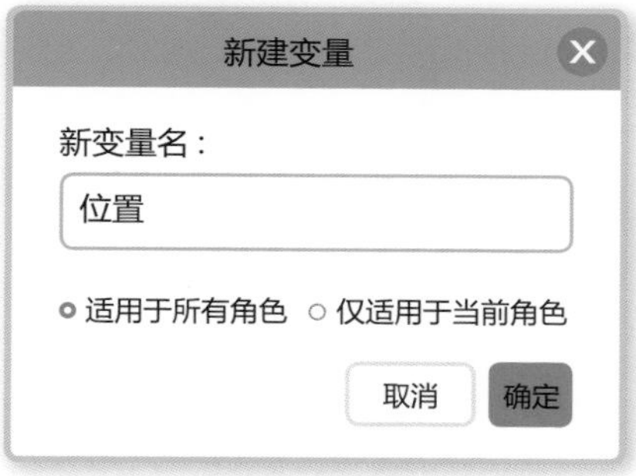

新建变量
新变量名：
位置
适用于所有角色
仅适用于当前角色
取消
确定

2 接下来，在小猫代码的最下面添加“将‘位置’设为……”的指令，把其中的数字改为 1。

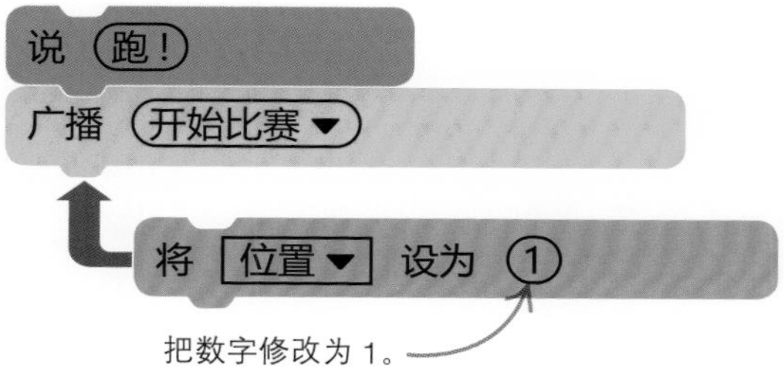

说 跑！
广播 开始比赛
将 位置 设为 1
把数字修改为 1。

3 现在，如下图所示，修改小狗代码的最后一部分。你需要添加两个新的指令块，在“停止”指令块的下拉菜单中选择“这个脚本”。为蝙蝠角色也作同样的修改。

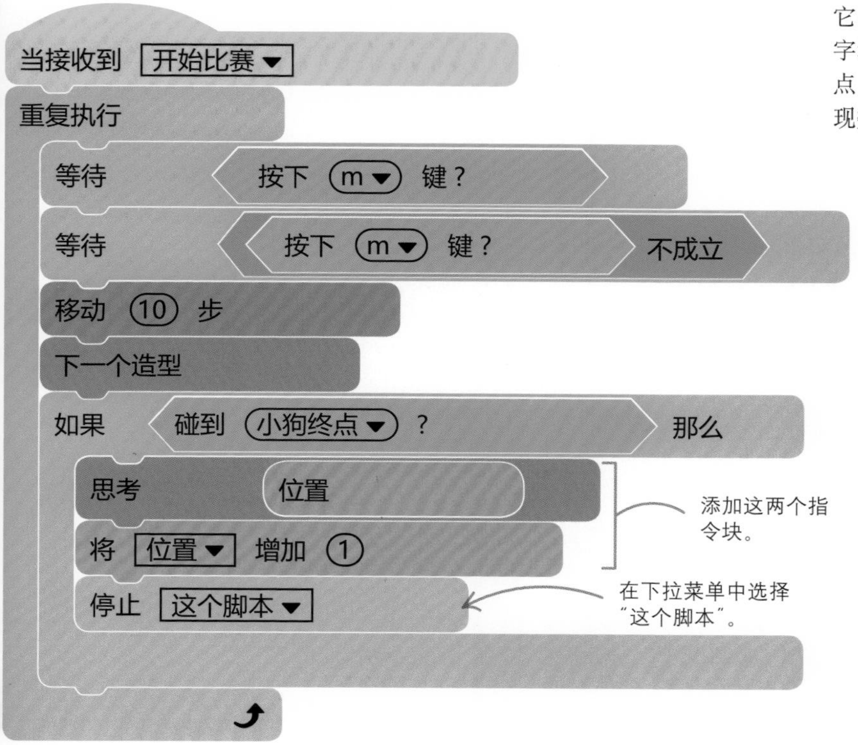

当接收到 开始比赛
重复执行
等待 按下 m 键？
等待 按下 m 键？ 不成立
移动 10 步
下一个造型
如果 碰到 小狗终点 ？ 那么
思考 位置
将 位置 增加 1
停止 这个脚本
添加这两个指令块。
在下拉菜单中选择“这个脚本”。

4 试验一下程序。将发令员小猫的“位置”变量设定为 1。当第一个角色到达终点时，它会运行“思考……”指令块，一个代表思考的泡泡就出现了，里面显示数字 1。接着，它运行下一个指令，把“位置”变量的数字增加 1，变成了 2。当第二个角色到达终点，它也执行思考指令时，泡泡里就会出现数字 2。

2
1

帕布问答

你是否面临一个艰难的决定，或者是否想预测未来？在面对不可知的未来时，让聪明的帕布来帮你吧。你将在本章学习随机数、变量，以及如何用电脑作出决策。

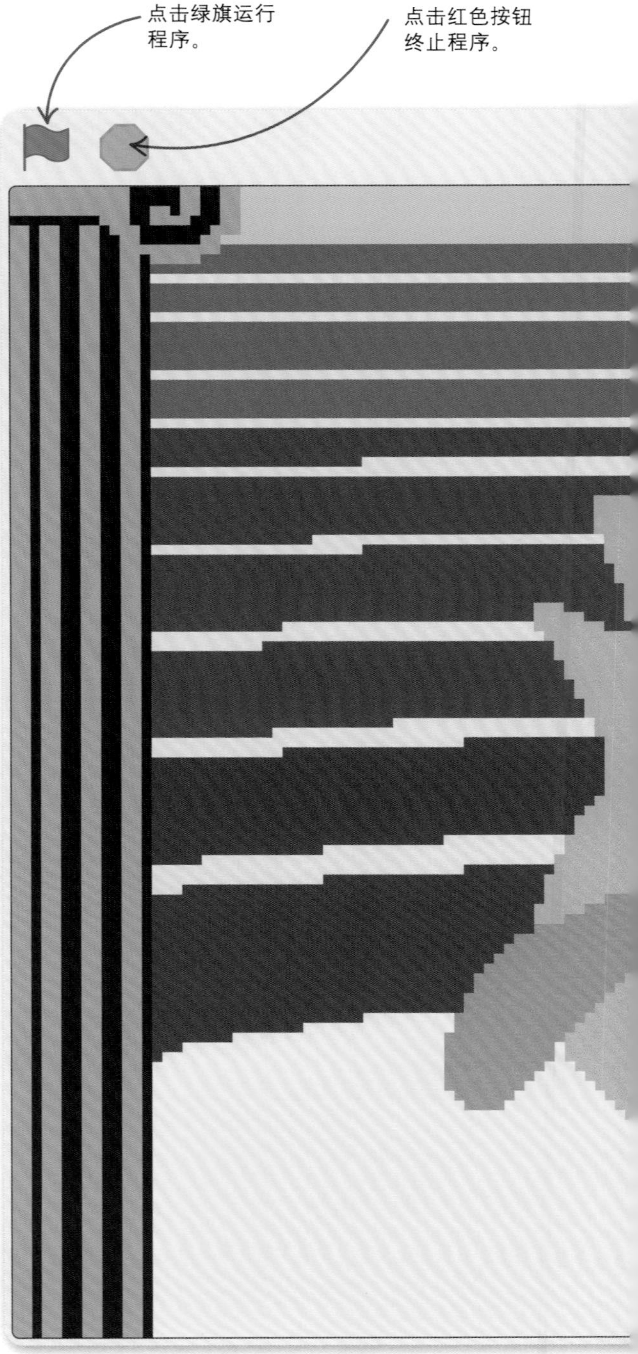
点击绿旗运行程序。
点击红色按钮终止程序。

工作原理

帕布会请你提出一个问题，然后回答“是”或“否”。你可以问任何想问的问题，从“我会不会成为亿万富翁”到“我是否应该放下作业去玩电子游戏”。帕布会短暂地停顿，就像在思考一样，但其实它的回答是完全随机的。

◁**帕布**

友好的帕布是这个作品中唯一的角色。它有3个造型，你可以利用它们赋予帕布生命，让它动起来。

◁**碰运气**

就像投掷骰子可以生成一个随机的数字，Scratch 也可以生成随机数，利用随机数能让程序作出意想不到的反应。

点击这里退出全屏模式。

凡是答案为“是”或“否”的问题，你都可以来问我！
提出你的问题，然后按下空格键。

当你运行程序的时候，帕布会使用文字气泡和你交流。

◁提问！

如果你向帕布提出一个预测未来或者需要作出决定的问题，它会表现得很棒。但是，不要向帕布提出关于某个事实的问题，因为它总是会答错（比如“什么是苹果？”这样的问题，帕布就不能回答）。

准备好，我们要穿越未来了！

场景布置

创作一个新作品首先要选择角色和舞台背景。按照如下步骤，把帕布角色添加到作品中，同时要插入一张恰当的背景图片，为帕布的回答创造恢宏的场景。

1 创建一个新作品。点击小猫角色图标右上角的“删除”按钮，删掉这个角色。

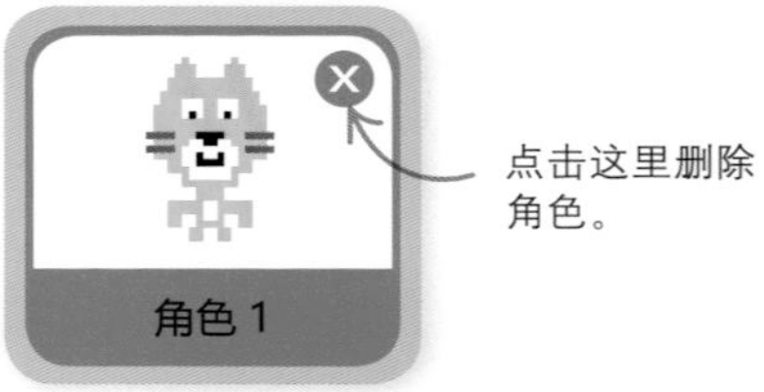
角色 1
点击这里删除角色。

2 现在，我们来添加帕布角色。点击角色列表中的“选择一个角色”，在角色库中搜索帕布（Gobo），然后点击这个图标。帕布就会出现在角色列表中。

Gobo

3 帕布的个头有点小，所以请添加如下代码，把它变大一点。运行程序，看看帕布是否变大了呢？

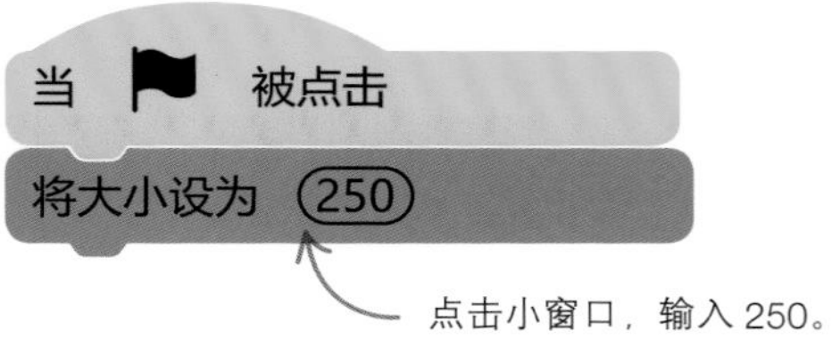
当 被点击
将大小设为 250
点击小窗口，输入 250。

4 帕布在回答问题时应该有一个严肃的场景，在 Scratch 窗口的右下角点击“选择一个背景”，然后选中“希腊剧场”（Greek Theater），把它添加进来。用鼠标把帕布拖拽到剧场中央。

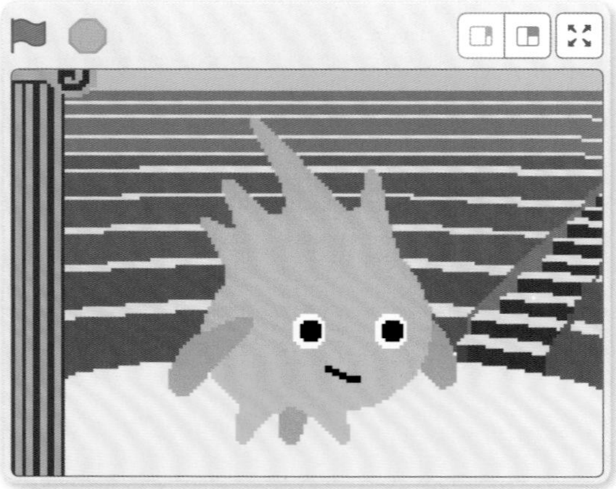

5 在角色列表中用鼠标点击帕布，选中它。现在添加下图所示的指令块，让它在游戏开始的时候可以说话。运行新的代码，你会发现帕布一直待在那儿，直到你按下空格键才说出后面的话。但目前为止，帕布还不会回答问题。

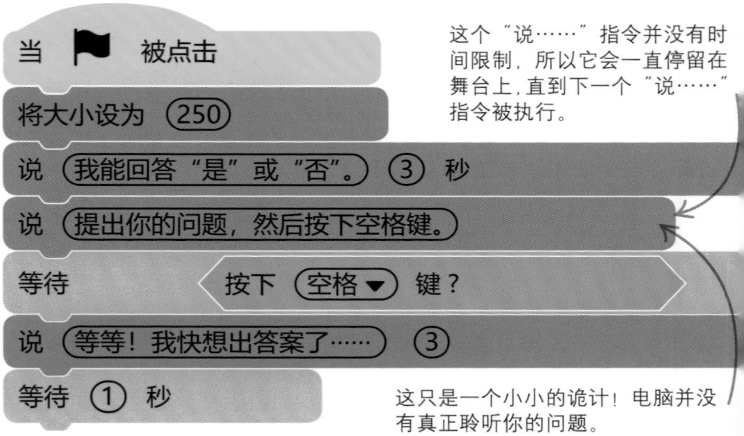
当 被点击
将大小设为 250
说 我能回答“是”或“否”。 3 秒
说 提出你的问题，然后按下空格键。
等待 按下 空格 键？
说 等等！我快想出答案了…… 3
等待 1 秒
这个“说……”指令并没有时间限制，所以它会一直停留在舞台上，直到下一个“说……”指令被执行。
这只是一个小小的诡计！电脑并没有真正聆听你的问题。

随机作出选择

一般来说，电脑的行为是很容易预测的。如果程序不变，输入同样的信息，总是会得到固定的结果。但是，在这个作品中我们不希望这样。帕布的代码会用随机数把东西混在一起。

6 为了能让帕布回答问题，你必须添加更多的指令块。帕布在两种答案中选择其一，我们把这两种答案分别用数字 1 和 2 编号。

7 我们要创建一个变量“答案编号”来存放数字，这个数字就代表程序选中的回答，然后再显示出对应的文字信息。创建变量的方法很简单，在指令块面板上选择橘红色的“变量”组指令，点击“建立一个变量”按钮。

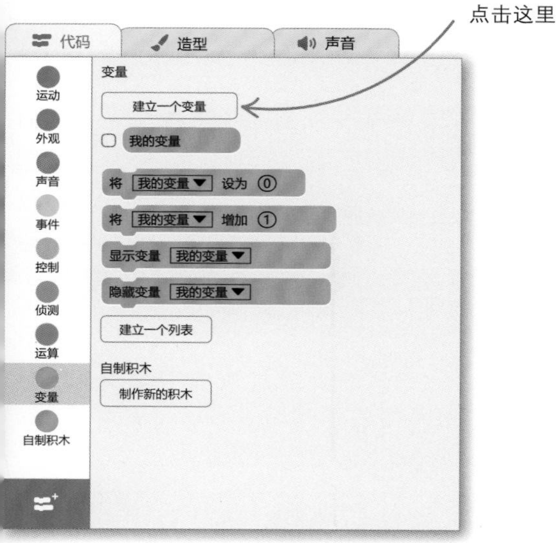

8 一个小窗口会弹出来。在方框内输入变量的名字“答案编号”，然后点击“确定”。

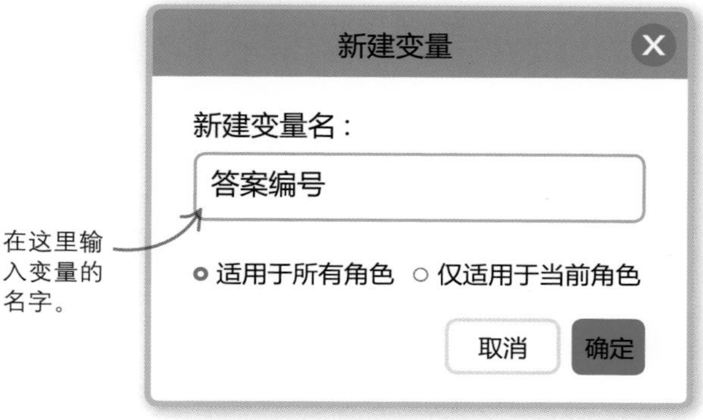

9 你会发现一个变量“答案编号”的指令块出现了，同时还有几个别的指令块。

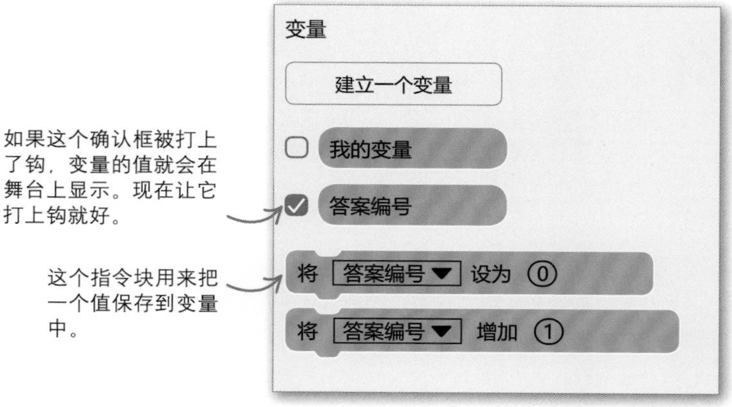

专家提示

随机数

随机数就是你无法预先猜到的数字。每次投掷骰子，你都可能得到 1 ～ 6 的任意一个数字，这就是随机数。在骰子停下来之前，你无法确定哪个数字会朝上。在 Scratch 中，有一个指令块叫作“在……和……之间取随机数”，你可以用它得到一个随机数。把这个指令块拖到代码区，然后做个试验。

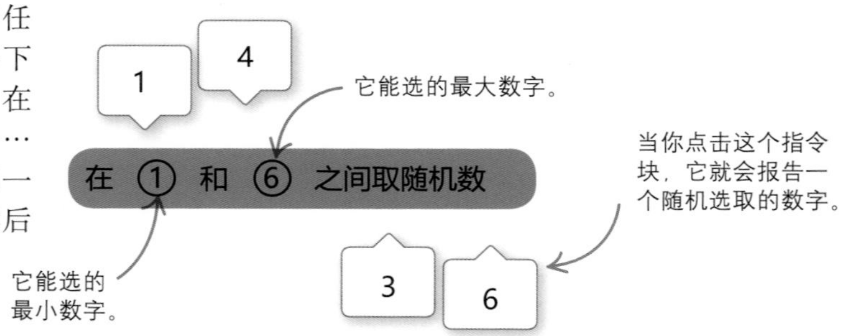

1
4
它能选的最大数字。
当你点击这个指令块，它就会报告一个随机选取的数字。
在 1 和 6 之间取随机数
它能选的最小数字。
3
6

10 变量能保存帕布的答案编号，但还要有一个方法让程序可以随机选中一个答案编号。在帕布代码的最下面，添加一个“将我的变量设为……”的指令。点击指令块的下拉菜单，选择“答案编号”。然后插入一个“在……和……之间取随机数”的指令，你可以在绿色的“运算”组指令中找到它。然后把其中的第二个数字改成 2。现在这个指令会在 1 和 2 之间随机选一个数字，就像抛硬币的效果。

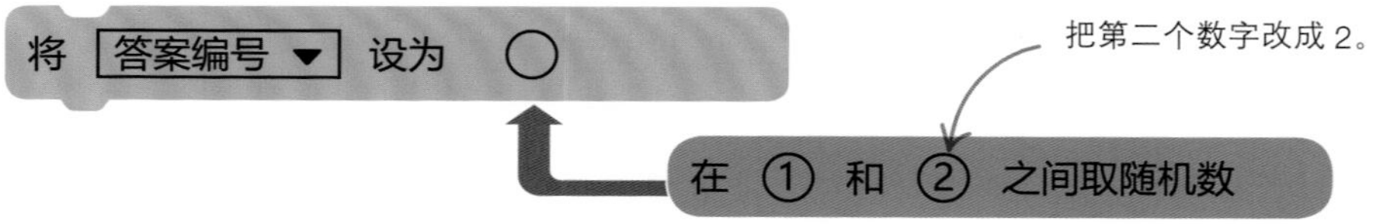

11 接下来，在代码最下面再添加图示的指令块。当变量“答案编号”等于 1 的时候，它能让帕布说“是！”只有当答案编号等于 1 的时候，“说……”指令才会执行，否则程序就会跳过它。

12 现在我们来运行几次程序。大概有一半的次数，帕布会说“是！”另一半时间它什么也不说。如果你观察舞台上方，会发现帕布说“是！”的时候，变量的值是 1；帕布什么也不说的时候，变量的值是 2。现在再添加如图所示的指令块，让帕布在答案编号等于 2 的时候说“否！”

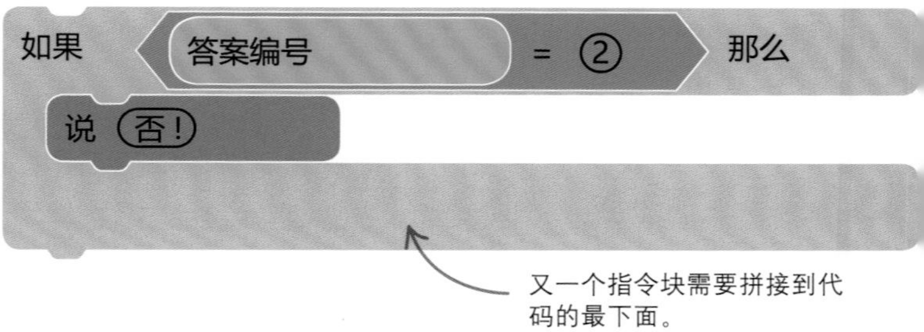

13 现在代码看起来就是下图显示的样子了。多次运行这个程序，观察帕布是不是随机回答“是！”或“否！”如果不是这样，请仔细检查你的代码。

稍等片刻，我马上就有答案了……

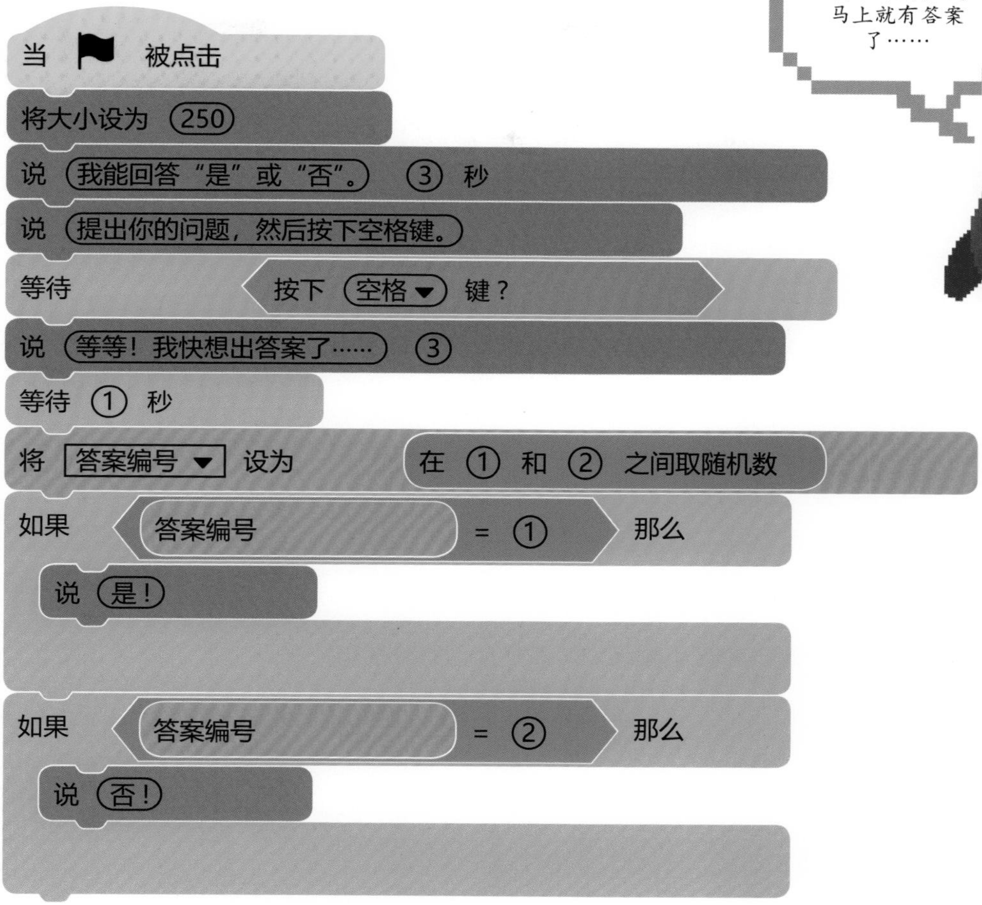
当 被点击
将大小设为 250
说 我能回答“是”或“否”。 3 秒
说 提出你的问题，然后按下空格键。
等待 按下 空格 键？
说 等等！我快想出答案了…… 3
等待 1 秒
将 答案编号 设为 在 1 和 2 之间取随机数
如果 答案编号 = 1 那么
说 是！
如果 答案编号 = 2 那么
说 否！

14 现在你可以到“变量”组指令中，取消勾选“答案编号”指令块，这样变量就从舞台上消失了。

如果你用的是离线版 Scratch，一定要记得定时保存一下你的作品！

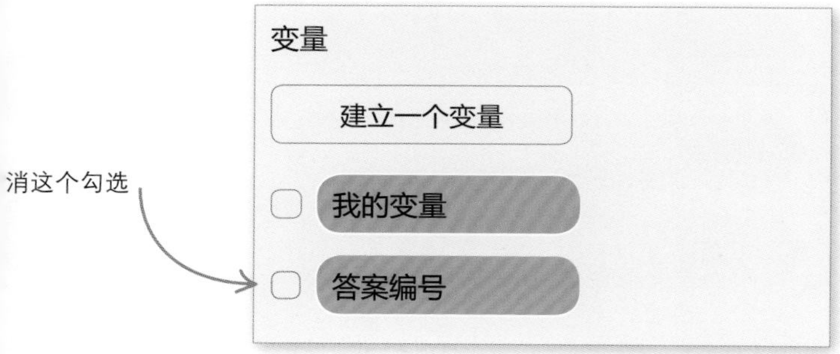
变量
建立一个变量
我的变量
答案编号
消这个勾选

15 现在我们用这个程序来预测一些重要的事情吧！

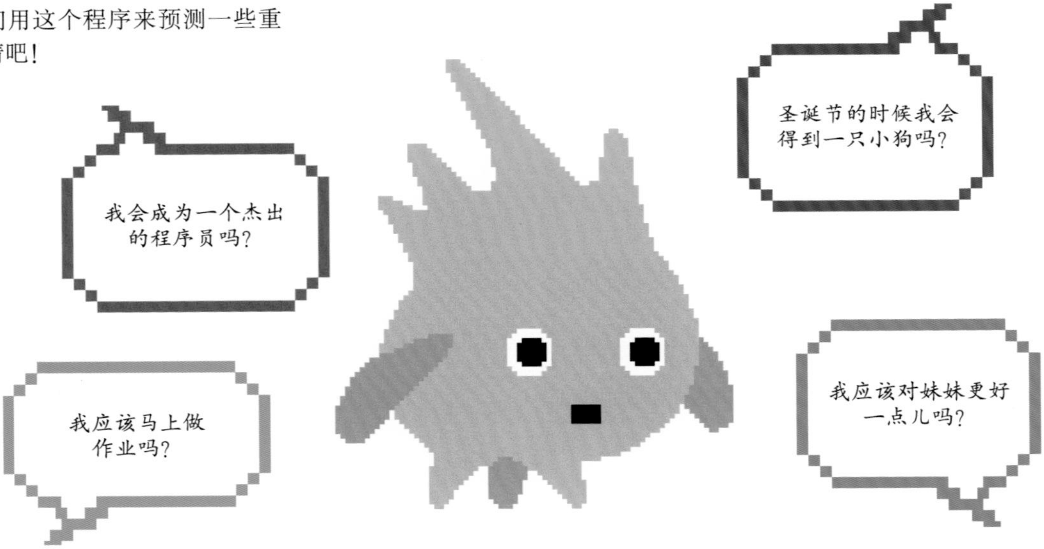

专家提示

更多的判决

现在你已经知道如何使用“如果……那么……”指令块，它包含一个问题，这个问题决定了计算机是否执行那几个指令块。在这个作品中，我们使用了一个绿色的“运算”组指令块，用来检查变量中的数值。

淡蓝色的侦测指令块会报告“是”或“否”，但是如果你使用绿色的指令块，就需要判断它们说的是真是假。这里有 3 个绿色的指令块，它们都可以用来比较两个数字的关系。每个绿色指令块都有自己的符号和任务：=（等于），>（大于），<（小于）。程序员把这些真或假的判决称作“布尔条件”，用于“如果……那么……”指令中。“布尔条件”这个名字来自英国数学家乔治·布尔（1815—1864）。

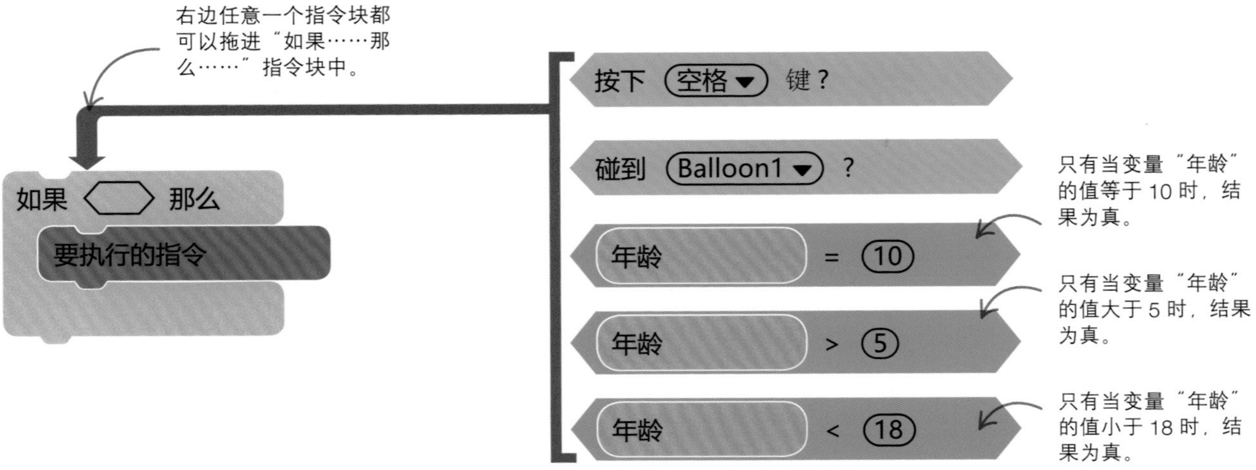

修正与微调

除了用“是”或“否”回答问题，你还可以利用随机数做很多事情。试试探索更多用途吧。

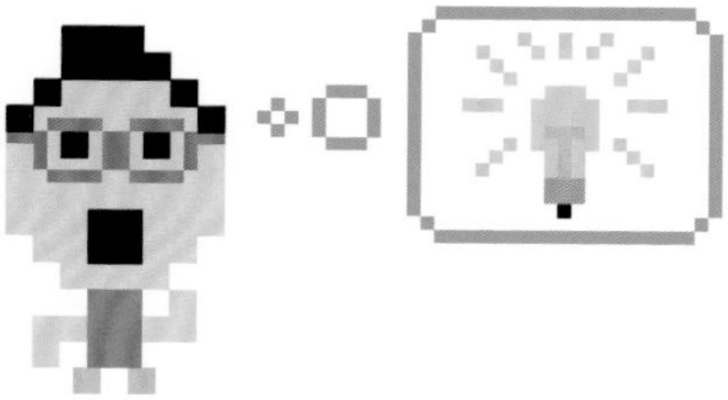

▽**再问我一个问题吧**

可以让帕布在回答第一个问题以后，继续回答更多问题。在原来的代码中插入更多的指令块，然后把它们都放到“重复执行”的方框里。这些指令会让帕布提示玩家输入一个新问题。

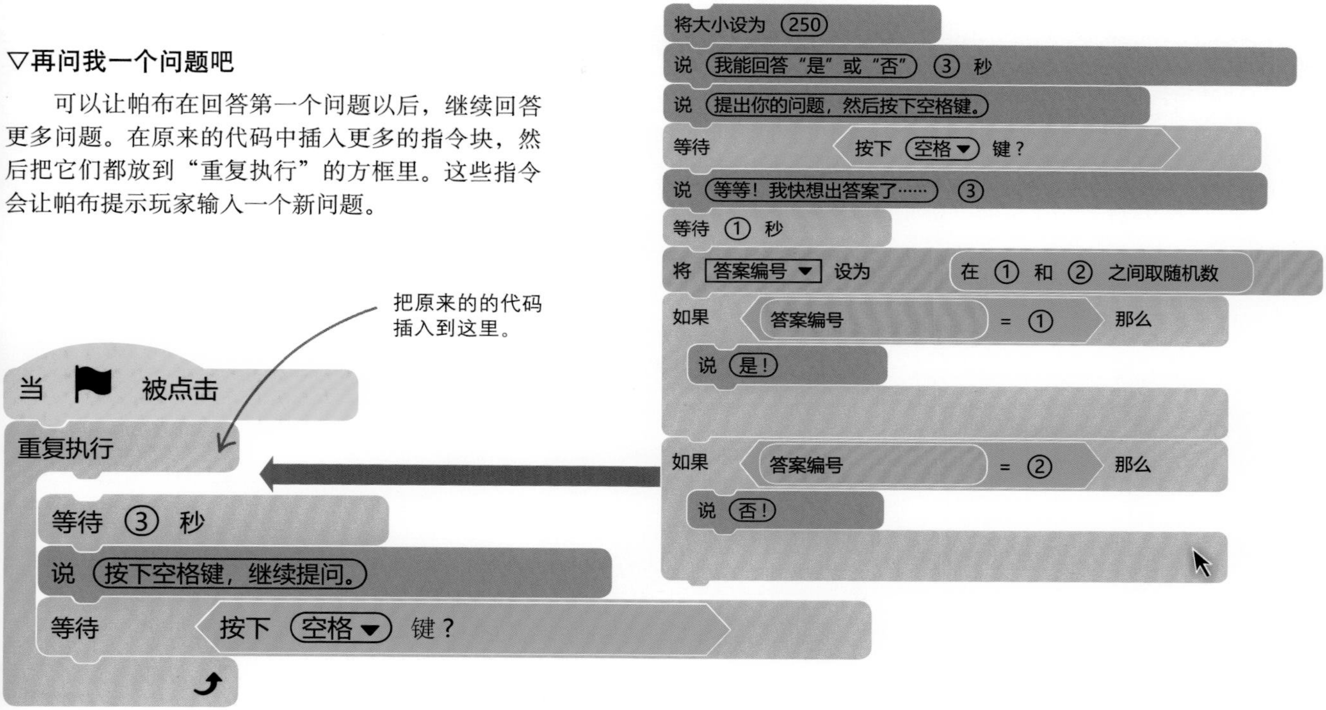

▷**特殊效果**

你可以修改帕布的回答，让它变得更加有趣。比如在它回答的时候改变颜色或造型。还可以为它的回答添加音效、舞步，或者让它转个圈。

▽更多答案

为了让程序更加有趣，我们可以添加更多的答案。只须把随机数的范围上限扩大到你需要的答案数量，然后加入更多的“如果……那么……”指令块，就能得到不同的答案。这个例子里一共有 6 个可能给出的答案，但是只要你愿意，加入多少答案都可以。

把数字“2”改成“6”。上限数字必须和你提供的答案数量一致，否则有些答案永远不会被显示出来。

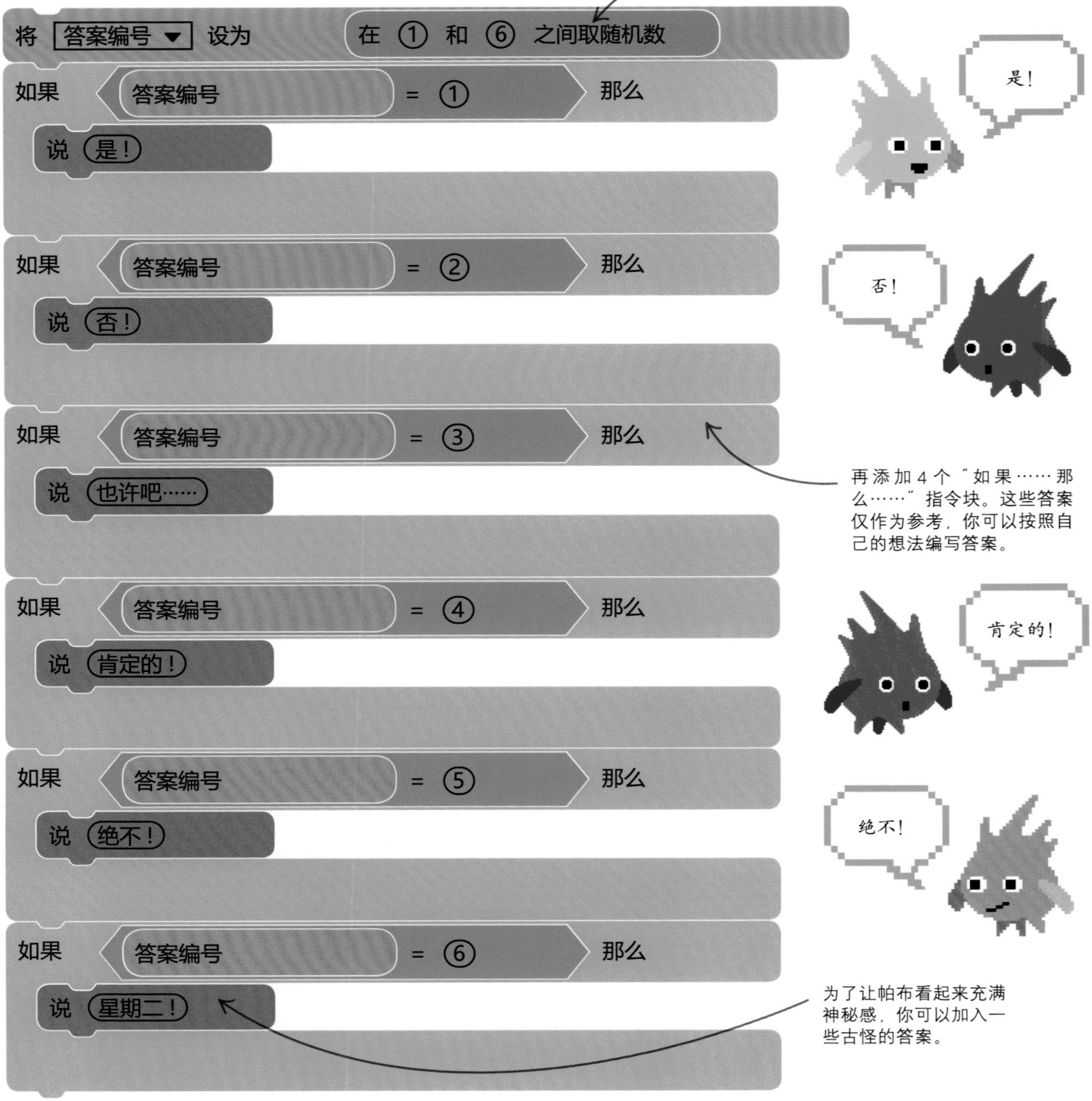

▽会数数的马

当然，你不用执着于答案为“是”或“否”这样的问题，也可以利用随机数回答别的问题，比如“我的年龄多大？”“我的智商是多少？”等等。新建一个作品，从角色库中加入Horse，然后添加如下代码，让马在计算答案的时候蹄子可以一上一下地数数。你还可以从声音库中为马添加嘶鸣的声音。

别忘了！点击舞台上方的全屏显示按钮！

```
当 ⚑ 被点击
换成 (horse-a ▾) 造型
说 (我可以回答数字问题。) (3) 秒
说 (提出你的问题，然后按下空格键。)
等待 <按下 (空格 ▾) 键？>
说 (等等！我快想出答案了……) (3)
等待 (1) 秒
将 [答案编号 ▾] 设为 (在 (1) 和 (5) 之间取随机数)
重复执行 (答案编号) 次
    换成 (horse-b ▾) 造型
    等待 (1) 秒
    换成 (horse-a ▾) 造型
    等待 (1) 秒
说 (答案编号)
```

马能说出的最大数字。

这个循环让马用蹄子数出答案。

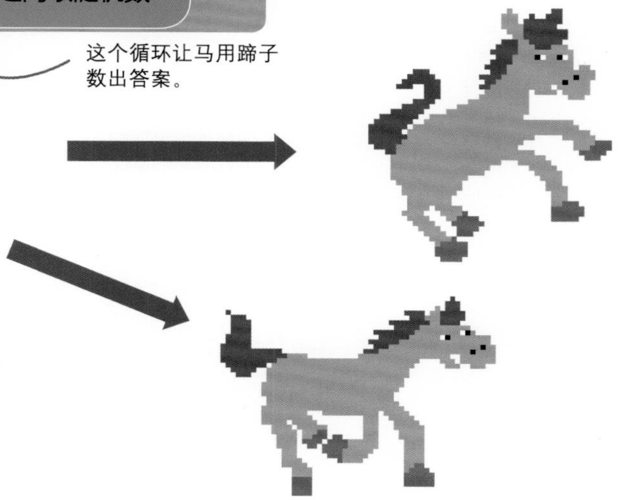

▷按我说的做！

除了回答问题，帕布也可以发出各种随机的命令，比如“跑到楼梯上面再跑下来”“向上跳起两次”“唱一首流行歌曲”。这很简单，你只要把“说”指令中的文字改成相应的命令就行了。当然，你还可以改变帕布的造型，营造符合命令的氛围。

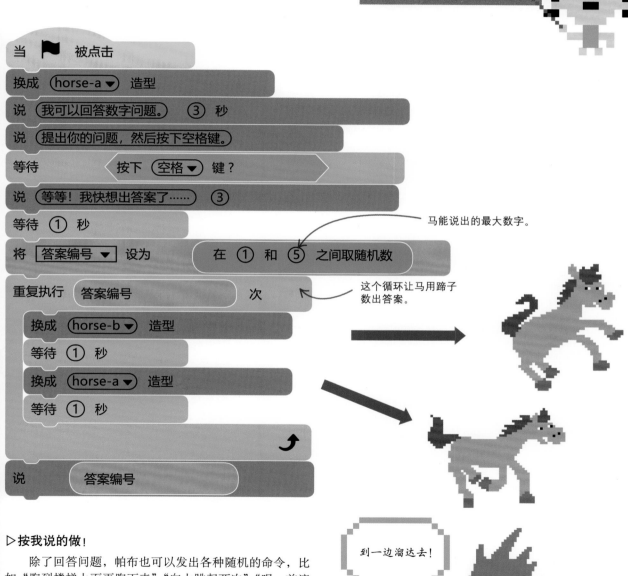

到一边溜达去！

滑稽脸蛋

在 Scratch 中你可以自行创作各种各样有趣的角色，千万不要被角色库限制住。创造自己的角色会让你的作品与众不同。在本章作品中，你将创造一个滑稽脸蛋，让它拥有各种夸张的五官和表情。

工作原理

这个作品从一张空白的脸开始，周围配有眼睛、鼻子等五官，以及一些装饰，你可以把它们拖拽到脸部中央制造出夸张的表情。点击绿旗可以让脸蛋复原，重新开始玩。

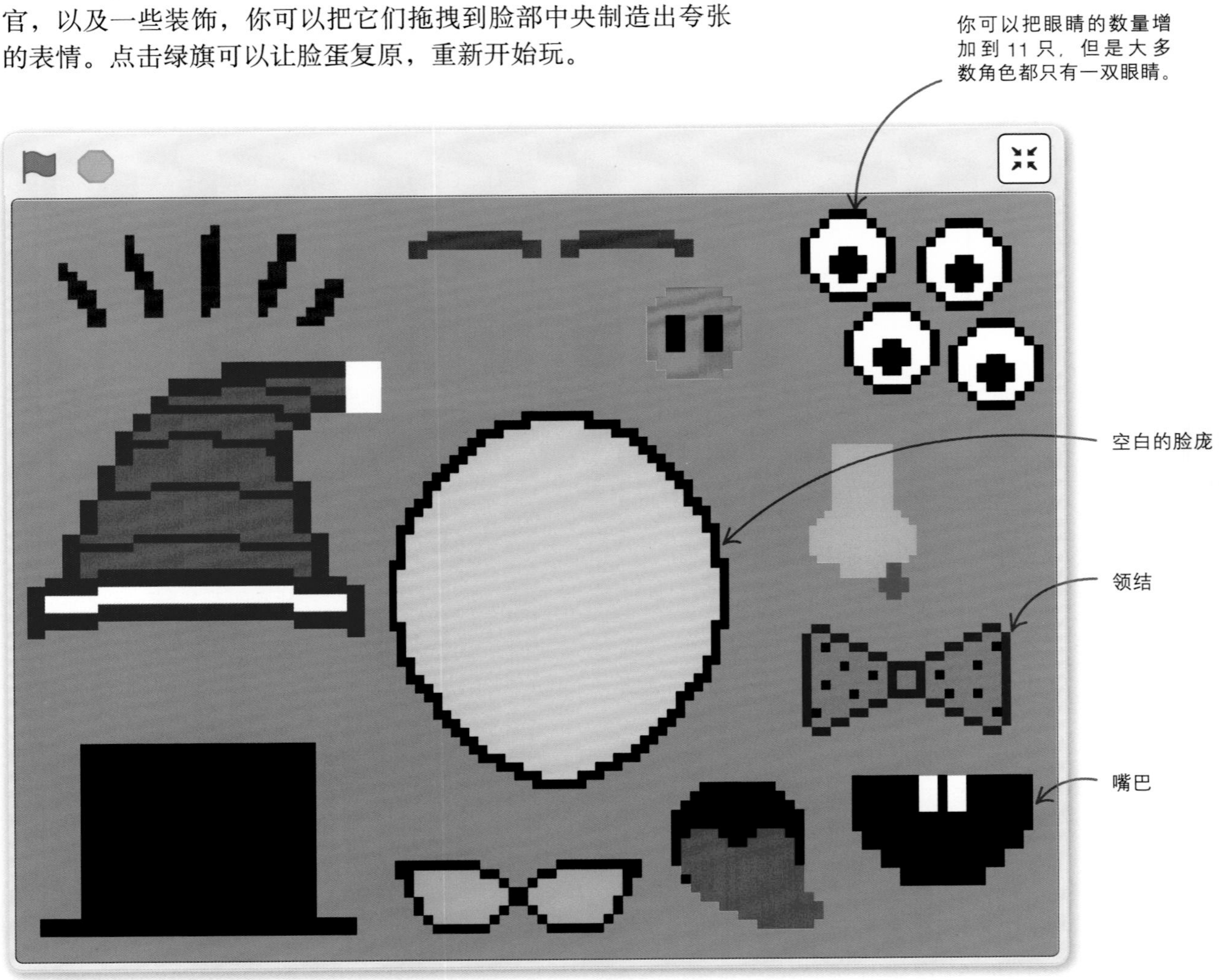
你可以把眼睛的数量增加到 11 只，但是大多数角色都只有一双眼睛。
空白的脸庞
领结
嘴巴

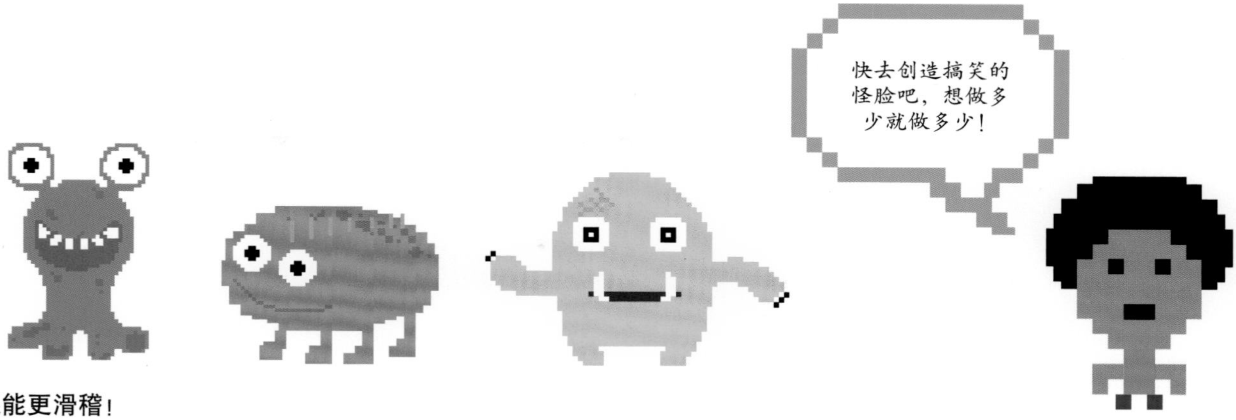

△还能更滑稽！

在这个作品中，你可以尽情发挥想象力和创造力。不一定非要做一张人脸，外星人、怪兽或任何别的东西都可以。

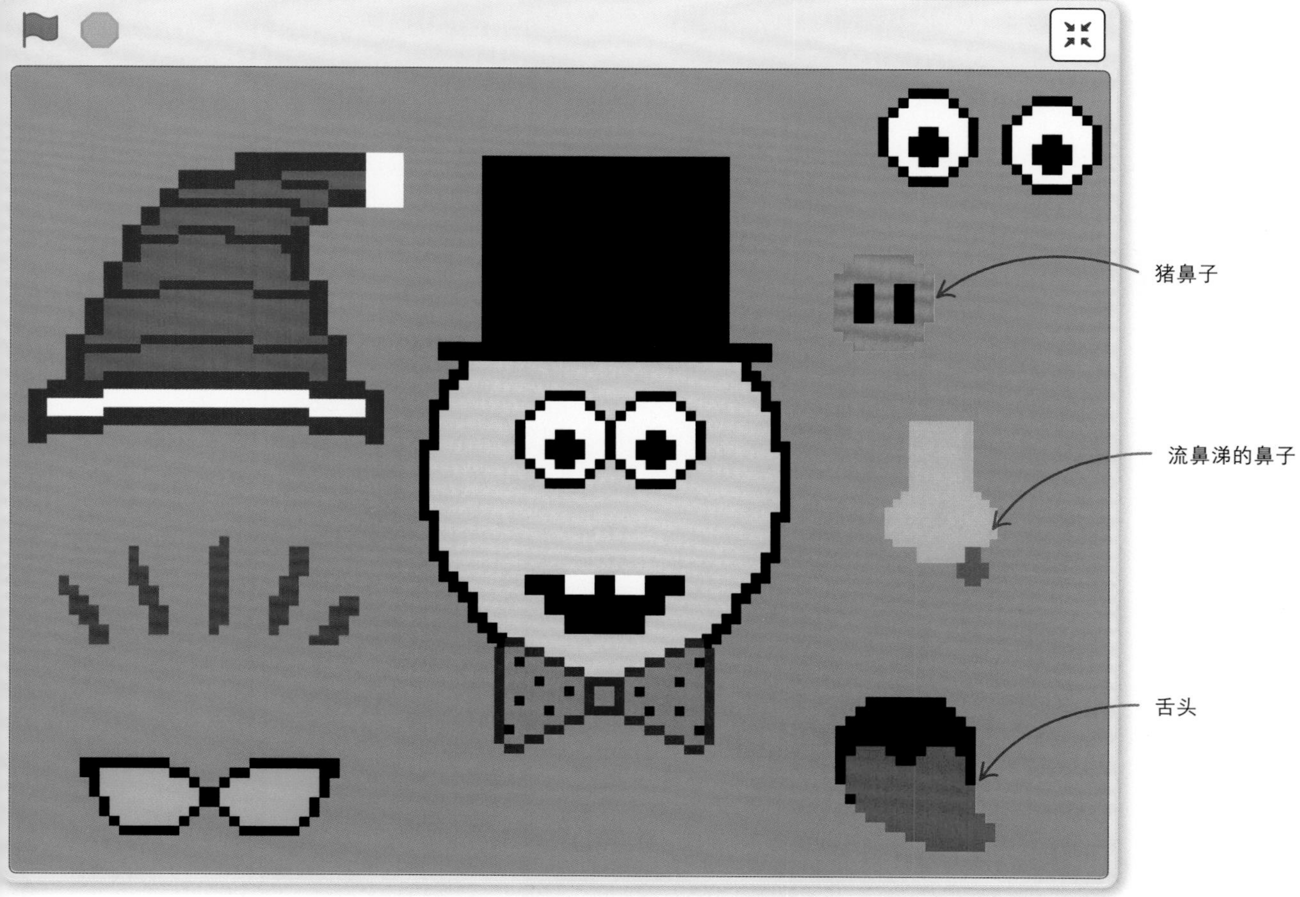

开始作画

掸去工作服上的尘土，现在我们要准备作画了。Scratch提供了一个功能强大的绘图板，你可以用各种工具绘制角色的身体部位和衣服饰品。

1 新建一个作品，然后用鼠标右键点击小猫，选中“删除”。你要创造自己的角色，现在点击角色菜单“绘制”图标，开始画第一个角色。

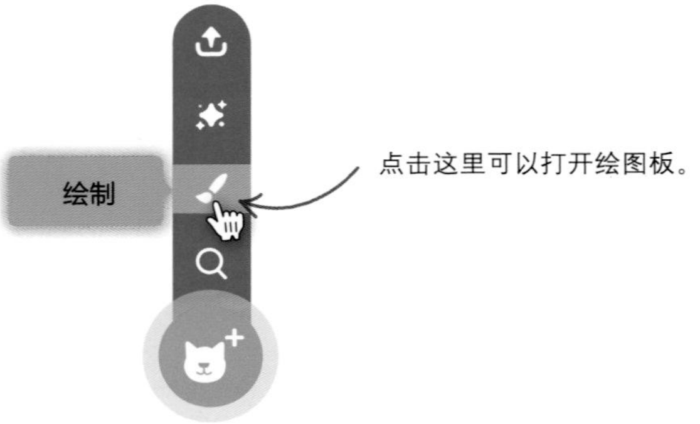

2 现在 Scratch 的绘图板已经打开了，你可以用这个绘图板创造自己想要的角色。确认绘图板左下角已经选择了“转换为位图”。

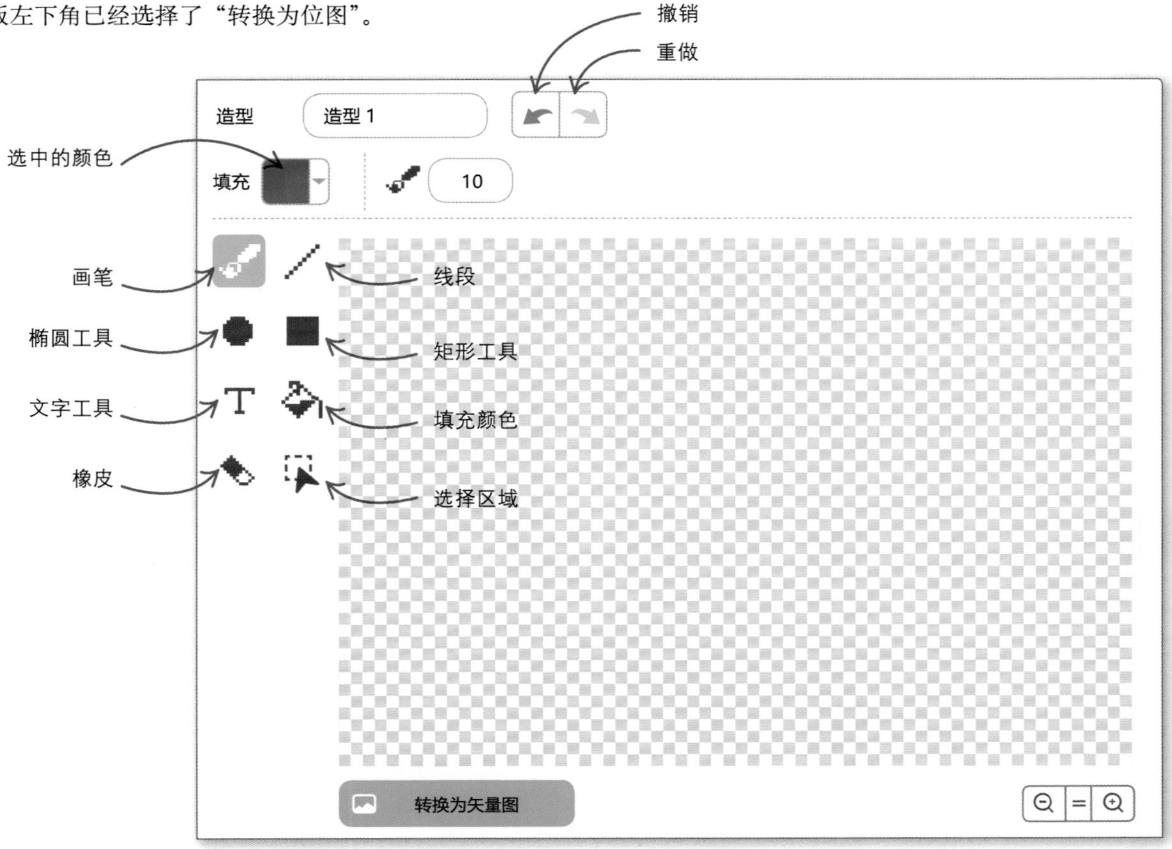

3 在绘图板的左上角，点击画笔工具。然后按下鼠标，画出一个椭圆形，作为滑稽怪脸的头部。形状的中心应该靠近绘图区域的小十字。

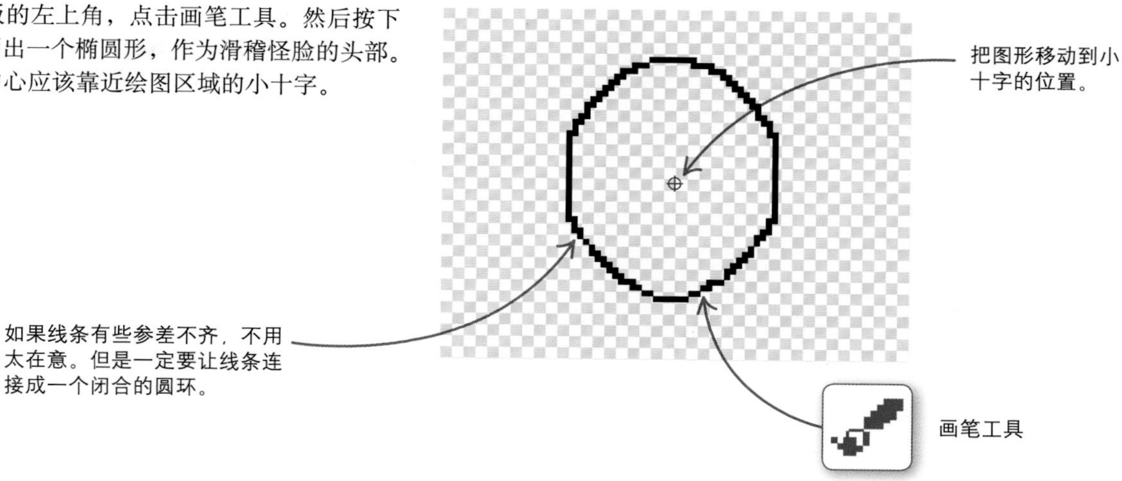

把图形移动到小十字的位置。
如果线条有些参差不齐，不用太在意。但是一定要让线条连接成一个闭合的圆环。
画笔工具

4 现在选择填充工具，这个图标看起来就像一个正在滴油漆的小桶。在左上方的填充颜色中选择一种颜色。然后用鼠标在脸的内部单击，用选中的颜色为它涂色。

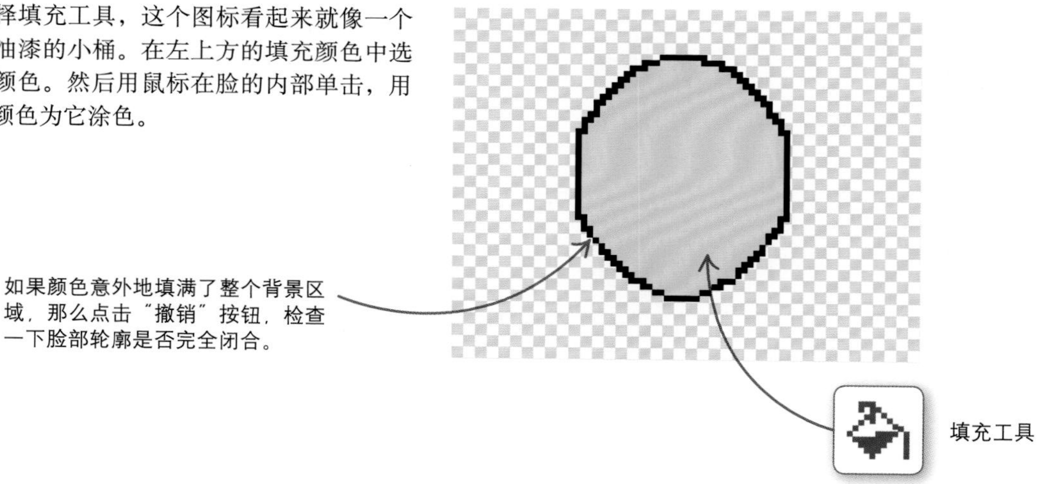

如果颜色意外地填满了整个背景区域，那么点击“撤销”按钮，检查一下脸部轮廓是否完全闭合。
填充工具

5 干得漂亮！你已经做好了“脑袋”。现在完成最后一步，在角色列表中上方的信息栏中，把角色名字从“角色 1”修改为“脑袋”。

6 当“滑稽脸蛋”这个作品启动时，“脑袋”应该出现在舞台的中央，程序会把每一个角色安放在合适的位置上，以保持舞台整洁。要让“脑袋”出现在正中间，点击“代码”标签，将这些指令块拖拽到代码区。

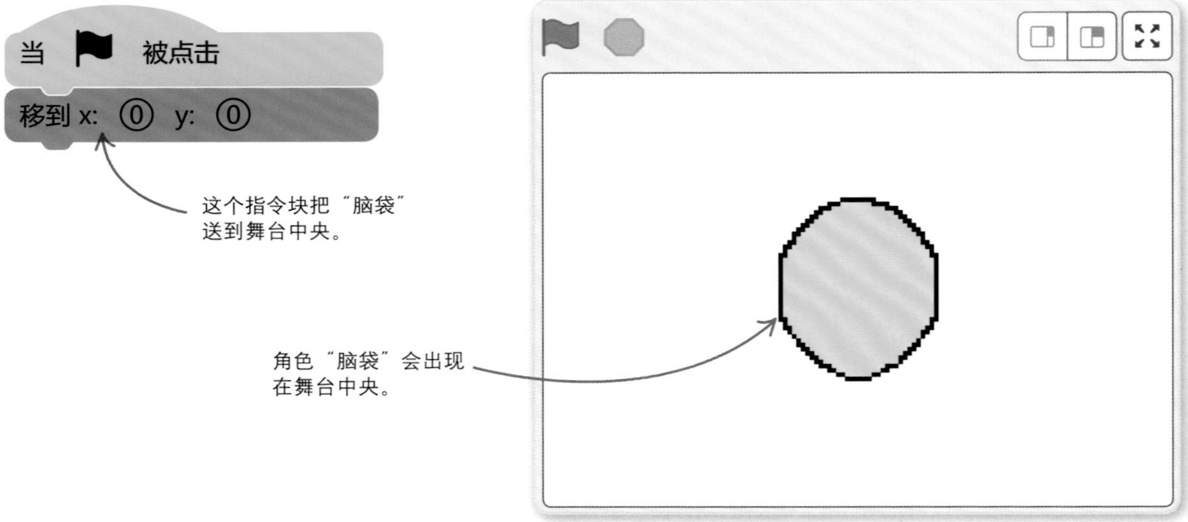

专家提示

坐标

想要在舞台上精确地定位，我们可以使用称为“坐标”的两个数字。横坐标 x 写在前面，表示一个点与舞台中心的水平距离；纵坐标 y 写在后面，表示一个点与舞台中心的垂直距离。x 坐标的范围是 −240 ~ 240。y 坐标是 −180 ~ 180。一个点的坐标写成（x，y）。例如，领结的中心点位置在舞台右侧，它的坐标是（215，90）。

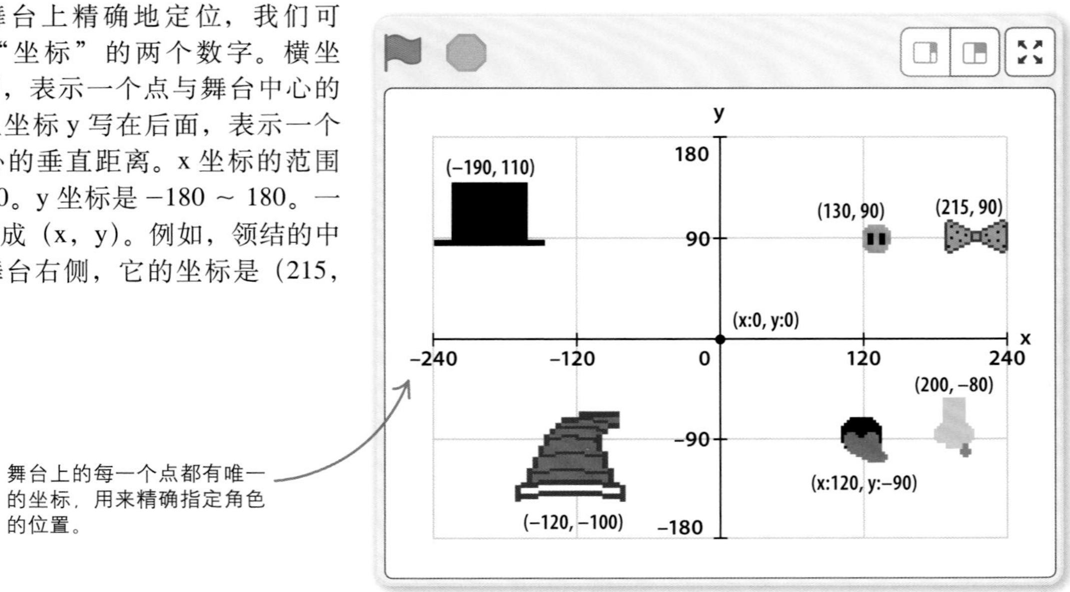

开始批量制造角色

在这个作品中，五官（眉毛、眼睛、鼻子、嘴巴、耳朵）和装饰（帽子、领结等）的种类越多，你做出的脸蛋越滑稽搞怪。所以，尽量花一些时间，画得越多越好。这很好玩！你还可以在角色库里找到很多有用的东西，比如帽子、眼镜等。使用现成的角色就不需要自己画了。

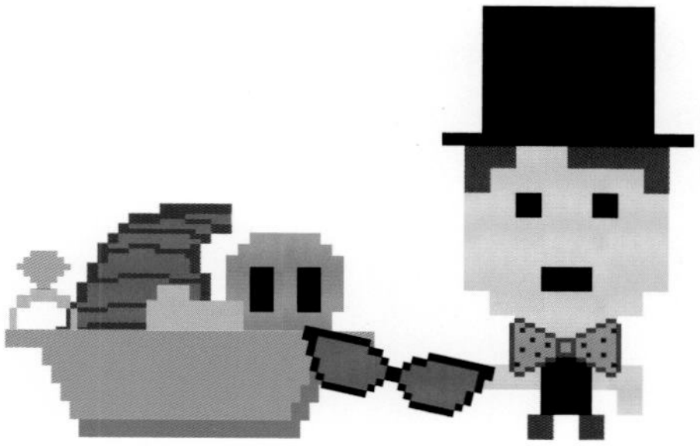

7 按照第 7 ~ 11 步的方法，制作自己的作品。点击角色菜单的“绘制”图标。按照本页的提示，使用绘图板画出你需要的效果。

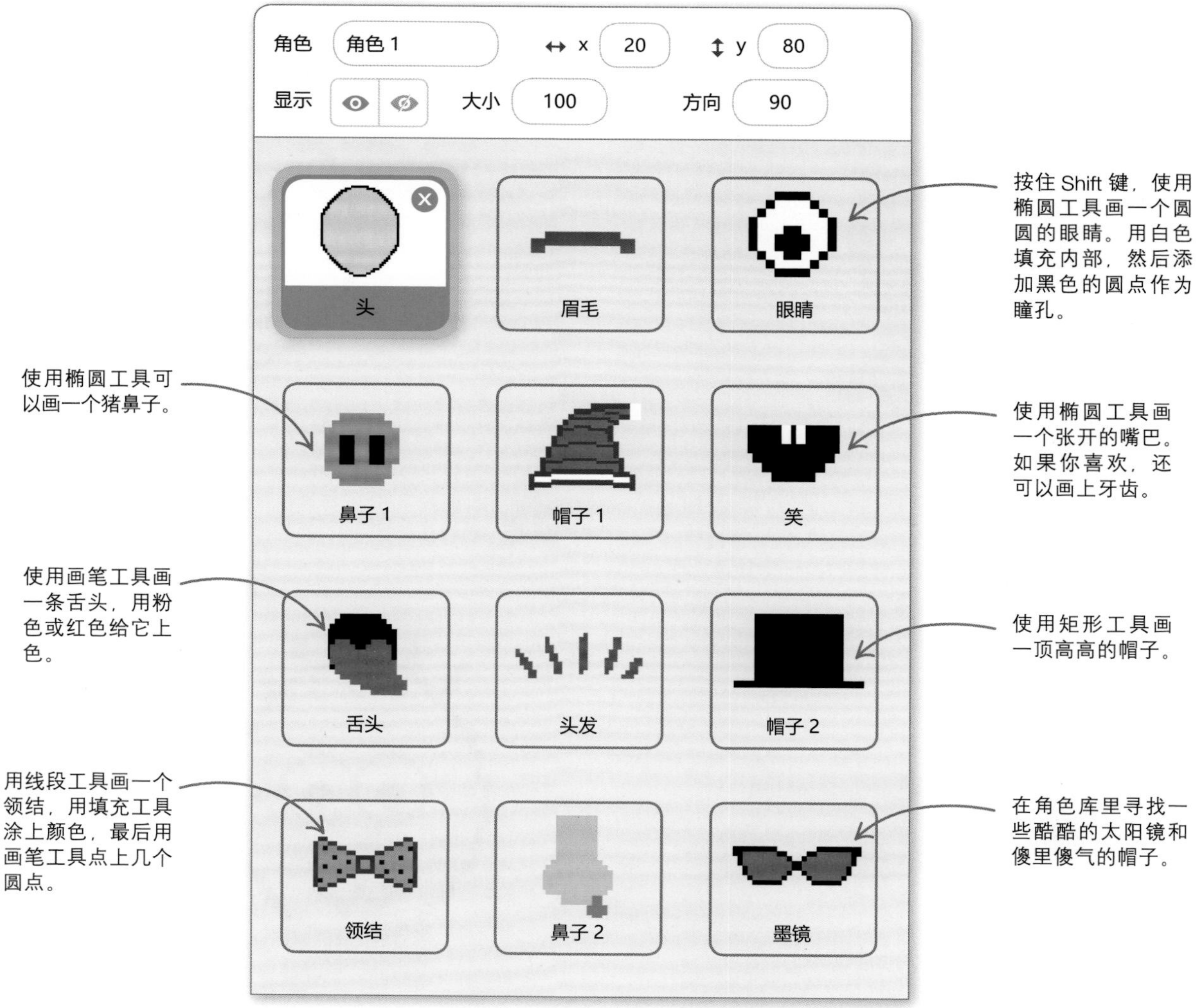

角色
角色 1
x
20
y
80
显示
大小
100
方向
90
头
眉毛
眼睛
鼻子 1
帽子 1
笑
舌头
头发
帽子 2
领结
鼻子 2
墨镜
按住 Shift 键，使用椭圆工具画一个圆圆的眼睛。用白色填充内部，然后添加黑色的圆点作为瞳孔。
使用椭圆工具可以画一个猪鼻子。
使用椭圆工具画一个张开的嘴巴。如果你喜欢，还可以画上牙齿。
使用画笔工具画一条舌头，用粉色或红色给它上色。
使用矩形工具画一顶高高的帽子。
用线段工具画一个领结，用填充工具涂上颜色，最后用画笔工具点上几个圆点。
在角色库里寻找一些酷酷的太阳镜和傻里傻气的帽子。

8 点击角色列表的每个角色，改为对应的名字。

在这里给角色输入名字。

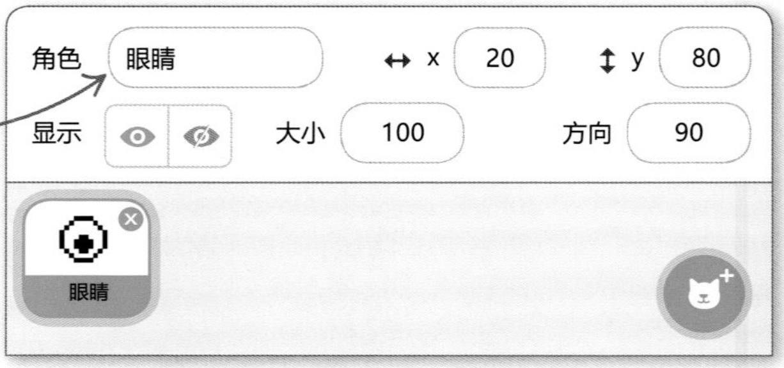

9 每画好一个角色，就把它拖到脸部之外的开始位置。不用在意角色是否重叠在一起。

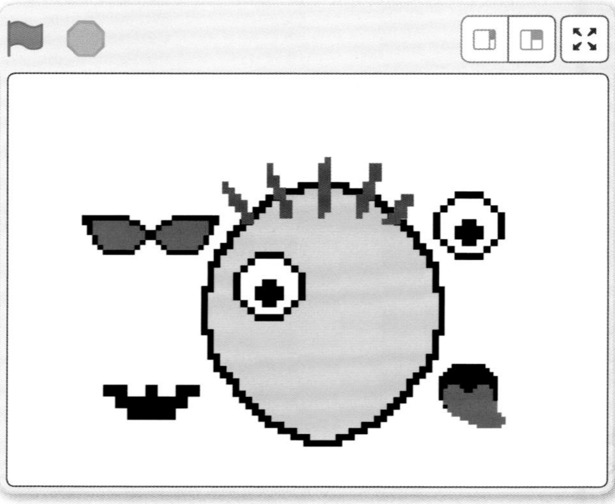

10 为了保证新角色在程序启动时出现在舞台的正确位置，首先把角色拖到它应该停留的地方，然后给它添加如下代码。指令块面板中的“移到……”指令块会自动把角色当前的坐标填充进去。

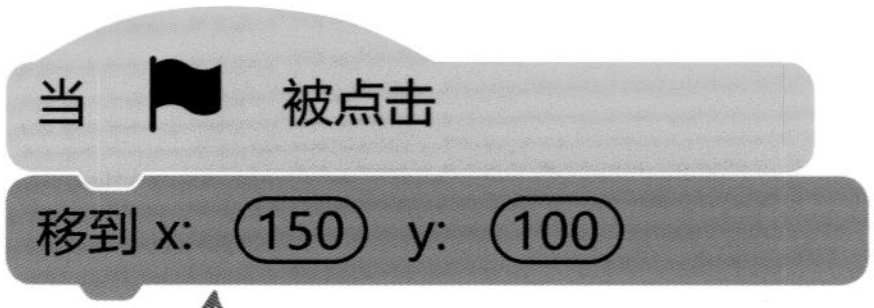

从“动作”组指令中，拖出这个指令块，它自动包含了正确的坐标。

11 回到第 7 步，重复上述动作，直到完成所有角色。

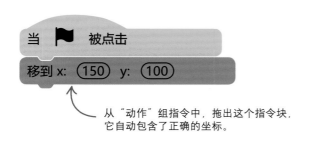

12 现在添加一个纯色背景。把鼠标挪到角色列表右边的舞台信息区的“选择一个背景”图标上，你会看到一列小图标，点击其中的“绘制”，画一个新背景。在调色板中选一个颜色，然后用填充工具把舞台的整个空白区域都涂上颜色。

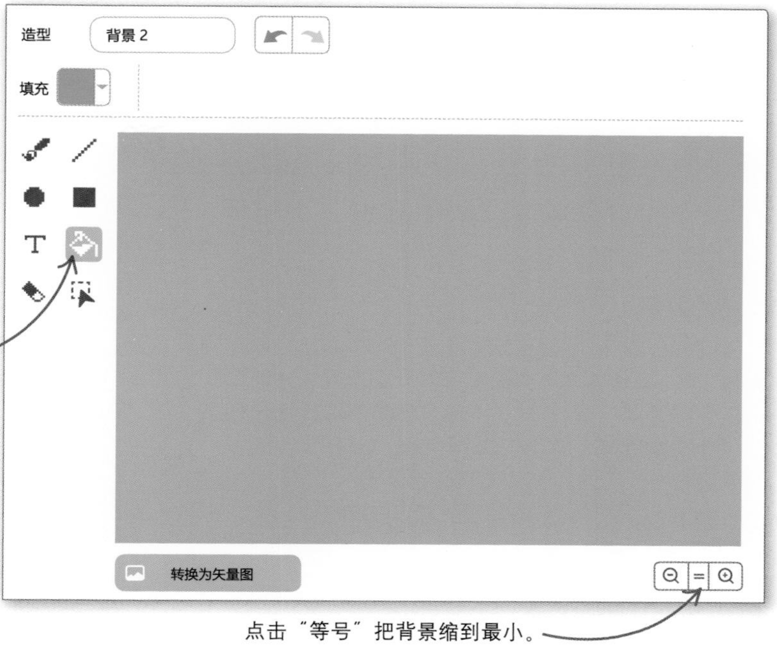

克隆

你有没有想过重复使用某些角色？比如你做出来的脸如果有 11 只眼睛，会不会比 2 只眼睛更有趣呢？Scratch 允许你“克隆”一个角色，这样就能生成功能完全一样的复制品。

13 把下面的“重复执行”代码添加到眼睛角色中，你就可以得到 1 只眼睛的 10 个克隆体。现在，当你运行这个作品时，可以给它安上 11 只眼睛！

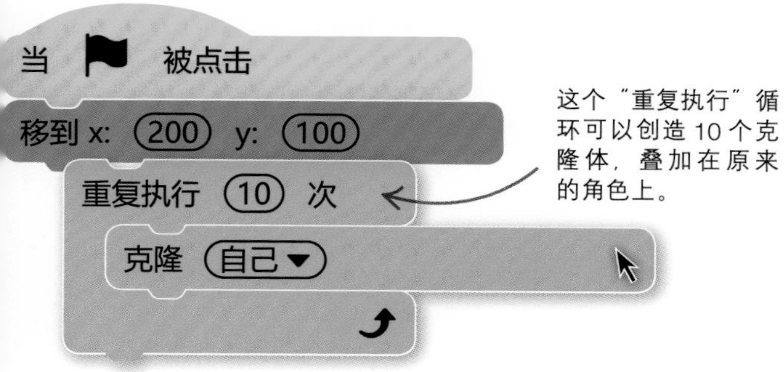

专家提示

克隆

克隆的功能有点像之前在“小猫绘画”中使用过的“图章”。二者的区别在于，图章只是把一个图形“画”在舞台背景上，而克隆则会创造出一个能动的角色。在后面的作品中，你会看到克隆可以发挥很多妙用。

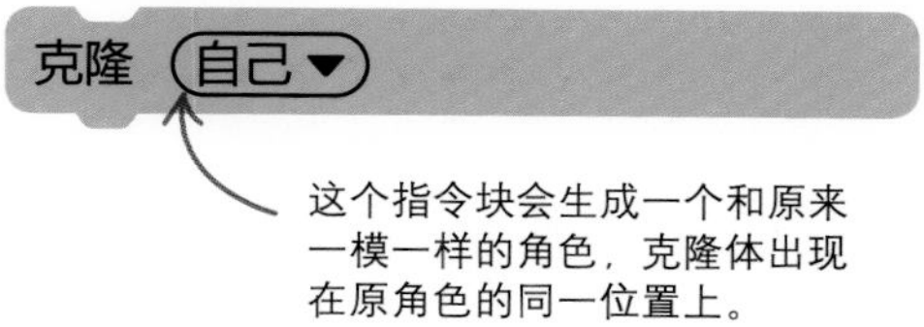

克隆 自己
这个指令块会生成一个和原来一模一样的角色，克隆体出现在原角色的同一位置上。

修正与微调

给滑稽脸蛋增加更多的变化，让它变得更好玩。制作更多傻里傻气的角色，然后想一想怎么让它们移动。最后作为装饰，你还可以给作品加一个相框。

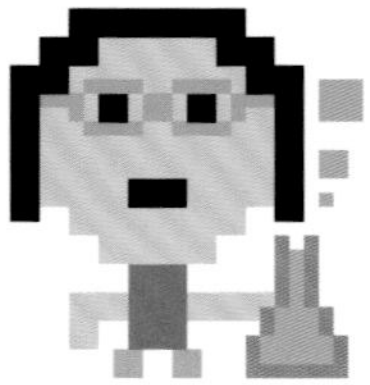

▽特殊效果

没办法看到眼镜后面的眼睛？别担心，只要用一下 Scratch 的虚像功能就可以让眼镜变成透明的。在“外观”组指令中找到“将颜色特效设定为……”指令块，在下拉菜单中把“颜色”改为“虚像”。

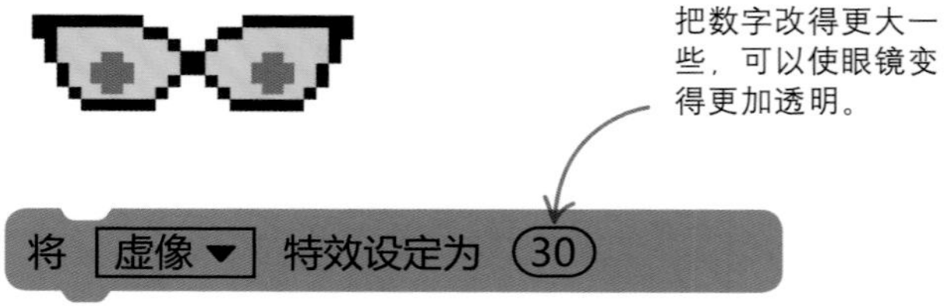
把数字改得更大一些，可以使眼镜变得更加透明。
将 虚像 特效设定为 30

▽旋转的领结

让你创造的角色动起来，就好像拥有生命一样。把“旋转”指令放到“重复执行”里面，可以让领结旋转起来。

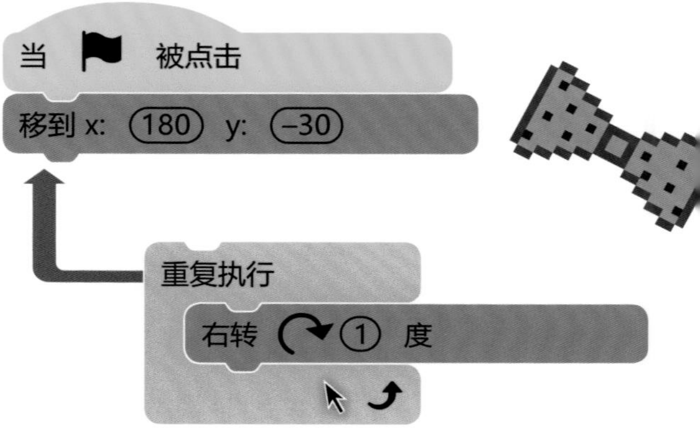
当 被点击
移到 x: 180 y: -30
重复执行
右转 1 度

▽流鼻涕的鼻子

想要让鼻子流出黏糊糊的鼻涕？很简单，只须给鼻子角色添加两个有绿色圆点的造型。然后，为它添加下面的代码，鼻涕就会流下来。

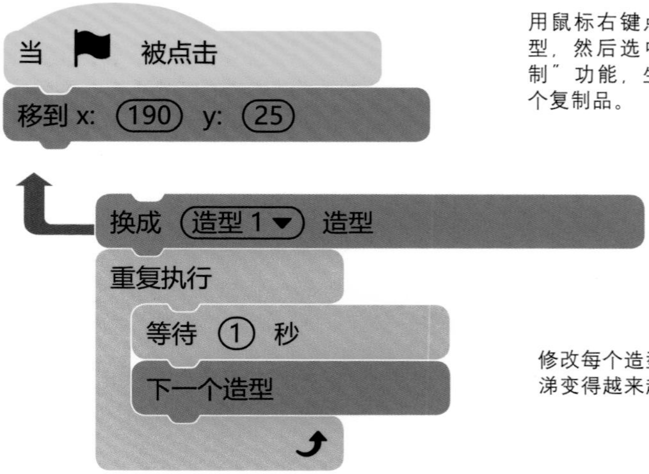
当 被点击
移到 x: 190 y: 25
换成 造型1 造型
重复执行
等待 1 秒
下一个造型

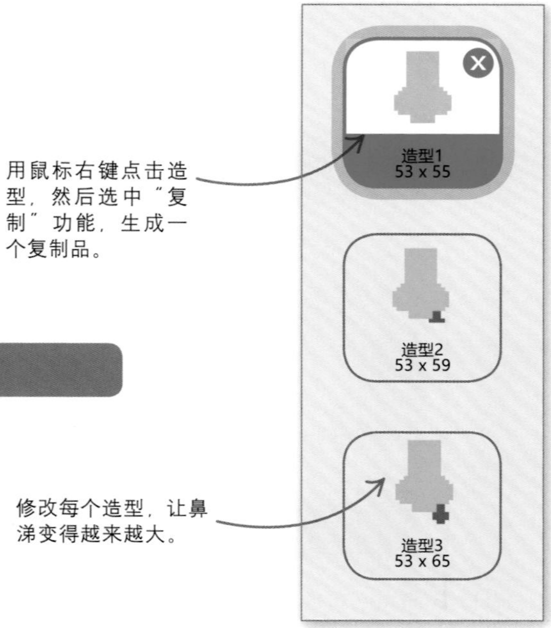
用鼠标右键点击造型，然后选中“复制”功能，生成一个复制品。
造型1
53 x 55
造型2
53 x 59
修改每个造型，让鼻涕变得越来越大。
造型3
53 x 65

装入相框

按照如下步骤，为你设计的滑稽脸蛋做一个精致的相框。

1 在角色菜单中点击“绘制”，在绘图板中画一个新角色。在你开始绘制之前，点击代码标签，添加如下代码。它们能控制相框在开始的时候隐藏，当你按下空格键就显示出来，而按下C键又消失。

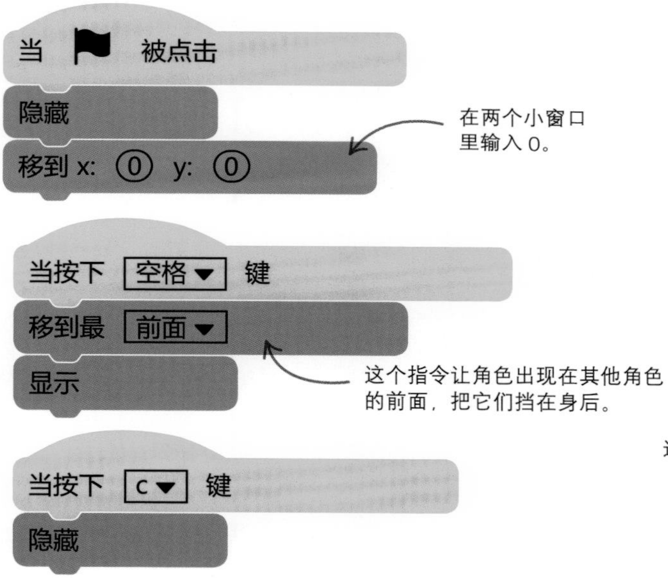

2 点击绿旗运行程序，角色被放置在舞台中央。接下来，点击造型标签，回到绘图板。在调色板中选中黑色，把整个绘图板都涂成黑色。然后，用选择工具在中央画一个方框，按下键盘右上方的Delete键，挖出一个洞。到舞台上检查一下，看看相框是否在恰当的位置，如果不是就挪动一下位置。

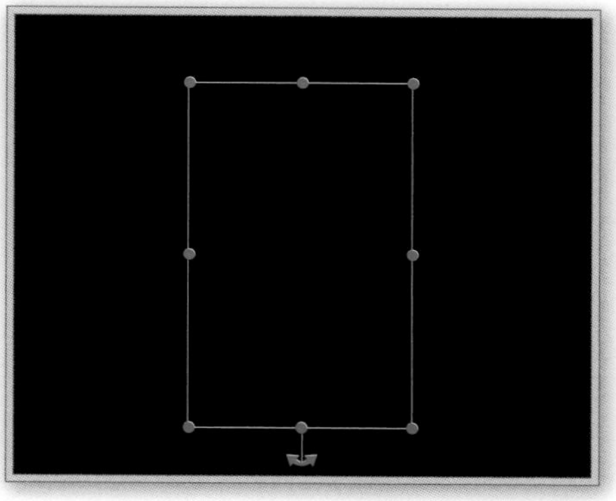

3 现在运行这个作品。创作一个滑稽脸蛋，然后检查一下，看看你能否用空格键、C键让相框显示又消失。

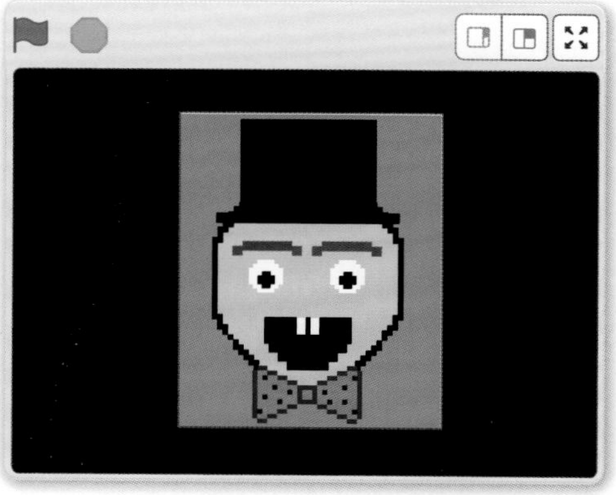

试试看

试试不同的东西

你可以在这个作品中创作不同的东西，比如雪人、圣诞树、怪兽、外星人，等等。

3

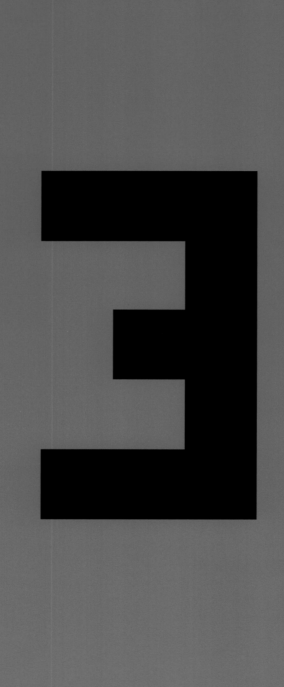

艺术

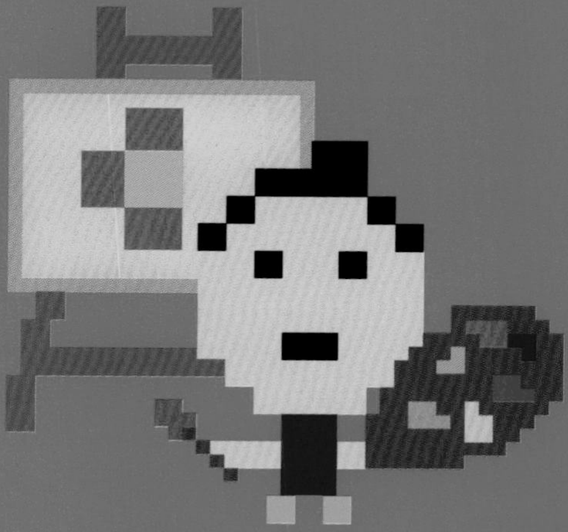

生日贺卡

你喜欢普通的贺卡，还是堪称视觉、听觉盛宴的动画贺卡呢？Scratch 是制作贺卡的利器。下面这张贺卡里有会唱歌的鲨鱼！你也可以调整作品，做一张有独特个性的贺卡。

工作原理

当你运行这个作品的时候，一个神秘的绿色按钮会在舞台上闪烁。按下这个按钮，一张动画生日贺卡就充满整个屏幕，鲨鱼伴随着音乐开始唱歌。两条鲨鱼会轮流唱《祝你生日快乐》里的歌词。

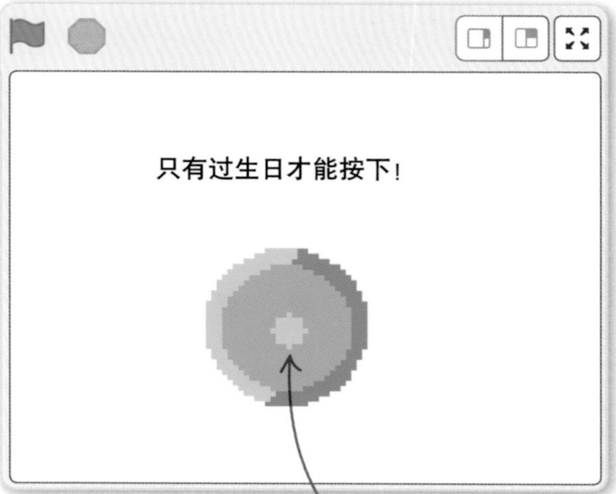
只有过生日才能按下！

点击按钮就可以打开生日贺卡。

用一个布满气球的幕布作为舞台背景。

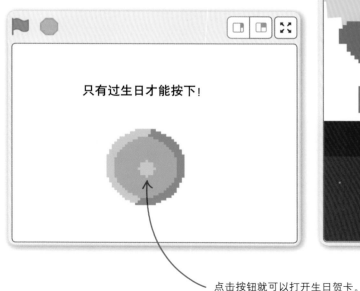

生日
祝你生日快乐！

鲨鱼从上方落下，然后开始唱“祝你生日快乐！”

贺卡上方有一个动画标语牌，它在左右摇摆。

确保在全屏模式下运行这个作品。

蛋糕从舞台的边缘滑入视野。

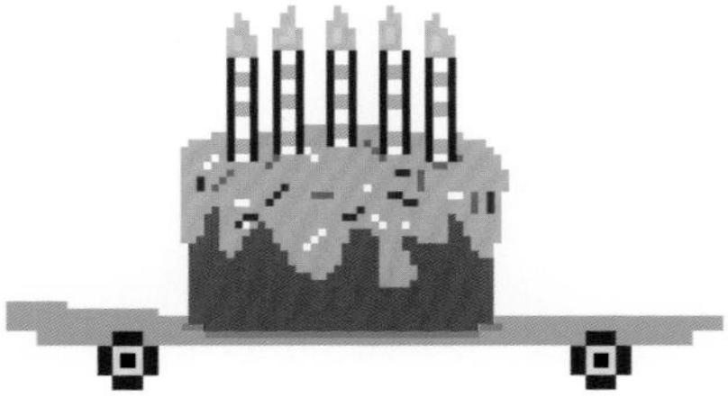

△四处滑动

这个作品使用了“滑动”指令，它能让角色在舞台上平滑地移动。你需要使用 Scratch 的坐标系统来精确设定开始和结束的位置。如果你已经忘了什么是坐标，那就复习一下“滑稽脸蛋”这个作品。

△按时间行动

和“动物赛跑”一样，这里也是用消息来控制开始执行代码的时间，消息是从一个角色传递到另一个角色的。两条唱歌的鲨鱼彼此之间发送消息，协调控制双方唱歌的时间。

生日按钮

为了增加生日贺卡带来的惊喜感，程序启动时，你只能看到舞台上的一句话，还有一个为寿星准备的按钮。

1 新建一个作品。在角色列表中，用鼠标右键点击小猫角色，然后选择“删除”。从角色库中，添加一个叫作“Button1”的角色，把名字改为“按钮”。

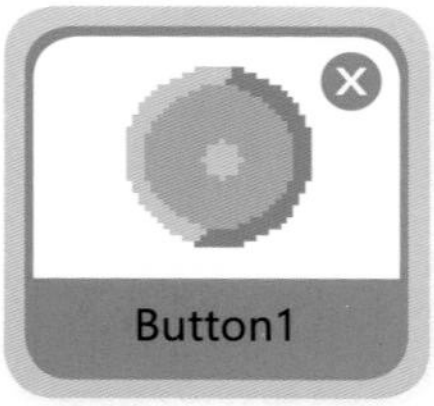
Button1

2 在按钮角色中添加如下两段代码。程序启动后，第一段代码让按钮出现在舞台中央的位置，并且一闪一闪地吸引人去点击它。当按钮被点击之后，第二段代码开始工作，它让按钮隐藏起来，然后发出一个消息通知贺卡的其他部分登上舞台。在添加“广播”指令之后，打开它的下拉菜单，选择“新消息……”，把新消息命名为“开始！”

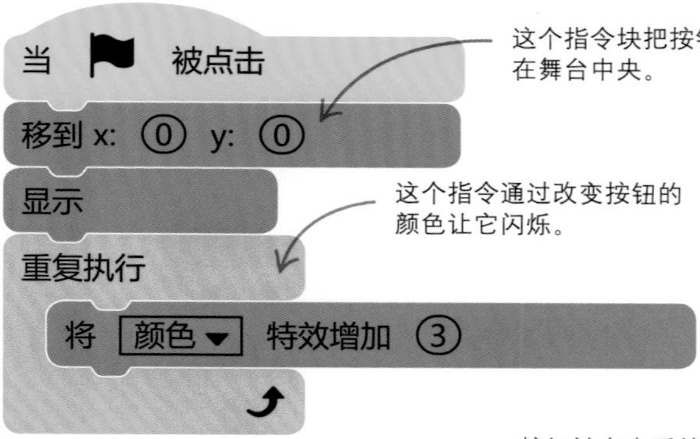
当 被点击
移到 x: 0 y: 0
显示
重复执行
将 颜色 特效增加 3
这个指令块把按钮放置在舞台中央。
这个指令通过改变按钮的颜色让它闪烁。

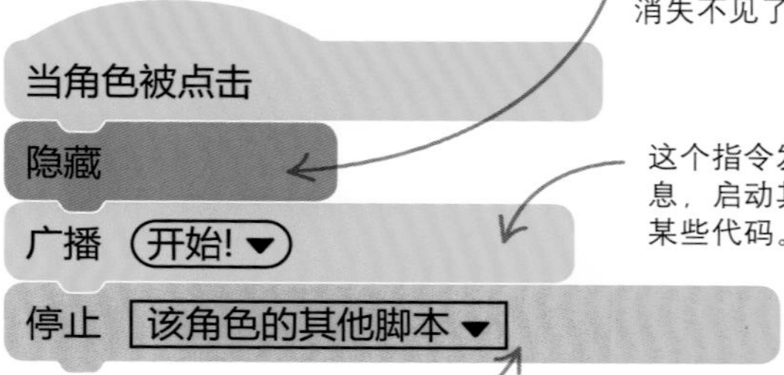
当角色被点击
隐藏
广播 开始!
停止 该角色的其他脚本
按钮被点击后就消失不见了。
这个指令发出一个消息，启动其他角色的某些代码。
在这里选择“该角色的其他脚本”。

3 现在添加一个提示语：“只有过生日才能按下！”为了完成这个任务，你需要修改一下背景。首先在角色列表的右侧，用鼠标点击那个白色长方形，这样就选中了舞台。然后在指令块面板上方，点击“背景”标签。

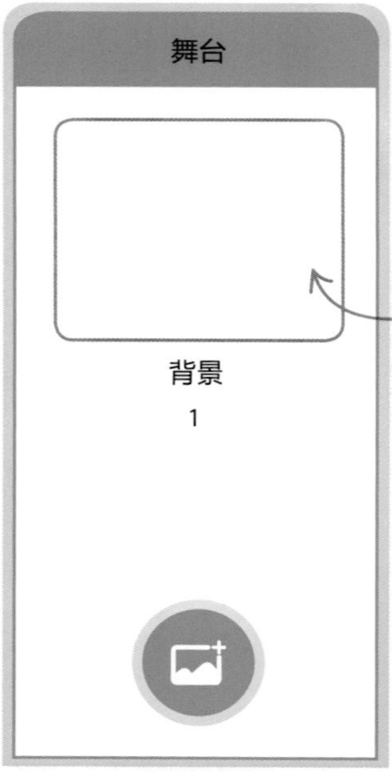
舞台
背景
1
点击这里可以选中舞台。

惊喜！

4 Scratch 的绘图板已经打开了。现在选择文本工具，然后用鼠标点击绘图板靠上的 1/3 处。接着，输入文字“只有过生日才能按下！”如果你想重新输入别的文字，就用选择工具在文本的周围拖拽出一个方框，然后按下键盘上的“Delete”键，删除原来的文字，再输入新文字。

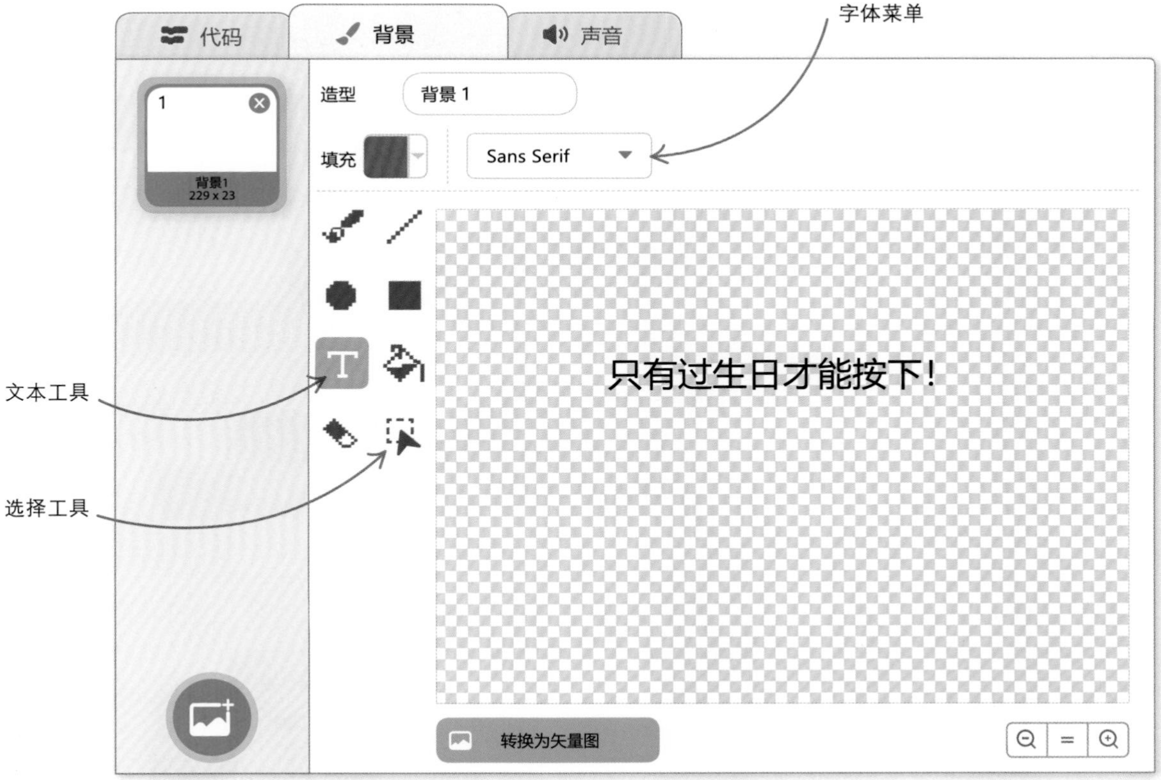

5 绘图板的顶部有一个字体菜单，你可以在这里选择需要的字体。英文字体中“Sans Serif”很适合在贺卡中使用。

6 用选择工具调整文字的大小和位置，直到满意为止。

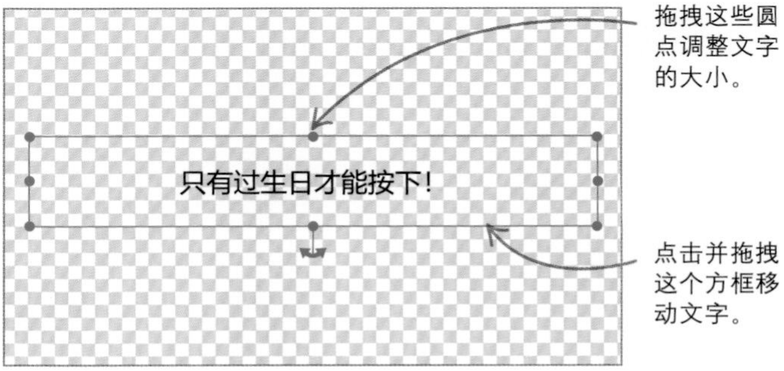

7 除了这张背景图片，你还要为贺卡设计一个不同的背景。在舞台窗口的右下角点击“选择一个背景”，进入背景库，从中选择名为“party”的图片。

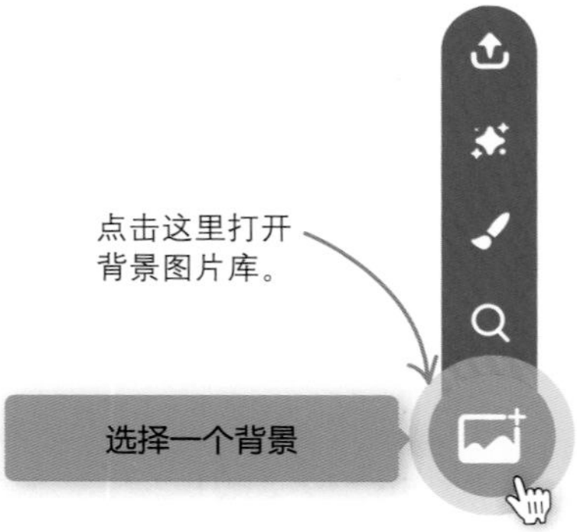
点击这里打开背景图片库。
选择一个背景

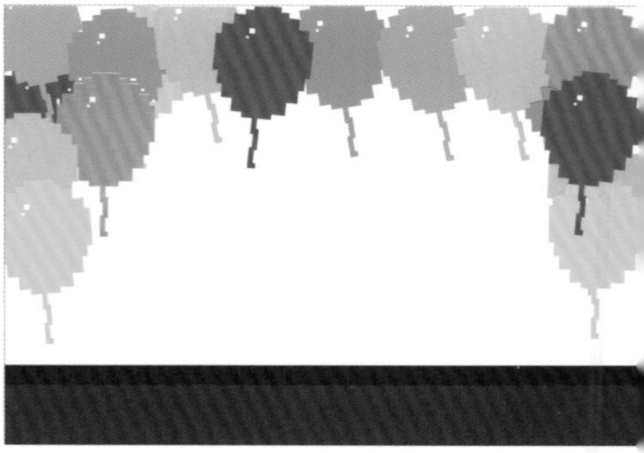

8 现在，我们要为舞台编写程序。首先请确定你选中的是 Scratch 窗口右下角的“舞台”，而不是“角色”。在指令块面板上方选中“代码”标签，然后添加旁边的代码。现在运行程序，观察点击按钮会发生什么？

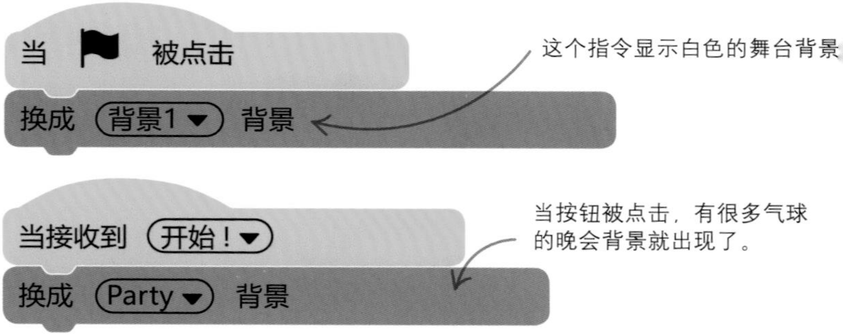
当 被点击
换成 背景1 背景
这个指令显示白色的舞台背景
当接收到 开始！
换成 Party 背景
当按钮被点击，有很多气球的晚会背景就出现了。

蛋糕进场

按下按钮，贺卡就会出现。按钮的代码会广播一个“开始”的消息，这个消息会传递给所有角色，触发它们的动画和音乐。

9 除了卡片，庆祝生日还需要什么？当然是蛋糕！在角色菜单中点击“选择一个角色”，把蛋糕角色添加到作品中。

Cake

10 点击 Scratch 窗口上方的“声音”标签，你会看到“Birthday”音频已经被加载出来了。

代码
造型
声音
1
Birthday
7.32
声音
Birthday

11 我们希望蛋糕最初待在舞台外面，然后从左侧滑入。如果将蛋糕放置在舞台边缘，比如坐标为（−240，−100）的位置上，它还是会露出一半，因为这个坐标设置的是它的中心点位置。你无法让一个角色从舞台上完全消失，所以我们把蛋糕的位置设定为（−300，−100），这样它只会露出来很少一部分。

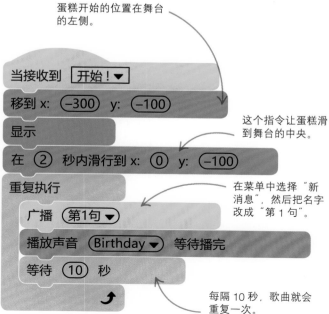

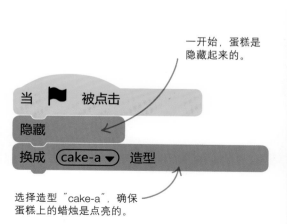

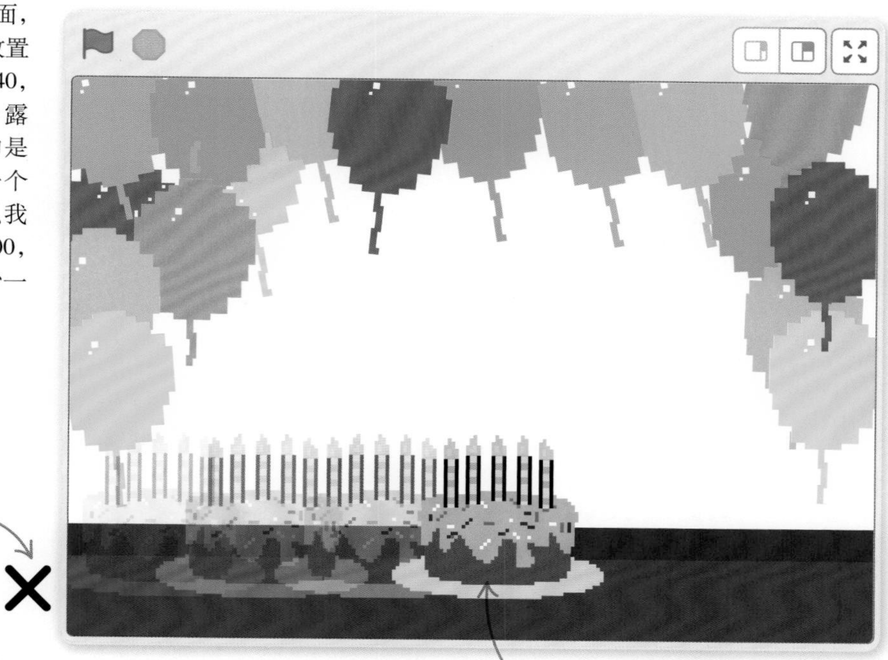

12 给蛋糕添加如下代码，它们会让蛋糕一开始隐藏起来，当按钮被按下时，就从舞台左侧滑进来。请注意蛋糕广播了一条新消息，叫作“第1句”。后面编写代码时，你会使用这条消息控制鲨鱼，让它唱出生日歌的第1句歌词。

```
当 ⚑ 被点击
隐藏
换成 (cake-a ▾) 造型
```

一开始，蛋糕是隐藏起来的。

选择造型“cake-a”，确保蛋糕上的蜡烛是点亮的。

```
当接收到 [开始！▾]
移到 x: (-300) y: (-100)
显示
在 (2) 秒内滑行到 x: (0) y: (-100)
重复执行
    广播 (第1句 ▾)
    播放声音 (Birthday ▾) 等待播完
    等待 (10) 秒
```

蛋糕开始的位置在舞台的左侧。

这个指令让蛋糕滑到舞台的中央。

在菜单中选择“新消息”，然后把名字改成“第1句”。

每隔10秒，歌曲就会重复一次。

生日条幅

下一个为派对增添气氛的是会动的生日条幅，它会随着音乐左右摇动。

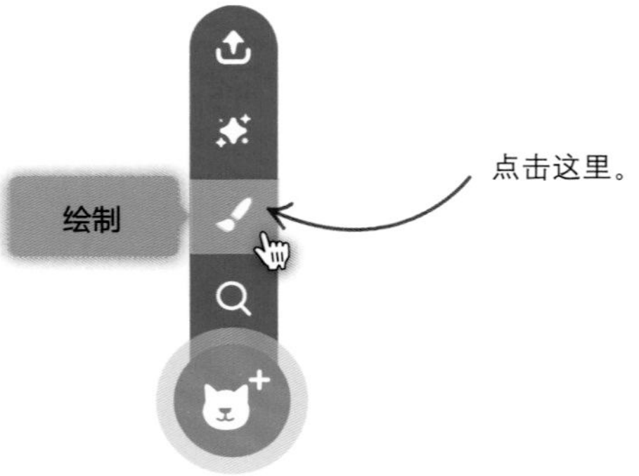

13 条幅是一个新角色。这一次，我们不再从角色库里挑选了，而是用绘图板画一个。在角色菜单里点击“绘制”图标，打开绘图板。角色列表中会出现一个新角色，把它重新命名为“条幅”。

14 在绘图板中画出你喜欢的条幅。确定你选择了“转换为位图”。用矩形工具绘制条幅，实心方块或空心方框都可以。然后使用文本工具，输入“生日快乐！”至于字体和颜色就随你的喜好而定了。使用选择工具把条幅放到合适的位置上，还可以用这个工具裁切条幅，使它大小合适。

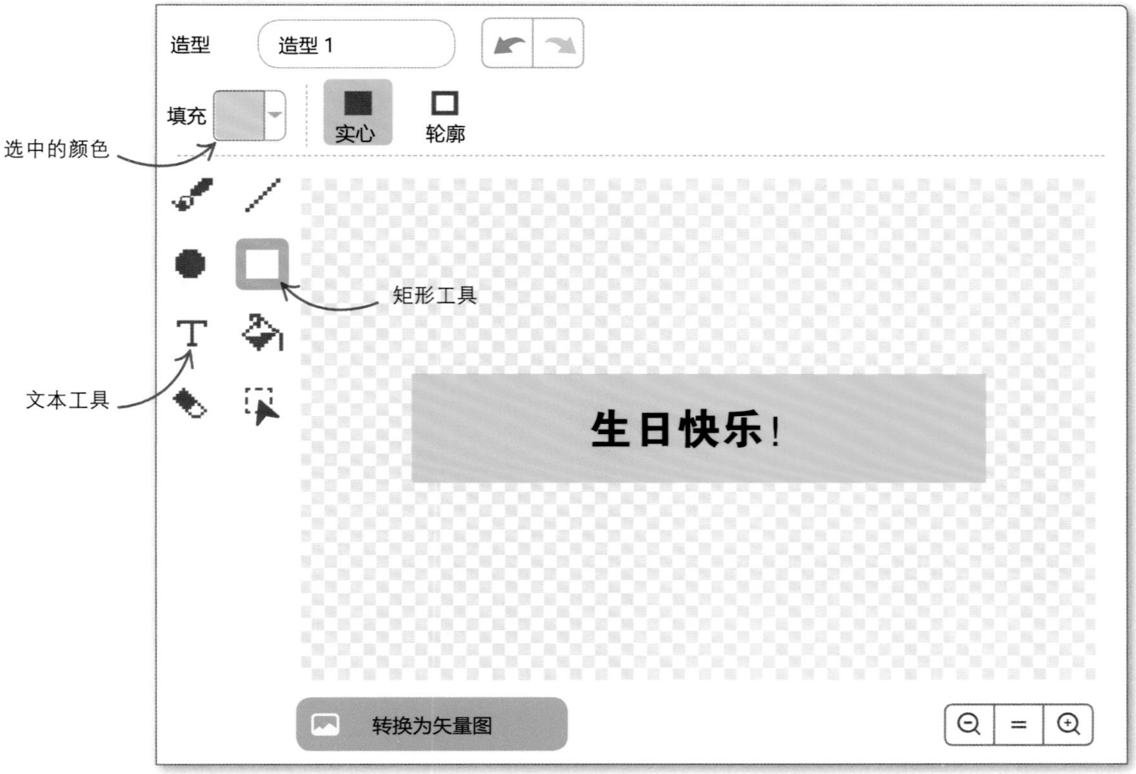

15 现在选中“代码”标签，给条幅添加两段代码。它们能让条幅一直保持隐藏状态，直到你按下生日按钮，然后条幅就开始左右轻轻摇晃。运行一下已经完成的作品，看看效果如何。

```
当 ⚑ 被点击
隐藏
移到 x: (0) y: (120)
```

如果条幅在舞台上的位置太高了，可以减小 y 坐标的数值

```
当接收到 [开始！▼]
面向 (80) 方向
显示
重复执行
    右转 ↻ (20) 度
    等待 (1) 秒
    左转 ↺ (20) 度
    等待 (1) 秒
↩
```

起初条幅略微朝逆时针方向倾斜。

它让条幅顺时针旋转。

它让条幅逆时针旋转。

使用蓝色的“旋转”指令就可以让条幅转动！

专家提示

方向

Scratch 使用角度来设定角色的方向。你可以选择从 −179 到 180 的任何数字。记住，负数让角色朝向舞台的左边，正数让它们朝向右边。选择数字 0 使角色朝向正上方，180 则使其朝向正下方。

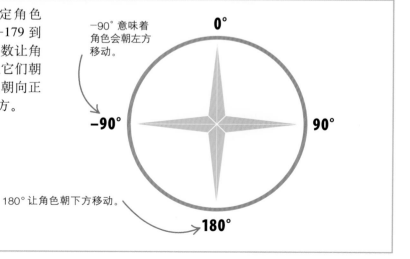

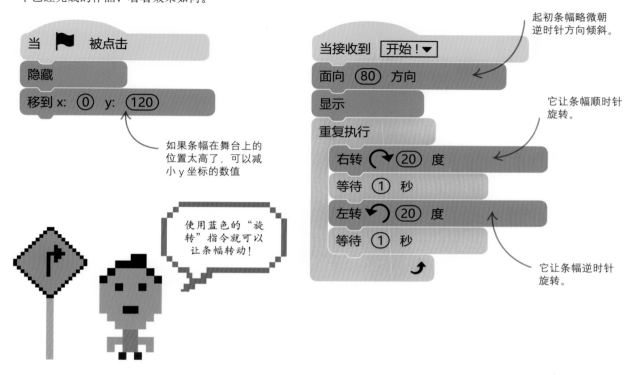

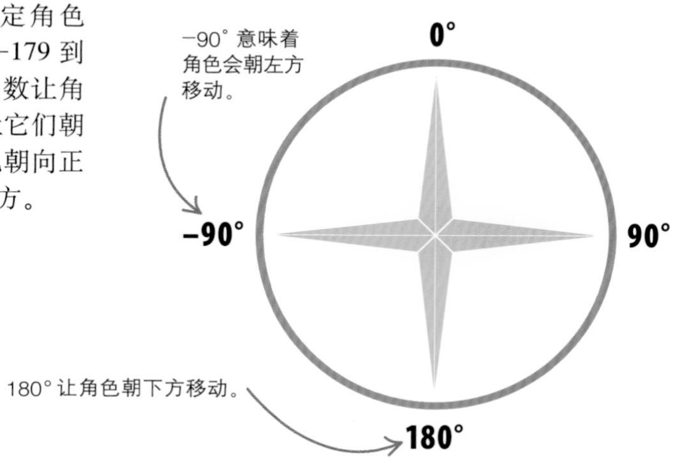

−90° 意味着角色会朝左方移动。
0°
−90°
90°
180°
180° 让角色朝下方移动。

唱歌的鲨鱼

生日贺卡带来的最大惊喜是什么呢？当然是——唱歌的鲨鱼！两条鲨鱼会上台表演，通过彼此发送消息，你一句我一句地唱生日歌。

16 在角色列表中点击“选择一个角色”，把“Shark 2”添加到作品中。你需要两条鲨鱼，把第一条命名为“鲨鱼 1”。创建第二条鲨鱼很简单，只须用鼠标右键点击第一条鲨鱼图标（或者 Ctrl/Shift+ 单击），然后选择“复制”。新的角色会自动被命名为“鲨鱼 2”。

点击这里，就可以修改角色的名字

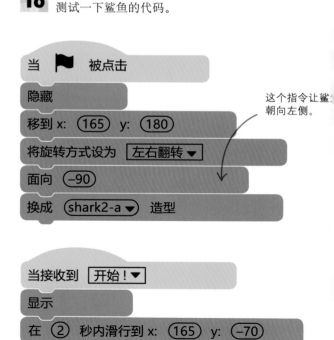

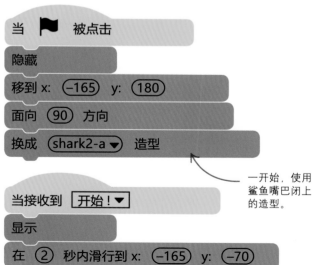

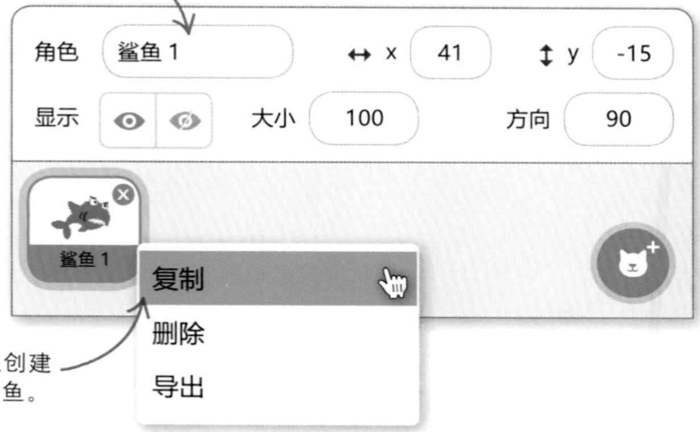

点击这里创建第二条鲨鱼。

17 现在给鲨鱼 1 添加一段代码。当作品开始运行时，鲨鱼会待在舞台的左上角，且处于隐藏状态。当它接收到消息“开始！”就会现身，然后向下滑动到舞台的下方。

```
当 ⚑ 被点击
隐藏
移到 x: (-165) y: (180)
面向 (90) 方向
换成 (shark2-a ▼) 造型
```

一开始，使用鲨鱼嘴巴闭上的造型。

```
当接收到 [开始！▼]
显示
在 (2) 秒内滑行到 x: (-165) y: (-70)
```

18 把下面的代码添加到鲨鱼 2。现在可以运行一下作品，测试一下鲨鱼的代码。

```
当 ⚑ 被点击
隐藏
移到 x: (165) y: (180)
将旋转方式设为 [左右翻转 ▼]
面向 (-90)
换成 (shark2-a ▼) 造型
```

这个指令让鲨 朝向左侧。

```
当接收到 [开始！▼]
显示
在 (2) 秒内滑行到 x: (165) y: (-70)
```

19 现在，让鲨鱼唱歌的时候到了。还记得蛋糕角色的那个重复执行指令吗？蛋糕会一直重复播放生日歌。每次生日歌开始播放，它就会发出一个“第 1 句”的消息。请把左边的代码添加到“鲨鱼 1”，右边的代码添加到“鲨鱼 2”，让它们两个对消息作出反应。想让鲨鱼轮流唱出歌词，我们需要为每一句歌词创建一个新消息。在“广播”指令的下拉菜单中，你可以给消息命名。

Shark1

```
当接收到 [第 1 句 ▼]
换成 (shark2-b ▼) 造型
说 (祝你生日快乐!) (2) 秒
换成 (shark2-a ▼) 造型
广播 (第 2 句 ▼)
```

Shark2

```
当接收到 [第 2 句 ▼]
换成 (shark2-b ▼) 造型
说 (祝你生日快乐!) (2) 秒
换成 (shark2-a ▼) 造型
广播 (第 3 句 ▼)
```

```
当接收到 [第 3 句 ▼]
换成 (shark2-b ▼) 造型
说 (祝你生日快乐!) (2) 秒
换成 (shark2-a ▼) 造型
广播 (第 3 句 ▼)
```

```
当接收到 [第 4 句 ▼]
换成 (shark2-b ▼) 造型
说 (祝你生日快乐!) (2) 秒
换成 (shark2-a ▼) 造型
```

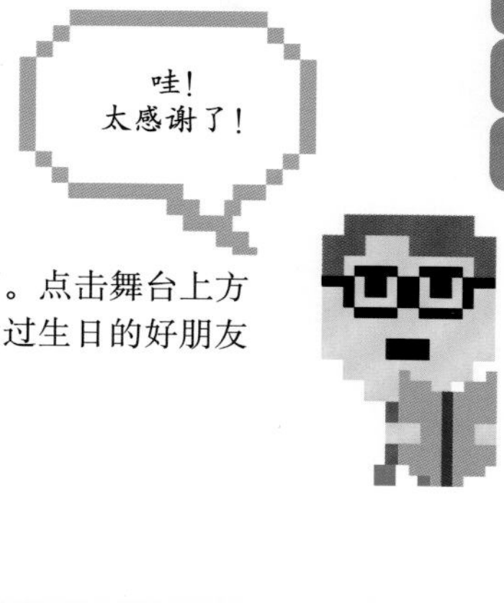

20 生日贺卡已经完成了。点击舞台上方的全屏显示按钮，为过生日的好朋友带来惊喜吧！

修正与微调

你可以修改这张贺卡，让它适用于不同的场合、不同的人。不一定非要使用唱歌的鲨鱼，也可以试试唱歌的狮子、企鹅、大象或幽灵。如果你喜欢，也可以把歌曲改为《祝你圣诞快乐》或《铃儿响叮当》，把气球背景换成白雪装扮的圣诞树。尽情尝试吧。

▽淡入

目前鲨鱼的出场方式是从天而降，但利用 Scratch 的特效指令，可以让它们的出场更有动感。比如像下面这段代码使用“虚像”特效，就能让鲨鱼慢慢地由浅到深浮现出来。

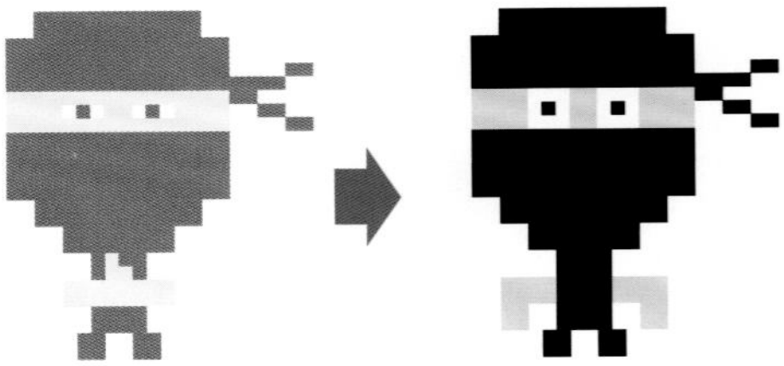

```
当 [绿旗] 被点击
隐藏

当接收到 [开始！▼]
将 [虚像▼] 特效设定为 (100)
显示
重复执行 (100)
    将 [虚像▼] 特效增加 (-1)
```

在“重复执行”里面添加一个“将虚像特效增加”的指令，就能实现角色淡入的效果。

▽让你的角色大吃一惊

另一种酷炫的出场方式是让角色的个头由小变大。在“重复执行”里面添加“将大小增加”的指令就能达到这种效果。你还可以让角色一边长大一边旋转，或者利用“将漩涡特效增加”的指令制造一种奇妙的漩涡效果。

```
当 [绿旗] 被点击
隐藏

当接收到 [开始！▼]
将大小设为 (10)
显示
重复执行 (50) 次
    将大小增加 (5)
```

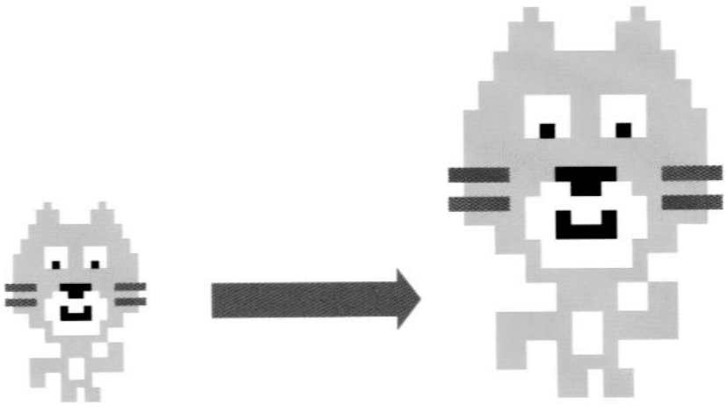

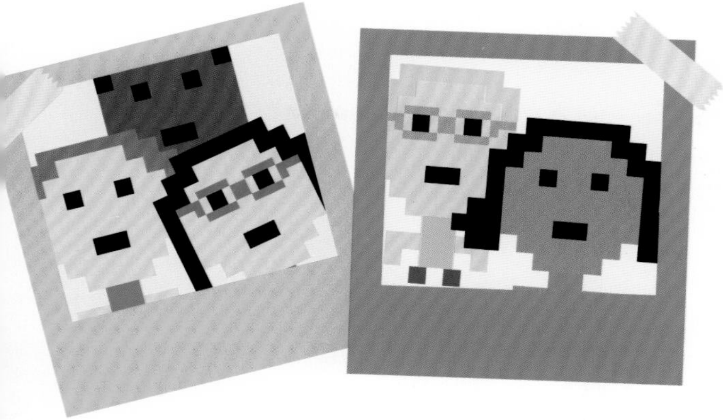

△增加照片

为什么不在贺卡中放些生日寿星的照片呢？在角色菜单中点击“上传角色”图标，你就可以把任何一张照片添加到作品中变成一个新角色。如果没有获得本人许可，请勿把包含他们照片的作品在社区里分享。

祝你生日快乐!

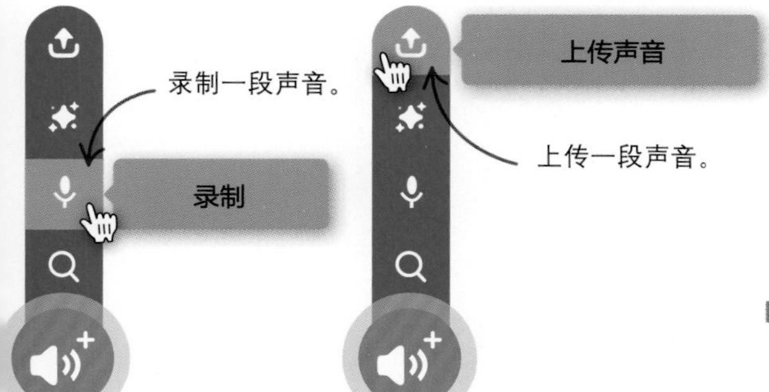

录制一段声音。
录制
上传声音
上传一段声音。

△增加音乐

不一定使用 Scratch 提供的音乐和歌曲，你也可以使用自己喜欢的音乐，或者把自己独特的歌声录制下来。选中“声音”标签之后，点击“上传声音”，这样就可以从你的计算机中添加一个声音文件。点击“录制”图标，就可以自己录音了。

试试看

蹦床上的鲨鱼

看看你能否让鲨鱼在生日歌播放结束时升到舞台上方，等到生日歌重新播放时又落下来。别忘了先把你的作品单独保存一份，以免在出错的时候丢失原来的那个版本。

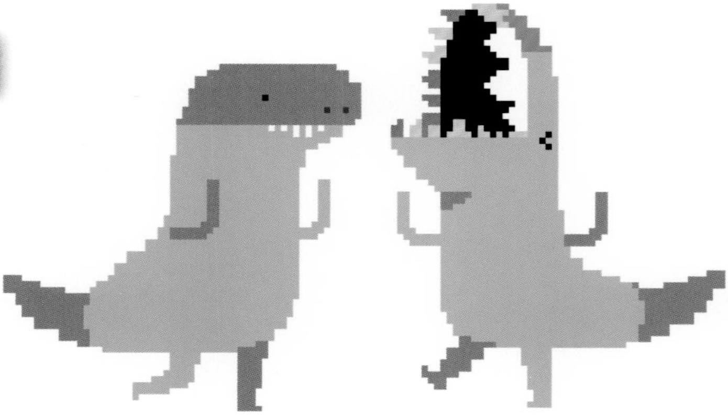

△生日晚会的舞者

为什么不把恐龙舞会中的舞者放到生日贺卡中呢？如果你想这么做，就要调整一下跳舞恐龙造型切换的时间，以便和音乐协调一致。

螺旋生成器

试玩一下这个快速旋转的螺旋作品。只要拖动舞台上特定的滑杆，你就可以修改程序中的变量值，得到不同的螺旋图样。这个艺术创作由你控制，有无限的可能性！

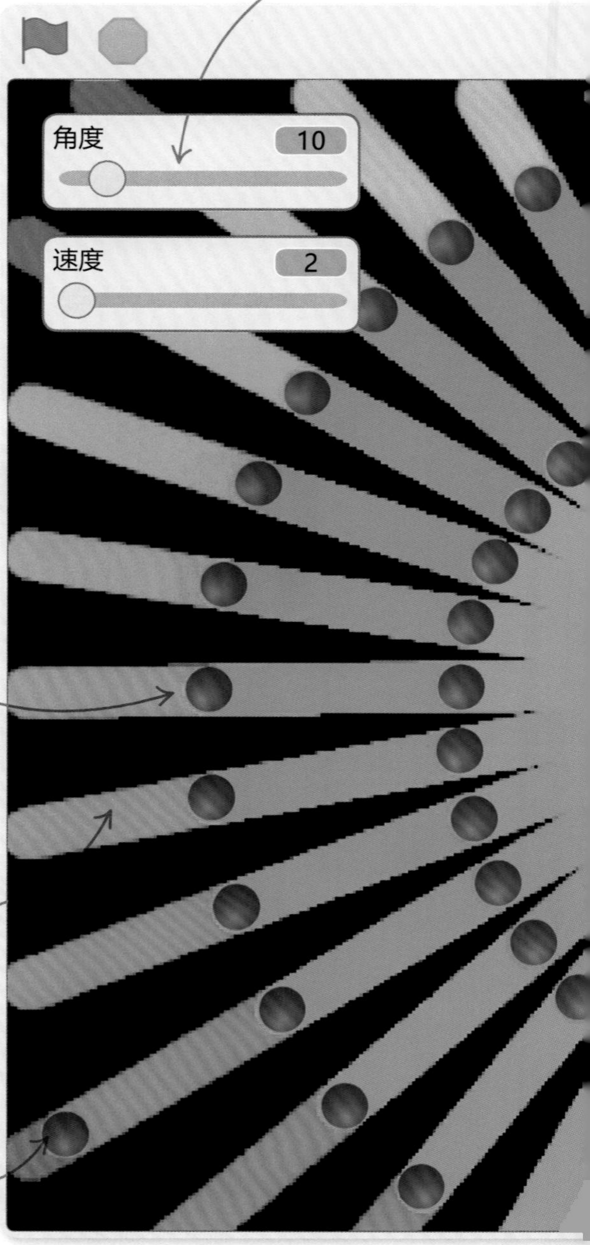
调整滑杆，改变螺旋的样式。
角度
10
速度
2
克隆体的前进方向各有不同，形成了螺旋。
每条线都是用Scratch的画笔扩展指令画出来的，画笔让每个角色都可以画线。
每个克隆体都沿着直线从舞台中央飞向边缘。

工作原理

这个简单的作品只有一个角色：一个位于舞台中央的彩球。Scratch的克隆指令可复制出很多彩球，让它们沿着奇特的路线向外扩散。之所以会出现螺旋图样，是因为每个克隆体的前进方向都稍有不同，就像水滴从花园的洒水器里喷出来一样。Scratch的画笔会画出每个克隆体的运行轨迹，创造出五彩缤纷的背景。

哇！这个作品让我有点晕。

舞台中央的彩球是最初的那个，其他彩球都是它的克隆体。
点击这个图标，从全屏模式切换到编辑模式。

△克隆体

克隆体是角色的复制品，它们也具有功能。克隆体被创建以后，会出现在原来角色的上面，并且具有完全相同的属性，比如方向、大小等。

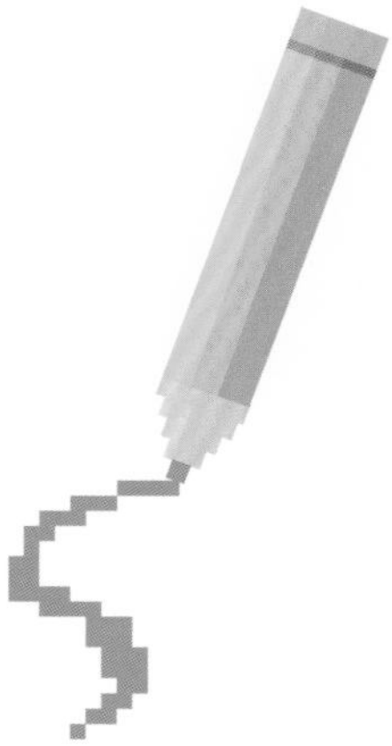

△ Scratch 画笔

只要添加一个绿色的“落笔”指令，每个角色都可以在身后画出自己的运动轨迹。通过添加画笔扩展指令，你可以获得更多指令块，改变画笔的颜色、亮度、粗细等。

彩球克隆体

在 Scratch 中，你可以用一个角色在舞台上创造出数百个克隆体，让它们布满舞台。每一个克隆体都和原来的角色一样，具备完全相同的功能，同时还执行一个只有克隆体才运行的特殊代码。

1 新建一个作品。在角色图标上点击右键，然后选择“删除”。从角色库中选择“Ball”角色，把名字改为“彩球”，添加到作品中。彩球有好几个不同颜色的造型。点击造型标签，选一个你最喜欢的颜色。

Ball

2 添加下面这段代码，为彩球创建克隆体。当你运行这段代码后，看起来好像什么都没有发生。但事实上程序已经创造出很多彩球的克隆体，只是这些克隆体都重叠在一起了。你可以用鼠标把它们一个一个拖出、分开（这个方法只在编辑模式下有效，在全屏模式下无效）。

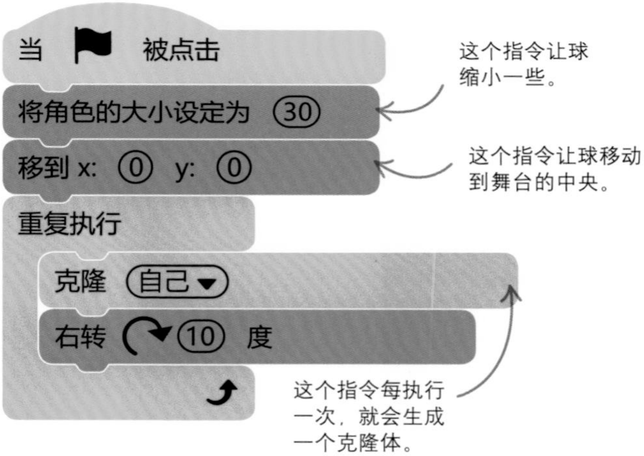
当 被点击
将角色的大小设定为 30
移到 x: 0 y: 0
重复执行
克隆 自己
右转 10 度
这个指令让球缩小一些。
这个指令让球移动到舞台的中央。
这个指令每执行一次，就会生成一个克隆体。

3 要让克隆体移动，请把第 2 段代码添加到彩球角色中。每一个新的克隆体诞生的时候都会复制这段代码，然后运行。这段代码让克隆体远离舞台中央，运动方向和母体彩球执行克隆时面朝的方向一致。

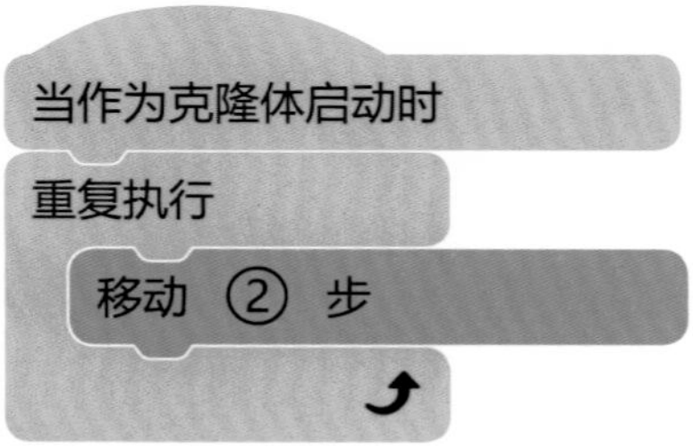
当作为克隆体启动时
重复执行
移动 2 步

▷到底发生了什么？

在每个克隆体被创造出来之前，母体彩球都修改了一点自己的方向。所以，克隆体会一个接一个、沿着稍有不同的方向前进。它们都沿着直线向舞台边缘前进，这样就形成了一个逐渐放大的螺旋图样。

4 你会发现，一段时间以后，克隆体就不再诞生了，因为 Scratch 只允许舞台上最多同时有 300 个克隆体。在此之后的克隆指令都是无效的。克隆体不再从中央诞生，那些已经存在的克隆体都聚集在舞台的四周。

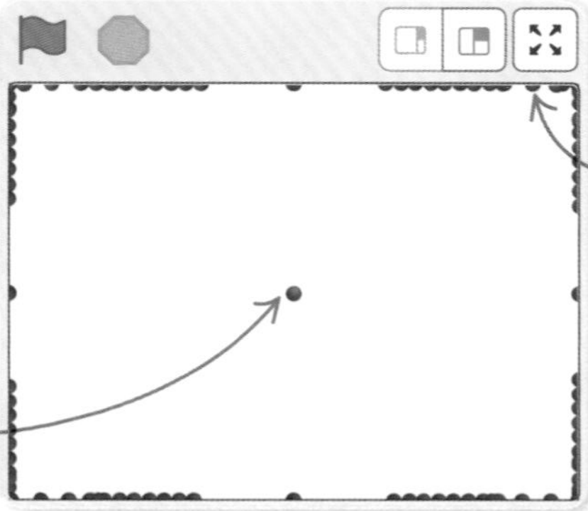

克隆体都聚集在舞台的边缘，因为移动指令不能把一个角色完全从舞台上移出去。

当舞台上的克隆体数量达到 300 时，就不再创造克隆体。

5 我们可以修正这个缺陷。在克隆体的移动循环中，添加一个“如果……那么……”指令，把已经到达舞台边缘的克隆体删除掉。运行修改后的脚本，你会发现彩球到达舞台边缘后就会立刻消失，其消失的速度和彩球被创造出来的速度一样快，螺旋会持续存在。舞台上的克隆体数量永远不会达到程序上限。

6 为了让螺旋看起来更加漂亮，现在我们把背景换成黑色。在角色列表右侧的背景菜单，用鼠标点击“绘制”，创建一个新背景。用填充工具把背景完全涂成黑色。

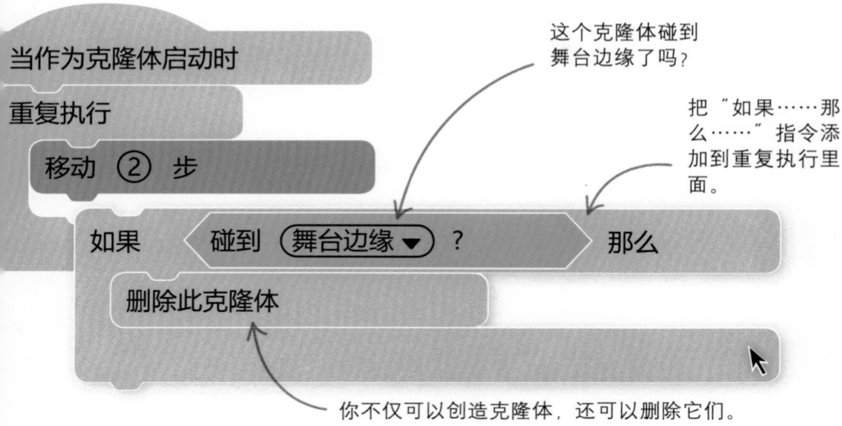

控制自如

在彩球代码中，你可以修改两个数字，以改变螺旋的形状。其中一个数字会改变每个新克隆体诞生时角度的变化；另一个数字则是每次移动的步数，决定了克隆体的运动速度。如果你为这两个数字创建变量，就可以在舞台上添加滑杆。这样在程序运行的时候，玩家就可以随意修改它们的数值，试验就会更方便！

7 在角色列表中，选择彩球角色。在指令块面板中，选择“变量”组指令，然后点击“建立一个变量”按钮，创建“角度”和“速度”两个变量。

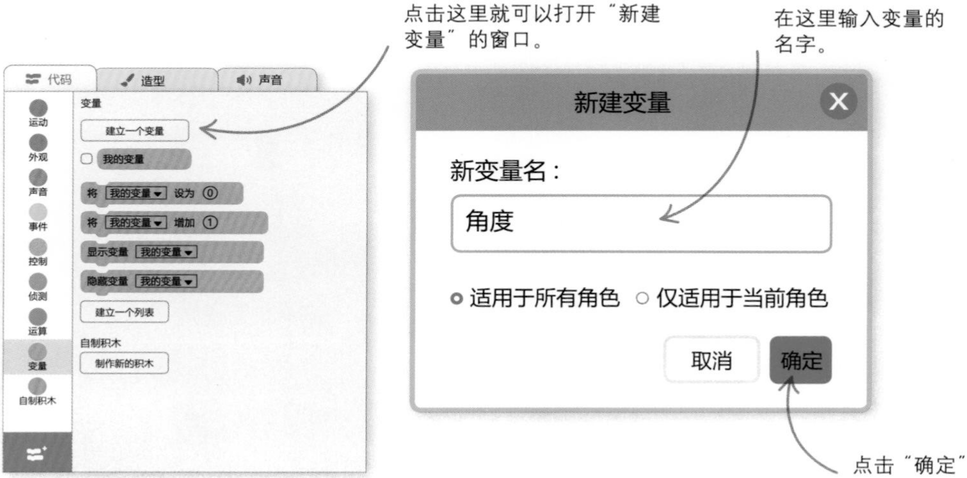

8 请选中变量前面的勾选框，这样变量就会出现在舞台上。

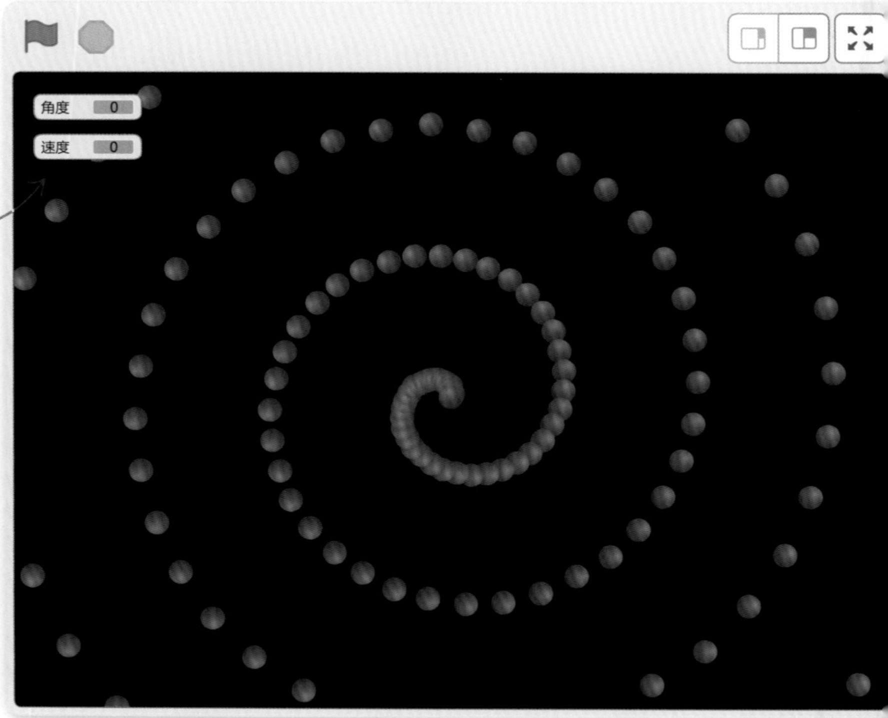
角度 0
速度 0

变量在舞台上显示。

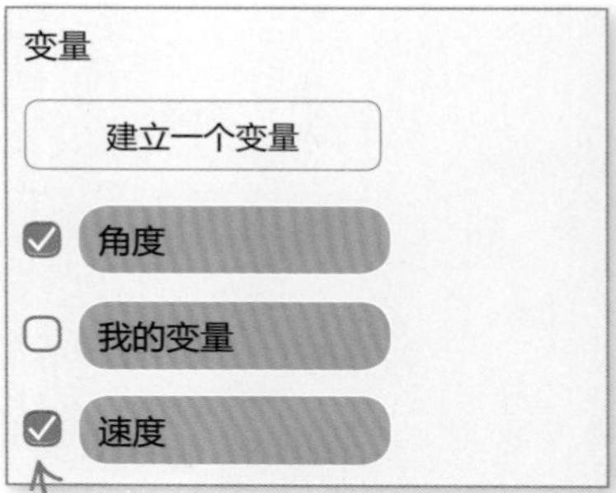
变量
建立一个变量
角度
我的变量
速度

在勾选框中打钩。

9 现在修改彩球的代码，以使用新建的两个变量。

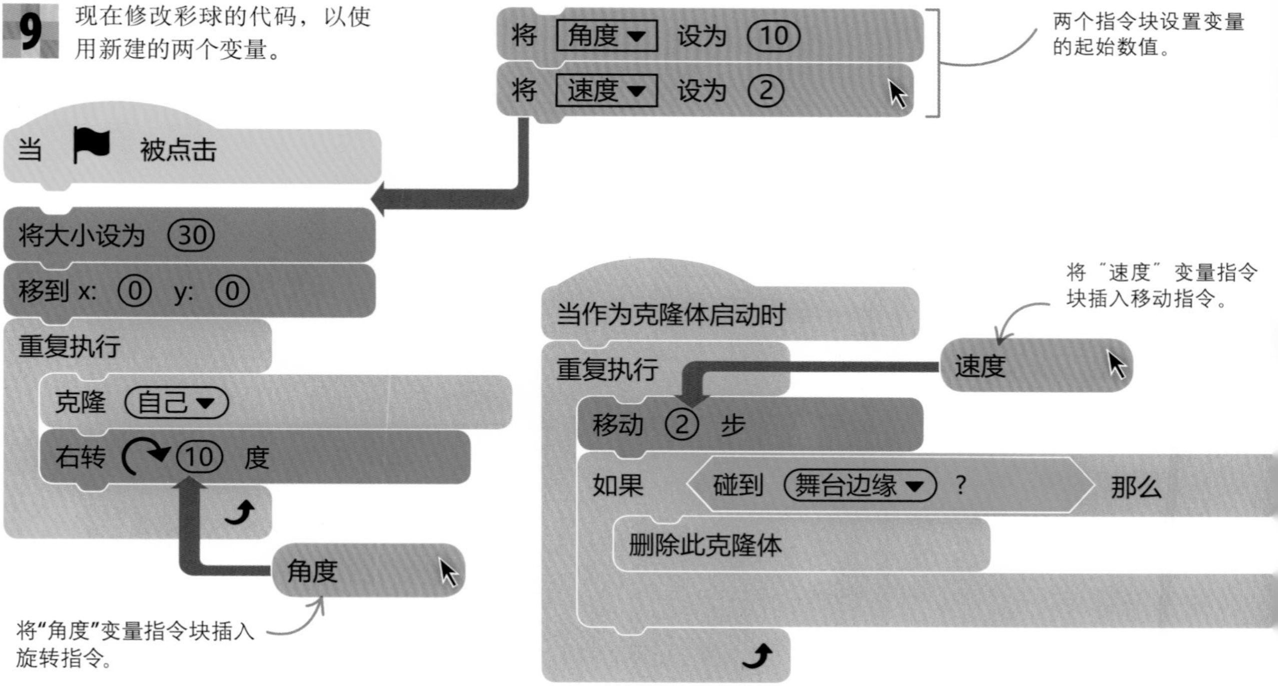
将 角度 设为 10
将 速度 设为 2
两个指令块设置变量的起始数值。
当 被点击
将大小设为 30
移到 x: 0 y: 0
重复执行
克隆 自己
右转 10 度
角度
将"角度"变量指令块插入旋转指令。
当作为克隆体启动时
重复执行
移动 2 步
如果 碰到 舞台边缘 ? 那么
删除此克隆体
速度
将“速度”变量指令块插入移动指令。

10 运行这个作品，一切看起来都和以前一样，没有什么变化。在舞台上用鼠标右键点击“角度”变量，然后选择“滑杆”。接下来，对变量“速度”也进行同样的操作。

角度 10
速度 2
正常显示
大字显示
滑杆

11 现在两个变量都有了可以调节的滑杆。调节滑杆可以立刻修改存放在变量中的数值。运行作品，然后试着拉动滑杆，你会发现彩球组成的图案立刻发生了变化。

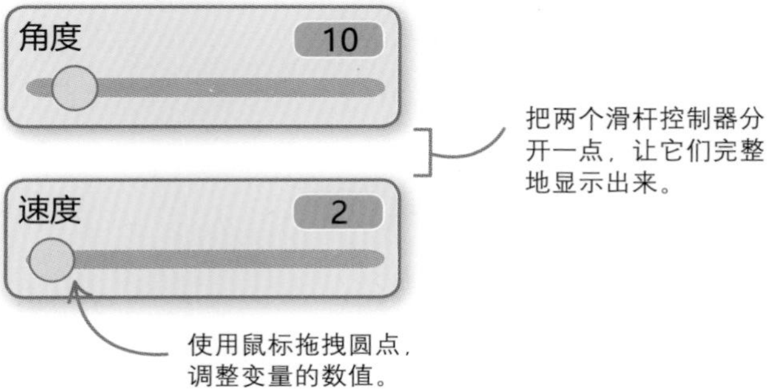
角度 10
速度 2
把两个滑杆控制器分开一点，让它们完整地显示出来。
使用鼠标拖拽圆点，调整变量的数值。

12 试试看，不同的变量值会有什么效果。

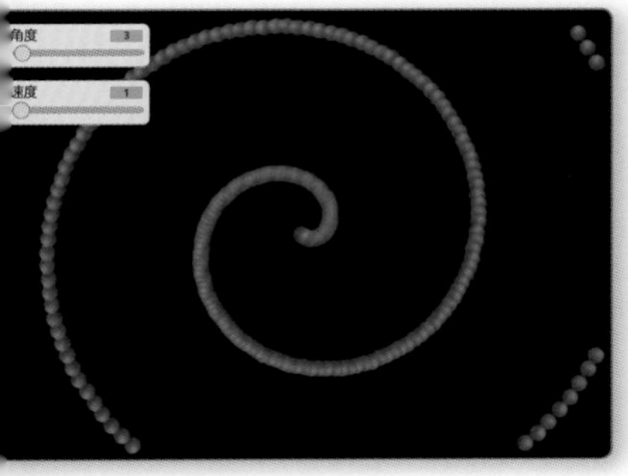
角度 3，速度1

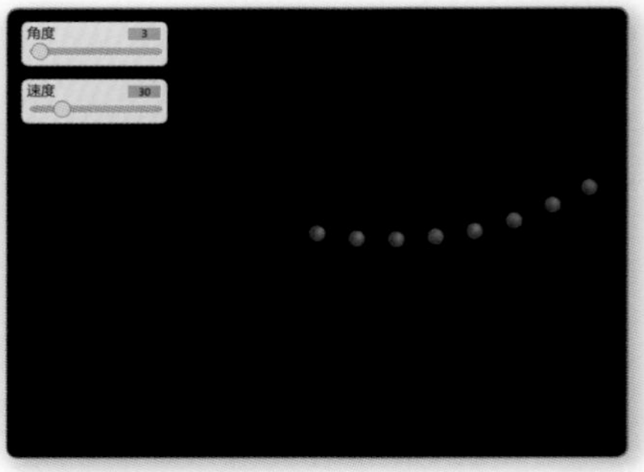
角度 3，速度30

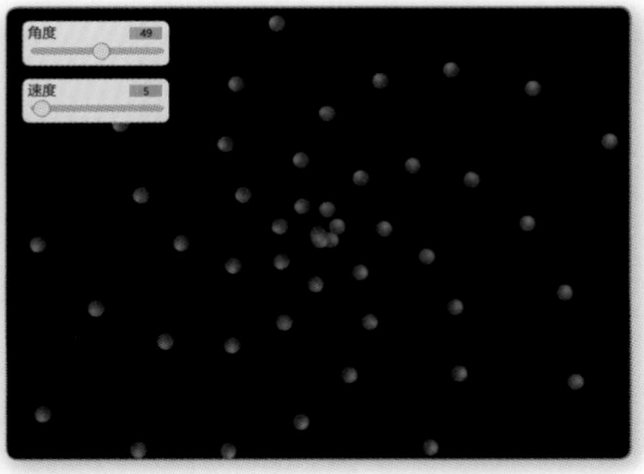
角度49，速度5

13 也许你发现，要清除掉舞台上所有的克隆体非常麻烦，不妨把空格键变成一个克隆体毁灭者吧！除了“当绿旗被点击”这个头指令块，克隆体会运行母体角色的其他所有代码，所以这段代码会对每个克隆体起效。完成这一步以后，运行作品，轻按空格看看效果如何。

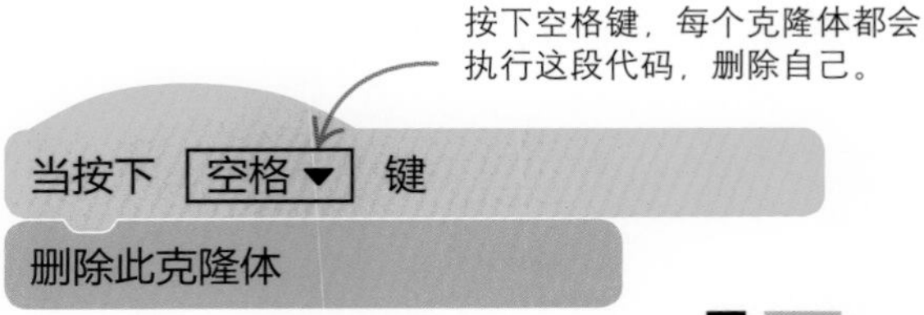
按下空格键，每个克隆体都会执行这段代码，删除自己。
当按下 空格 键
删除此克隆体

强大的画笔

Scratch 带有许多扩展指令，也就是能添加到程序中的额外指令块。其中一项就是魔术画笔。启动画笔功能，角色移动时就会画出线条。克隆体也可以启动画笔功能，从而创作出令人惊奇的艺术效果。

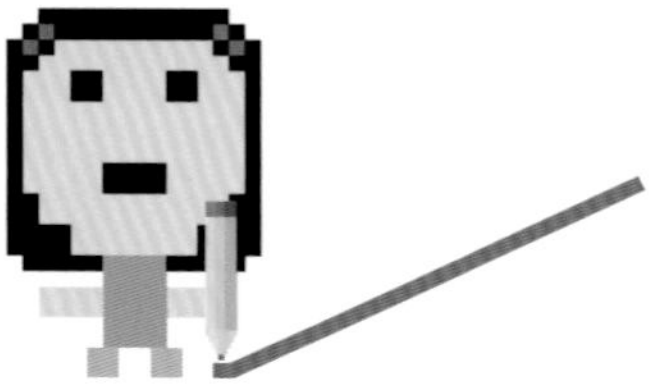

14 要想添加画笔扩展指令，点击屏幕左下方的“添加扩展”，选择“画笔”。添加如下绿色指令块，激活每个克隆体的画笔。

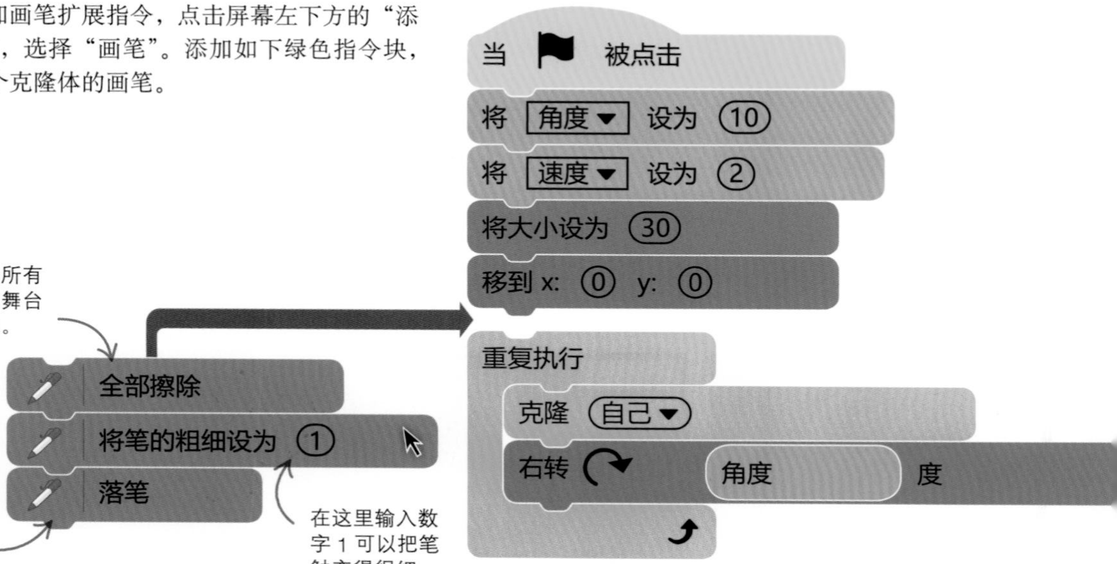
当 被点击
将 角度 设为 10
将 速度 设为 2
将大小设为 30
移到 x: 0 y: 0
全部擦除
将笔的粗细设为 1
落笔
重复执行
克隆 自己
右转 角度 度

这个指令会抹去所有的画笔痕迹，让舞台从空白状态开始。

这个指令激活每个克隆体的画笔，这样它们就会留下轨迹了。

在这里输入数字 1 可以把笔触变得很细。

15 运行作品，欣赏美妙的画面吧。你可以拉动滑杆，试验不同的数值。对于角度来说，使用奇数效果比较好，试试 7 或 11。整个图案每次会移动一点点，充满整个空间，生成极为有趣的效果。

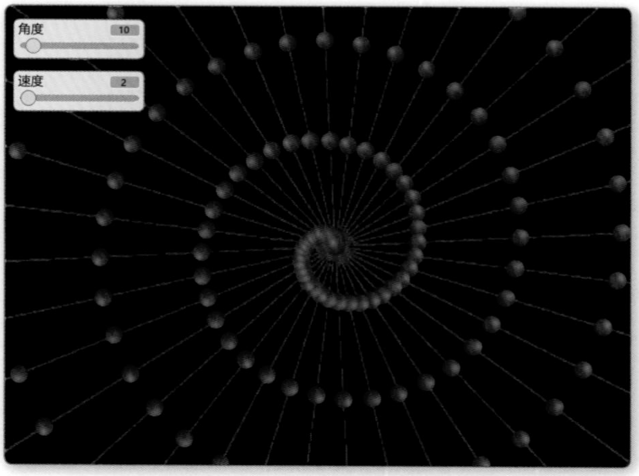
角度 10
速度 2

克隆体画出的大量线条彼此紧紧挨着，略有交错的细线排成一行，形成了奇特的螺旋，这样的图案就叫作“莫尔条纹”。

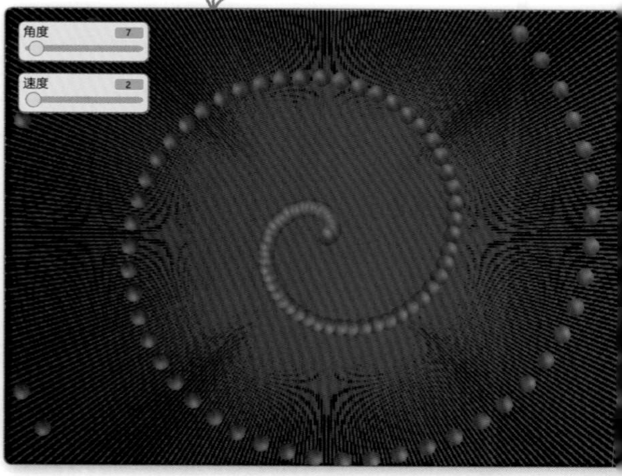
角度 7
速度 2

16 在删除克隆体的代码中添加一个“全部擦除”指令块。这样就能用空格键把舞台上所有的东西都擦掉，为你的艺术创作准备好完全空白的画布。

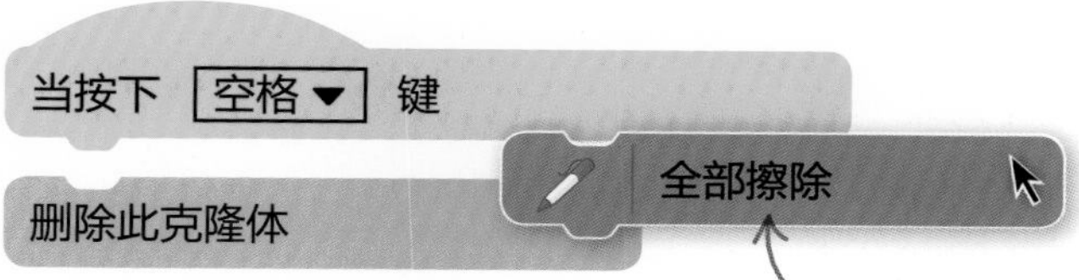
当按下 空格 键
删除此克隆体
全部擦除

在这里插入一个“全部擦除”指令，把画笔留下的印记全都擦干净。

17 现在做最后一个试验，改变每个克隆体的画笔颜色，这样每个克隆体都可以画出不同的颜色了。

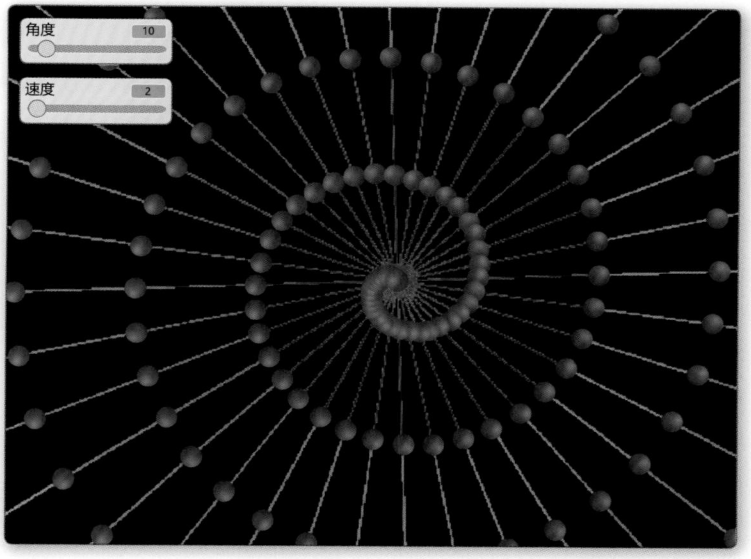
角度 10
速度 2

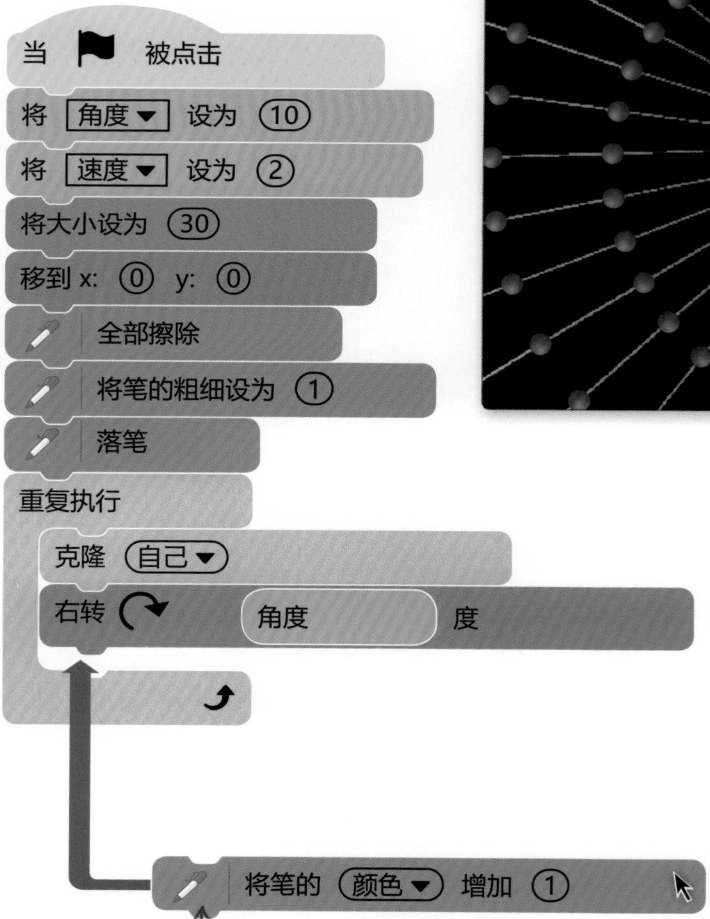
当 被点击
将 角度 设为 10
将 速度 设为 2
将大小设为 30
移到 x: 0 y: 0
全部擦除
将笔的粗细设为 1
落笔
重复执行
克隆 自己
右转 角度 度
将笔的 颜色 增加 1

插入这个指令块就能改变每个克隆体的画笔颜色。

我可以转出一道彩虹！

18 运行这个作品，还可以多做些实验，比如调节滑杆的数值，或者修改画笔的粗细、颜色，探索一下有多少种不同的效果。试试粗一些的画笔，看看会发生什么？别忘了你可以按下空格键把舞台打扫干净。

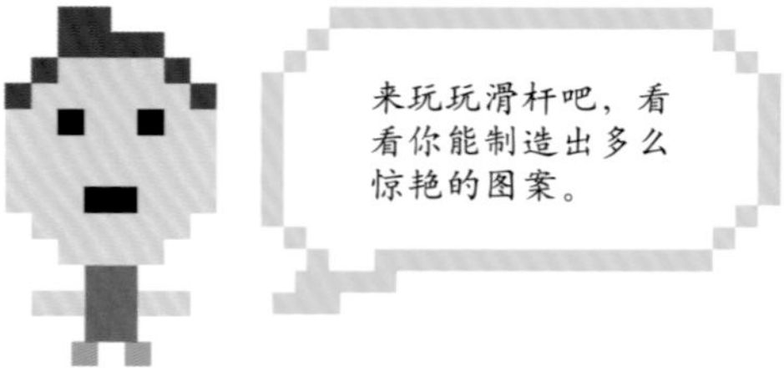

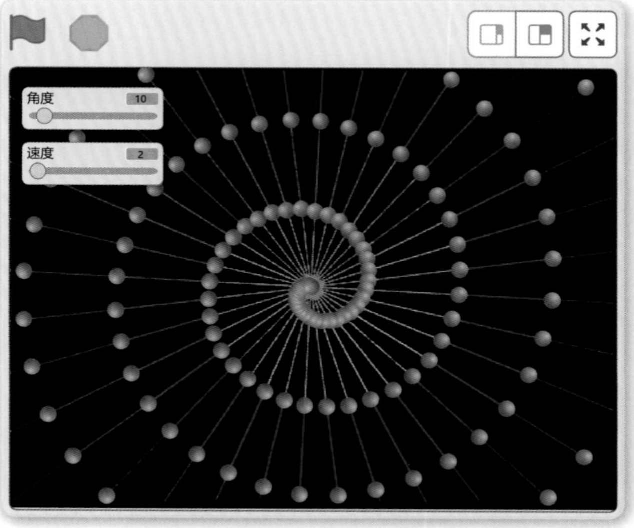

画笔粗细 =1，角度=10，速度=2

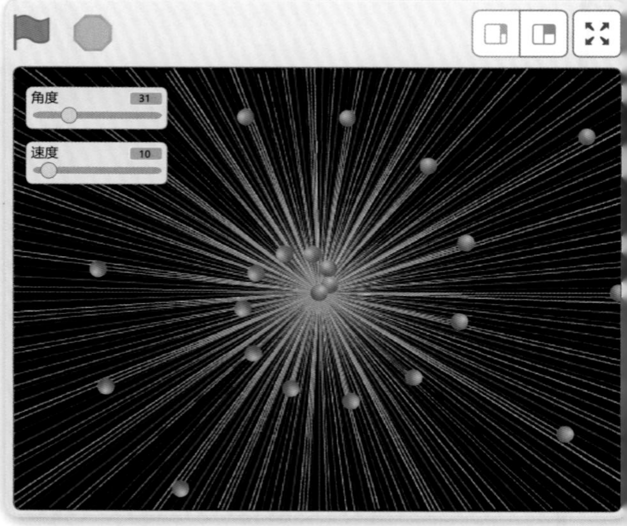

画笔粗细 =1，角度=31，速度=10

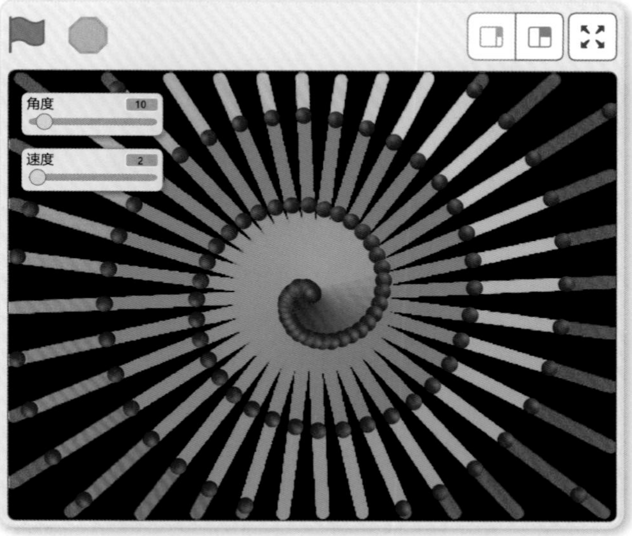

画笔粗细 =10，角度=10，速度=2

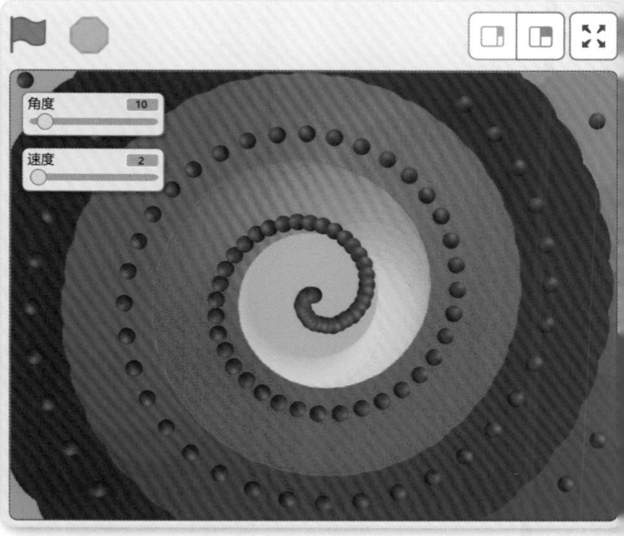

画笔粗细 =100，角度=10，速度=2

修正与微调

螺旋生成器这个作品最适合进行个性化改造了。我们会是供一些修改建议，你可以尽情尝试，检验自己独特的构思。尔甚至可以把这个作品改造成游戏，玩家控制的角色必须努力躲避飞行的彩球。

>颜色控制

你可以创建一个新变量“画笔变化”，让它拥有自己的控制滑杆，玩家可以用它来改变线条或颜色的变化速度。把变量“画笔变化”插入到“将笔的颜色增加……”指令块中。然后在舞台上用鼠标右键点击滑杆，设置数值的范围。（把“角度”滑杆的最小值设定为负数，可以让螺旋变成朝反方向旋转。）

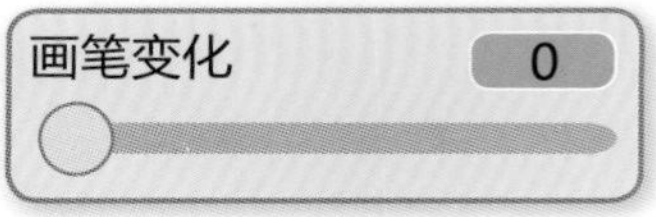

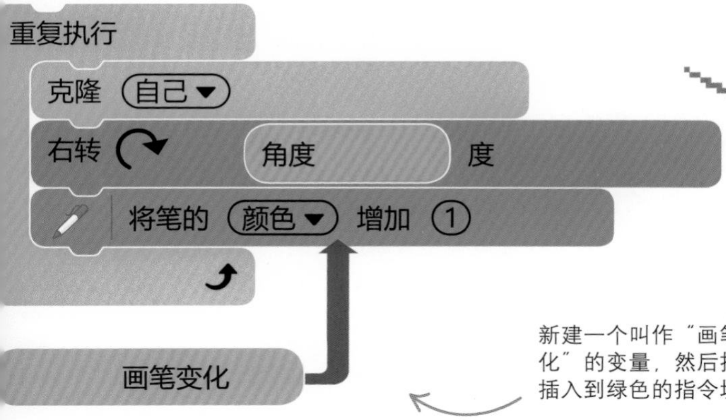

新建一个叫作“画笔变化”的变量，然后把它插入到绿色的指令块中。

当你试验成功一种最酷的螺旋图案，可以把滑杆中的数字复制到预先设定的指令中。

>我的最爱

你可以创建一个键盘快捷方式，自动设定变量值，生成你最爱的螺旋图案。这样，只须简单按一下键盘，就能向好朋友展示最激动人心的创意了。

▽保存为艺术品

添加如下代码，按下移键，彩球和滑杆都会隐藏起来；按上移键，它们又会显示出来。在舞台上点击鼠标右键，就可以把美丽的图案作为一个文件保存到你的电脑。

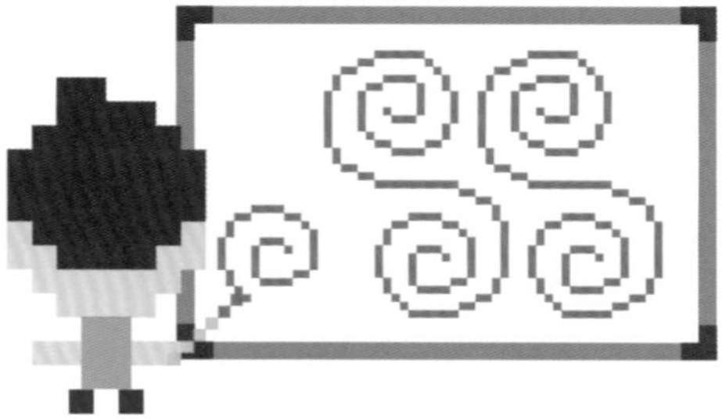

```
当按下 [↓ ▼] 键
隐藏
隐藏变量 [角度 ▼]
隐藏变量 [速度 ▼]
```

这个指令让所有的克隆体都隐藏起来。

这两个指令让滑杆隐藏起来。

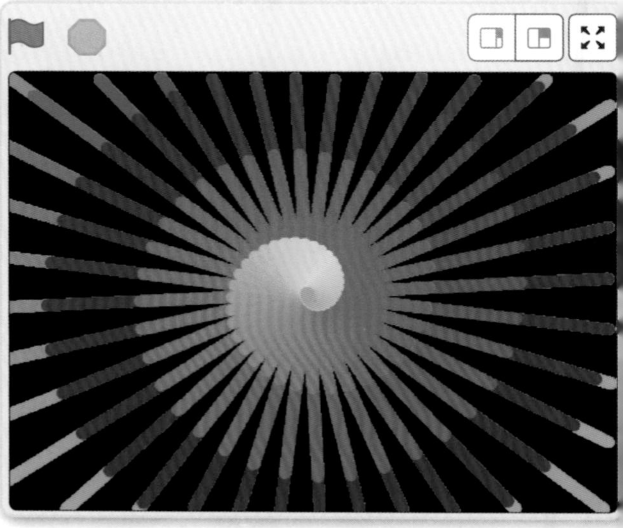

```
当按下 [↑ ▼] 键
显示
显示变量 [角度 ▼]
显示变量 [速度 ▼]
```

请记住，舞台上所有的克隆体都会执行这些代码。

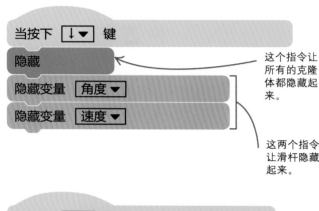

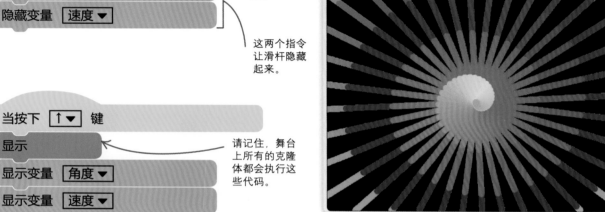

克隆体从中央飞向鼠标所在的位置

◁控制彩球

除了让克隆体生成螺旋图案，你还能让它们跟随鼠标生成其他图案。只须把“旋转”指令替换为“面向鼠标指针”指令，你就可以用鼠标作画了。

```
右转 ↻ (角度) 度
面向 (鼠标指针 ▼)
```

▷辉煌的落日

你可以把最初的那个彩球拖拽到舞台任意位置，然后按下空格键把舞台清理干净。试一试能否画出如图所示的落日效果。提示：把画笔粗细设置为 1，角度变量设定为 7。别忘了，每次程序开始运行时，代码中的“移到 x：y：”指令都会重新设置彩球的位置，所以要把它删掉，或者把你发现的最佳坐标填入这个指令。你还可以添加一个新的黄色彩球角色作为太阳。

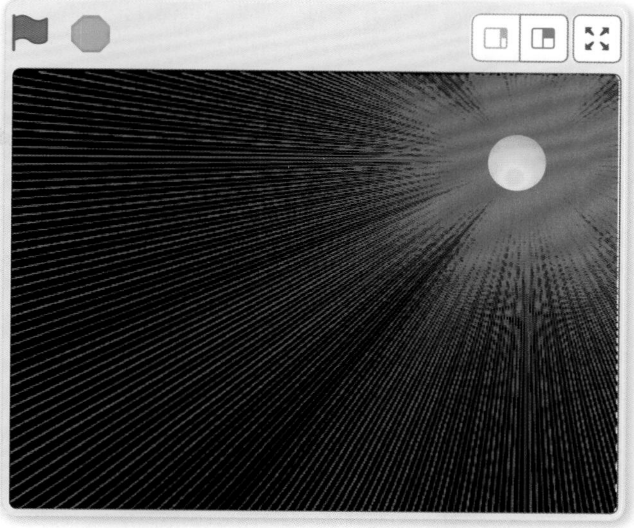

试试看

克隆实验室

做一个有关克隆指令的实验，你才能真正感受到它们是如何工作的。新建一个作品，添加重复生成小猫克隆体的指令，为每个新克隆体编写一段简单的代码，当克隆体诞生时就启动。试验一下落笔指令，或者在“移到 x：y：”指令中填入随机的数字，你就能看到不可思议的效果。为了更好玩一点，你还可以添加键盘控制和声音效果。当你熟练掌握克隆指令的用法后，会发现用它能实现各种各样的奇妙效果，而这些效果只有克隆体才能办到。

```
当 ⚑ 被点击
重复执行 (10) 次
    克隆 (自己 ▼)
    将 [颜色 ▼] 特效增加 (25)
↺
```

```
当作为克隆体启动时
面向 (在 (-180) 和 (180) 之间取随机数) 方向
重复执行
    移动 (10) 步
    碰到边缘就反弹
↺
```

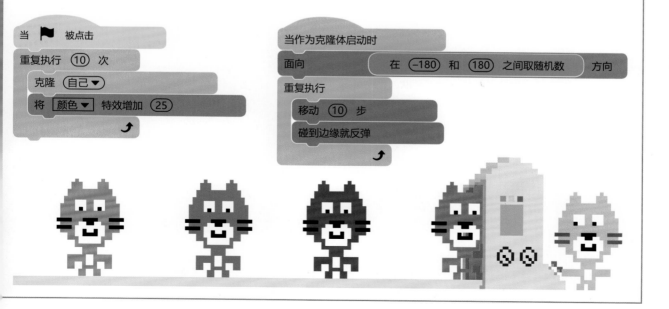

梦幻花园

我们要在这个作品里创造一片虚拟的草地，上面长满了五颜六色的花朵。你将学习如何制作自定义的指令块。运行时，它会启动一个特殊的代码程序画出一朵花，这个程序就叫作“子程序”。

点击绿旗启动程序。

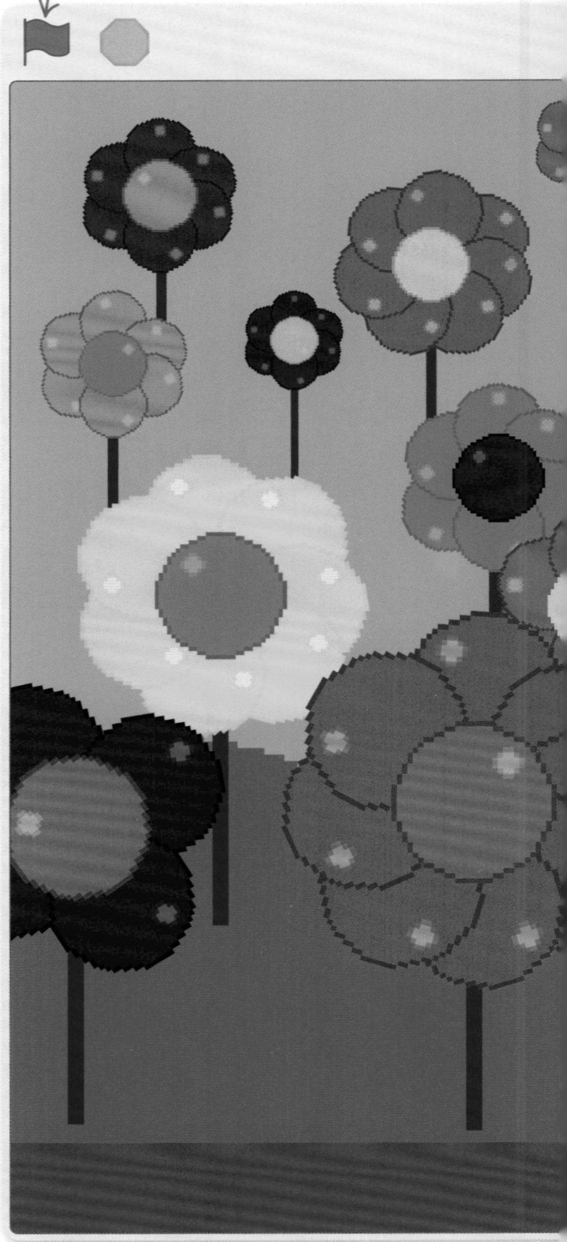

工作原理

运行这个作品时，每次你在舞台上按下鼠标，鼠标指针处就会出现一朵花。Scratch利用一个简单的小球角色和“图章”指令块来绘制每朵花。小球把自己的造型印在舞台上，这样就出现了一片花瓣。接着它向前或者向后移动，印出更多的花瓣，一朵花就出现了！

画一朵花

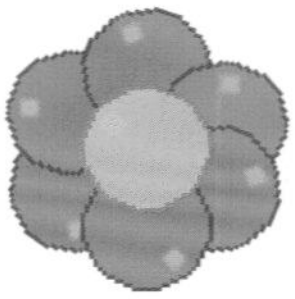

△子程序

在 Scratch 中，你可以创建自己的指令块，启动已经编写好的一段代码。这样，你就不用重复编写同一段代码了，需要时只要使用自定义指令块就可以。程序员常用这个技巧，他们把这一段可以重复利用的代码叫作“子程序”。

画一朵花 花瓣数: 4

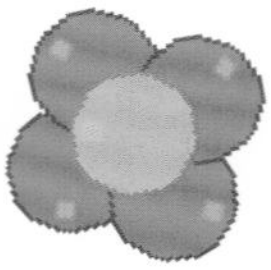

△添加输入

你可以在自定义指令块中添加小窗口，用来接收数字或其他信息，就像上图所示。在这个例子中，你可以设定花瓣的数量。

每一朵花都是由自定义指令块“画一朵花”生成的。

为你的花园创造一个有特色的背景。

你可以设定花瓣的颜色和数量，也可以让它们随机变化。

另一个自定义指令块用来画花茎。

画一朵花

按照这里的步骤编写一段代码，你在舞台上点击一下就会生成一朵花。当这段代码能正常工作了，把它做成一个自定义指令块，你就可以重复使用这个绘制花朵的程序了。

1 新建一个作品。用鼠标右键点击小猫角色，然后选中“删除”。点击“选择一个角色”，添加小球角色，用来创造花朵。

Ball

2 完成下面这段代码，然后运行它，就能画出一朵有 5 片花瓣的花。这个循环执行了 5 次，以小球开始的位置为中心，画出了一个由花瓣组成的圆环。每一片“花瓣”都是小球角色印在舞台上的一个“图章”。记住，你需要先点击左下方的“添加扩展”按钮，添加画笔扩展。

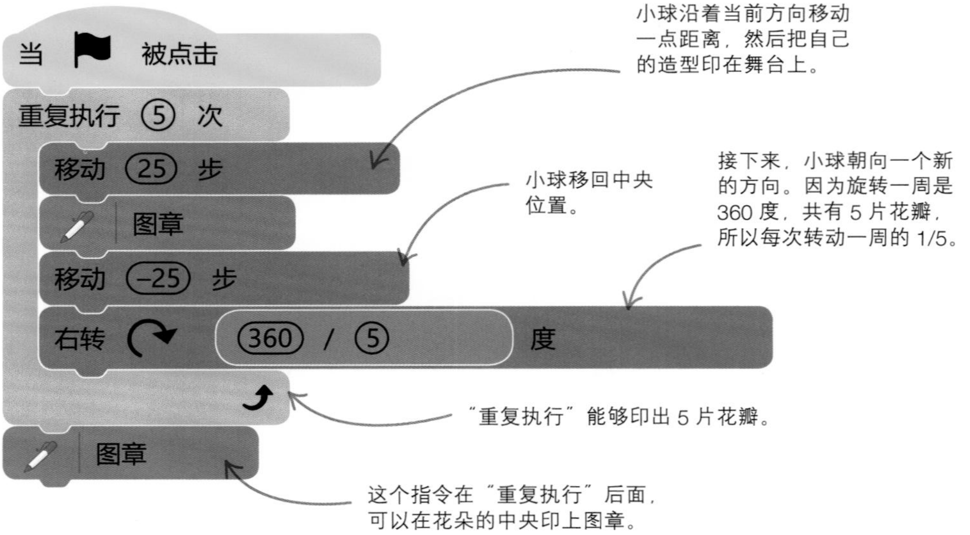
当 被点击
重复执行 5 次
移动 25 步
图章
移动 -25 步
右转 360 / 5 度
图章
小球沿着当前方向移动一点距离，然后把自己的造型印在舞台上。
小球移回中央位置。
接下来，小球朝向一个新的方向。因为旋转一周是 360 度，共有 5 片花瓣，所以每次转动一周的 1/5。
“重复执行”能够印出 5 片花瓣。
这个指令在“重复执行”后面，可以在花朵的中央印上图章。

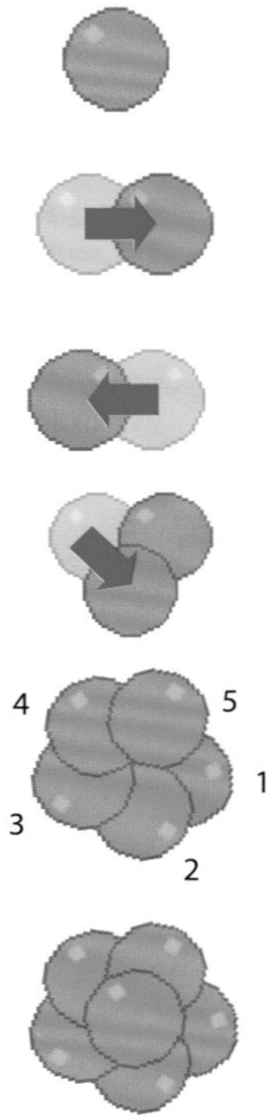
4
5
1
3
2

专家提示

数学计算

计算机非常擅长数学，在 Scratch 中有绿色的“运算”指令块，你可以利用它们来做简单的算术。对于更加复杂的计算，你可以把运算指令块彼此嵌套起来，组合起来使用。套在最里面的指令块会先计算，然后依次向外，其效果就好像在里面的指令块上添加了括号一样。

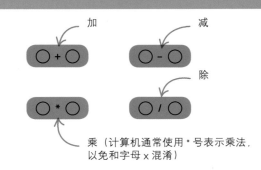

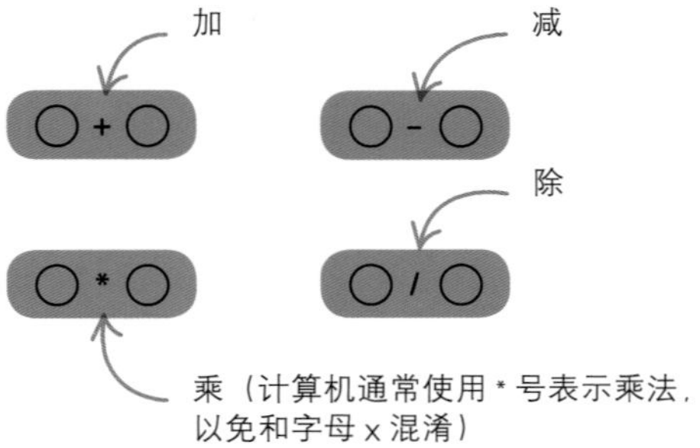
加
减
除
乘（计算机通常使用 * 号表示乘法，以免和字母 x 混淆）

更多指令块

接下来，我们要把绘制花朵的程序做成一个自定义指令块。之后，你就可以用这个指令块画出喜欢的花朵了。

3 要制作一个自己的 Scratch 指令块，请在指令块面板上选择“自制积木”，然后点击“制作新的积木”（积木就是指令块）。这时弹出一个窗口，为你的新指令块命名，输入“画一朵花”。

自制积木
制作新的积木
点击这里创建一个新的指令块。

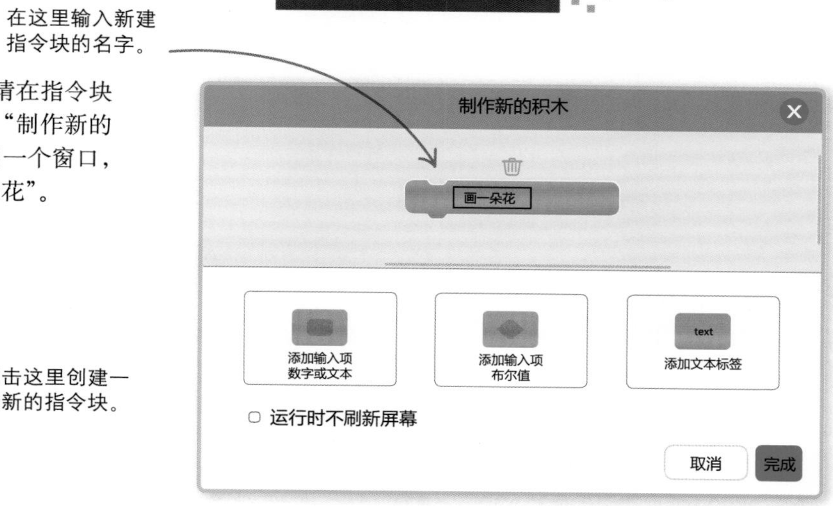
在这里输入新建指令块的名字。
制作新的积木
画一朵花
添加输入项
数字或文本
添加输入项
布尔值
text
添加文本标签
运行时不刷新屏幕
取消
完成

4 点击“完成”，“自制积木”中便出现了一个新指令块。在你正式使用它之前，还要编写它将触发（程序员更常说“调用”）的程序。

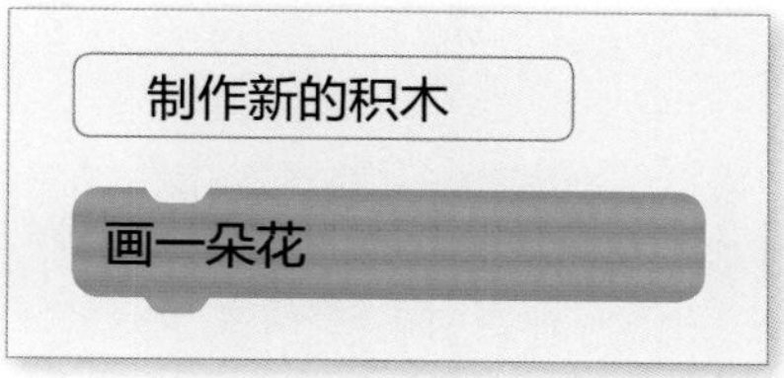
制作新的积木
画一朵花

5 在代码区你会看到一个头指令块（代码最上面的那个指令块），它的名字和你创建的新指令块一样，只是前面多了“定义”两个字。把绘制花朵的代码拖过来，放到这个头指令块的下面。现在，只要执行新建指令块“画一朵花”，这段代码就会启动。

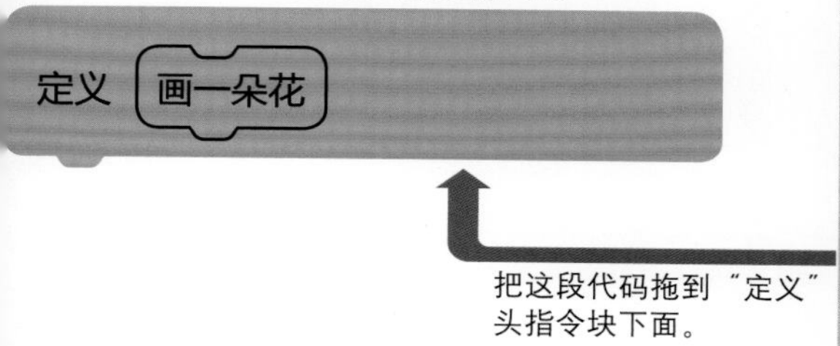
定义 画一朵花
把这段代码拖到“定义”头指令块下面。

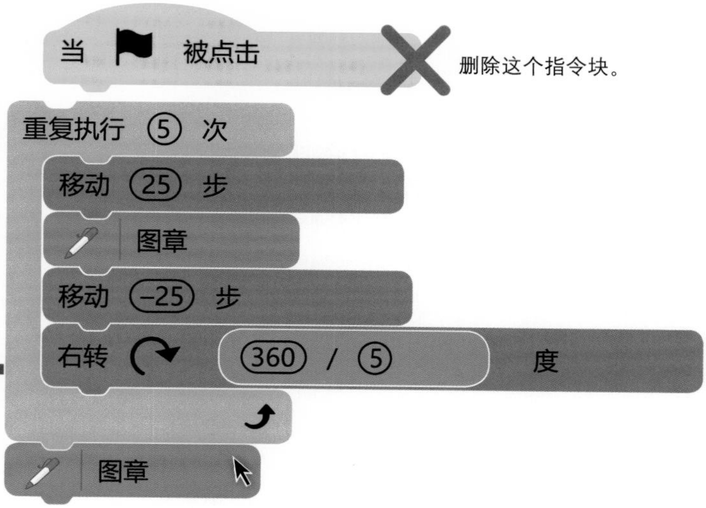
当 被点击
删除这个指令块。
重复执行 5 次
移动 25 步
图章
移动 -25 步
右转 360 / 5 度
图章

6 下一步，我们新建一段代码，它会使用“画一朵花”的指令块。当你运行它时，只要点一下鼠标，就能画出一朵花。

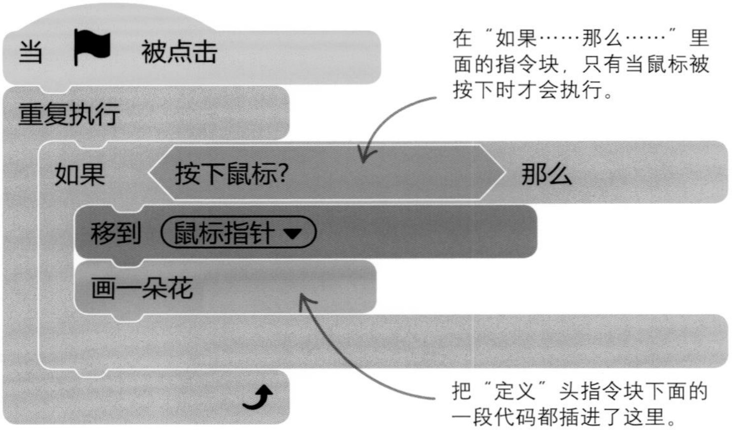
当 被点击
重复执行
如果 按下鼠标? 那么
移到 鼠标指针
画一朵花
在“如果……那么……”里面的指令块，只有当鼠标被按下时才会执行。
把“定义”头指令块下面的一段代码都插进了这里。

7 运行这个作品。在舞台上四处用鼠标点击，生成一片花海。

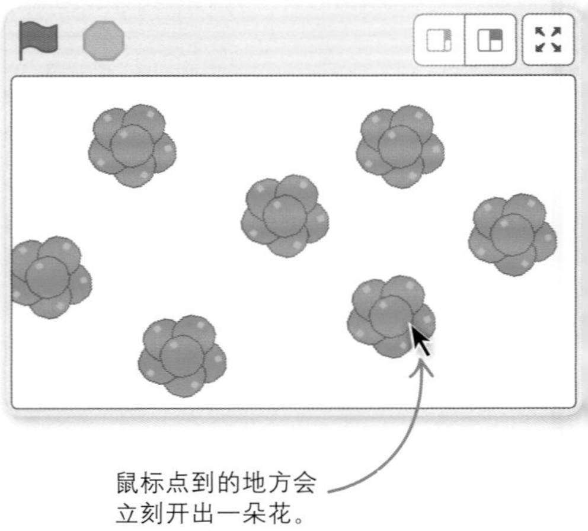
鼠标点到的地方会立刻开出一朵花。

8 舞台很快就被填满了。编写一段清除花朵的代码吧，按下空格键，所有花朵就会被擦除干净。

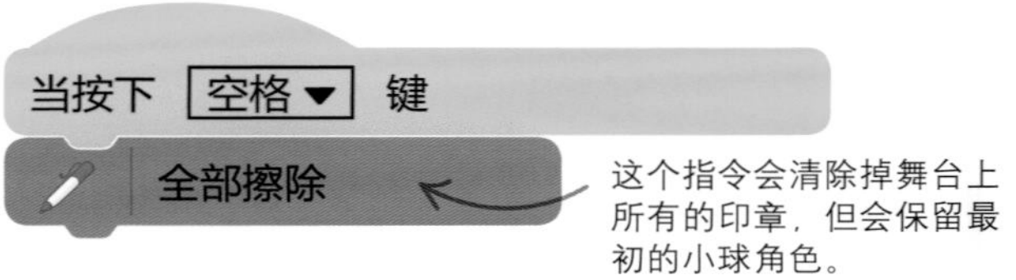
当按下 空格 键
全部擦除
这个指令会清除掉舞台上所有的印章，但会保留最初的小球角色。

专家提示

子程序

优秀的程序员总是会把大程序拆成容易理解的小部分。那些能完成有用任务的代码被放入已命名的子程序里，以便今后重复使用。当主程序使用（或“调用”）子程序时，相当于把子程序的代码插入到了主程序调用的那个位置。使用子程序可以让程序员更加快速方便地理解代码，也更容易修改程序。记得给你的自定义指令块起个好名字，能清楚表达指令块的用途。

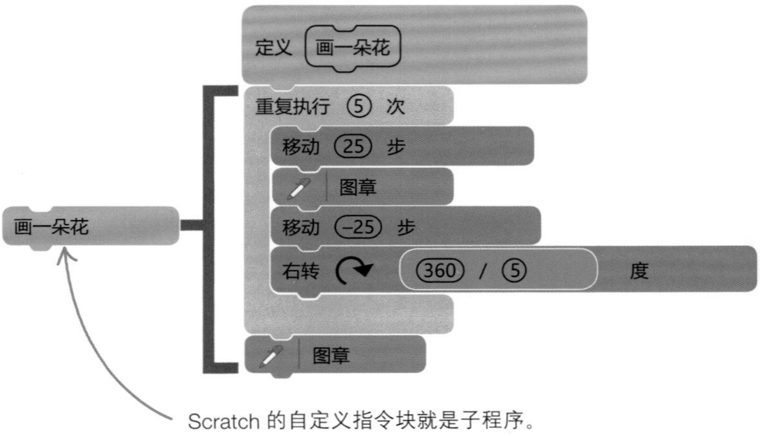
定义 画一朵花
重复执行 5 次
移动 25 步
图章
移动 -25 步
右转 360 / 5 度
图章
画一朵花
Scratch 的自定义指令块就是子程序。

数字决定花瓣

你可以用一个角色，画出许多形态各异的花朵。当你给自定义指令块添加了输入参数以后，它们执行的任务就会发生改变，真正的威力也会显现出来。我们给“画一朵花”指令块添加输入窗口，让它可以画出花瓣数量多变的各色花朵。

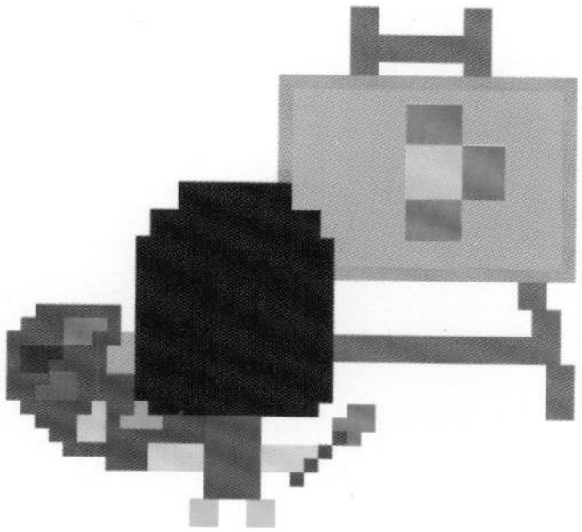

9 要添加输入窗口以便控制花瓣的数量，请用鼠标右键点击“定义……”头指令块，然后选择“编辑”。

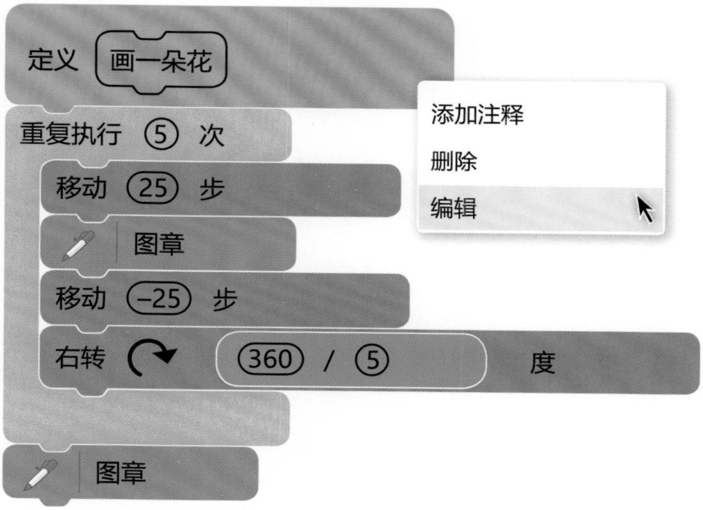

点击这个选项。

10 这时弹出一个窗口，点击“添加输入项数字或文本”。

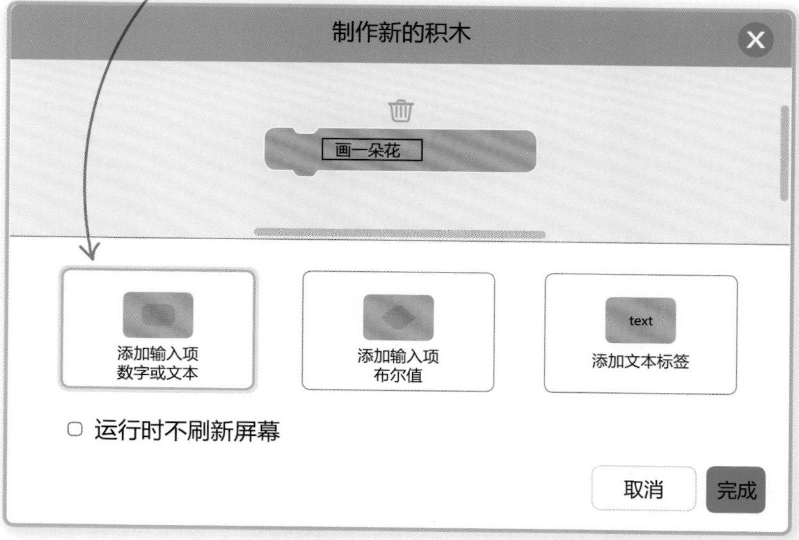

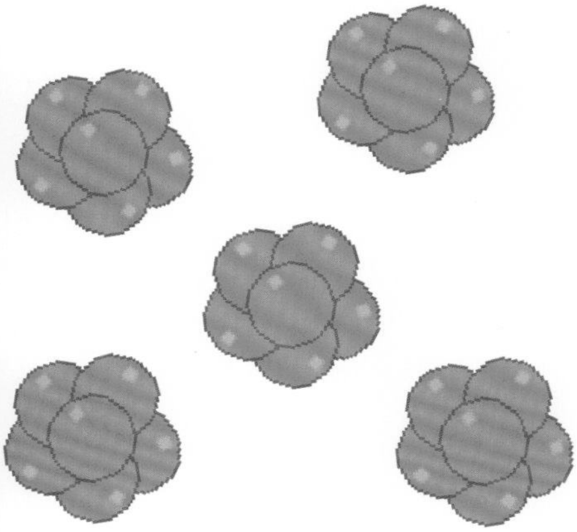

11 在指令块中出现了一个输入框。在其中输入“花瓣数量”，然后点击“完成”。

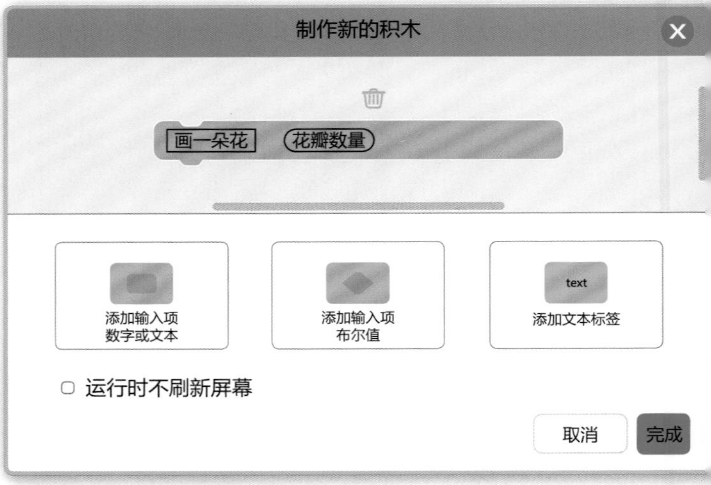
制作新的积木
画一朵花
花瓣数量
添加输入项
数字或文本
添加输入项
布尔值
text
添加文本标签
运行时不刷新屏幕
取消
完成

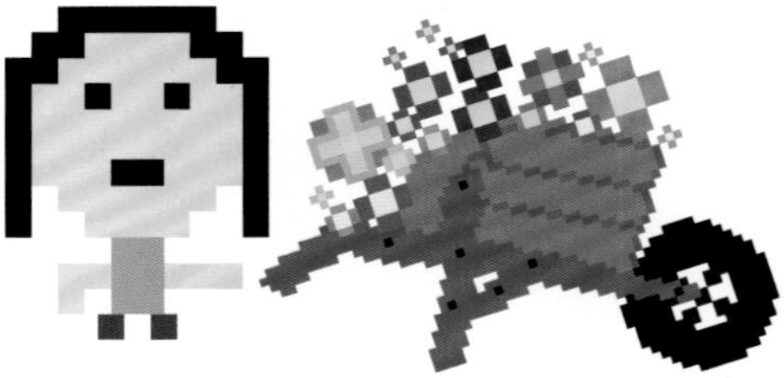

12 现在，“定义……”头指令块中会出现“花瓣数量”指令块。当你把它从头指令块中拖出来，就会自动产生一个复制品。可以把这个复制品放到代码的其他位置，比如放到“重复执行”和“旋转”指令块中，与花瓣数量有关的位置上。

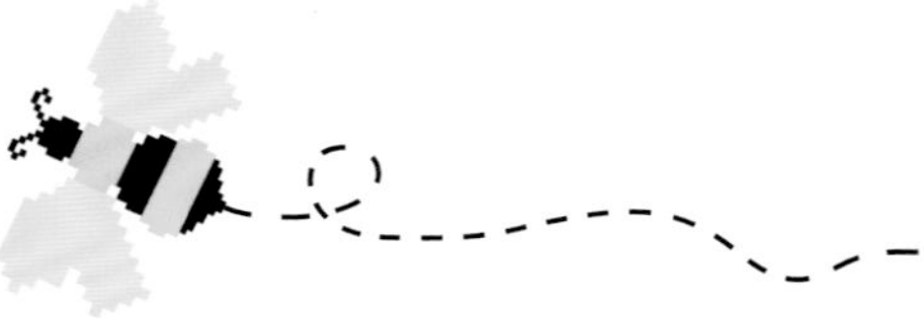

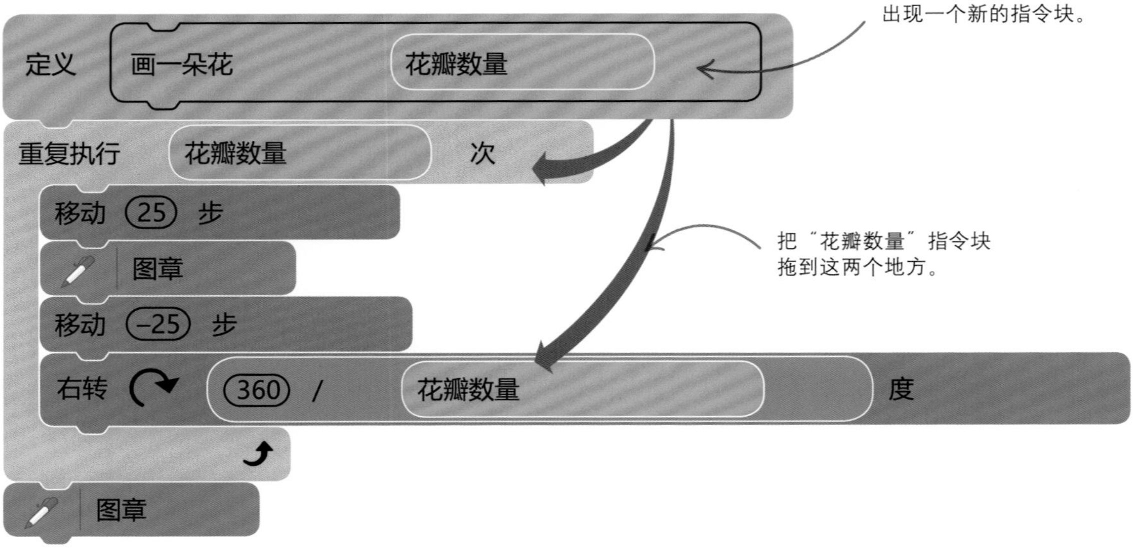
定义
画一朵花
花瓣数量
重复执行
花瓣数量
次
移动 25 步
图章
移动 -25 步
右转
360
/
花瓣数量
度
图章
出现一个新的指令块。
把“花瓣数量”指令块拖到这两个地方。

13 在另一段代码中，观察自定义指令块“画一朵花”，你会发现其中多了一个输入窗口。在这个小窗口中输入的数字会传递给自定义指令块，用于“花瓣数量”出现的地方。输入数字 7 试试。

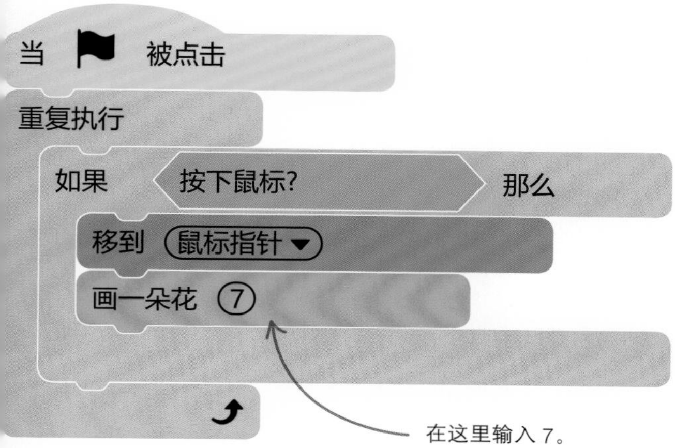
当 被点击
重复执行
如果 按下鼠标? 那么
移到 鼠标指针
画一朵花 7
在这里输入 7。

14 运行作品，在舞台上点击鼠标。这时生成的花应该有 7 片花瓣。别忘了，你可以用空格键清空舞台。

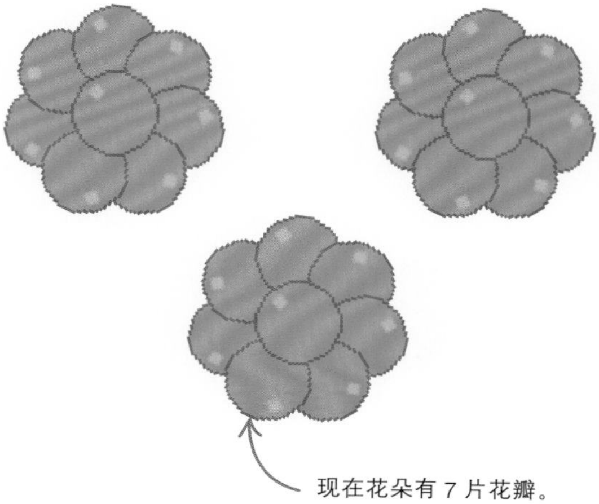
现在花朵有 7 片花瓣。

15 想要更多的变化，在“画一朵花”的指令中插入随机数指令块，而不是输入固定的数值。运行一下，看看效果。

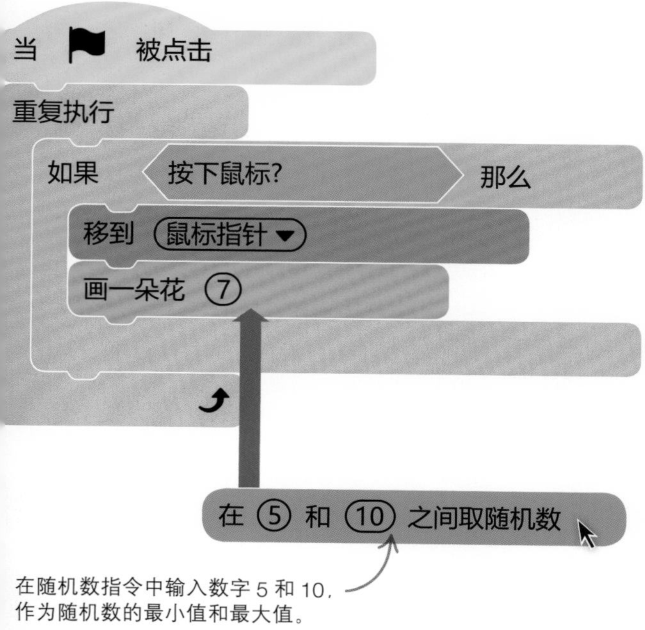
当 被点击
重复执行
如果 按下鼠标? 那么
移到 鼠标指针
画一朵花 7
在 5 和 10 之间取随机数
在随机数指令中输入数字 5 和 10，作为随机数的最小值和最大值。

16 现在我们添加新的输入窗口，用它们来改变花瓣和花蕊的颜色。用鼠标右键点击“定义……”指令块，选择“编辑”，然后添加两个数字参数，分别命名为“花瓣颜色”“花蕊颜色”。

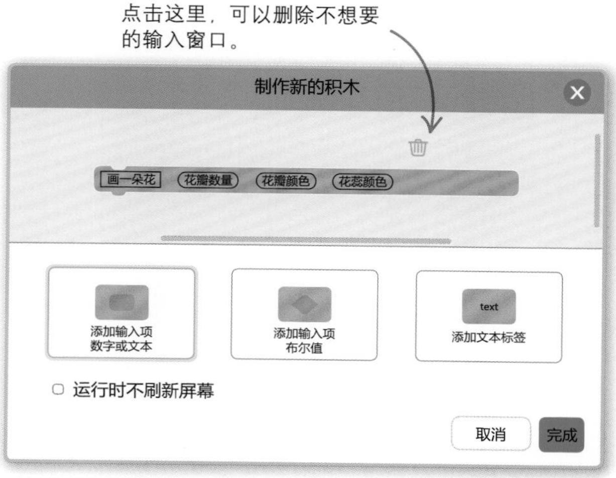
点击这里，可以删除不想要的输入窗口。
制作新的积木
画一朵花
花瓣数量
花瓣颜色
花蕊颜色
添加输入项 数字或文本
添加输入项 布尔值
text
添加文本标签
运行时不刷新屏幕
取消
完成

17 添加两个新的指令块用来控制花瓣和花蕊的颜色。别忘了把对应的指令放入头指令块合适的位置。

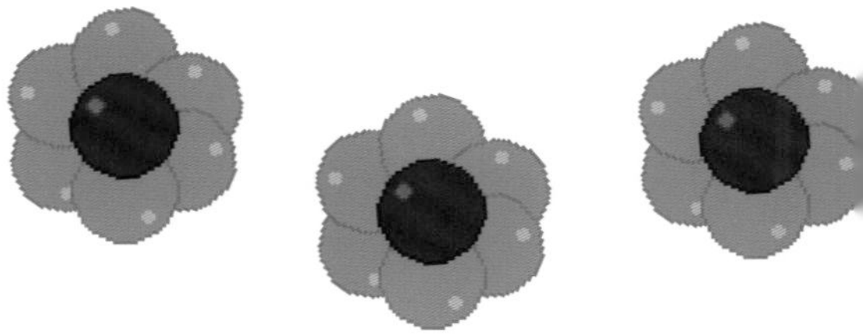

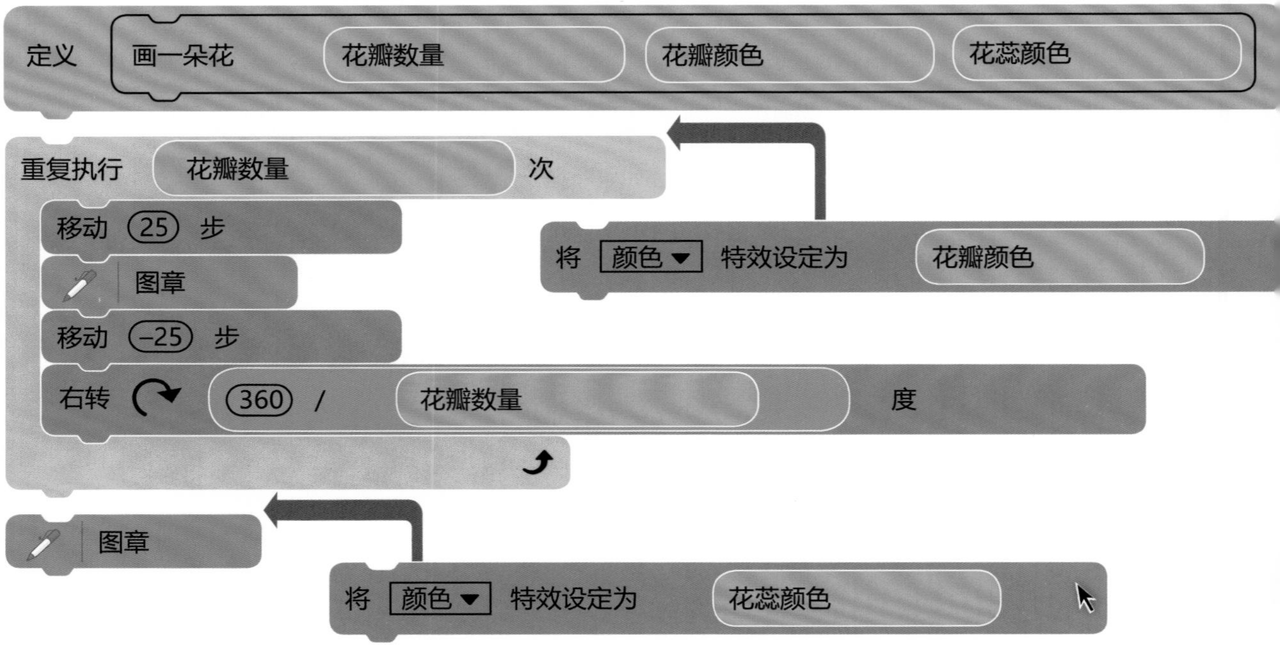
定义 画一朵花 花瓣数量 花瓣颜色 花蕊颜色
重复执行 花瓣数量 次
移动 25 步
图章
移动 -25 步
右转 360 / 花瓣数量 度
将 颜色 特效设定为 花瓣颜色
图章
将 颜色 特效设定为 花蕊颜色

18 现在，在主程序中添加一个“全部擦除”指令，从“画一朵花”指令块中移除随机数指令，输入参数 6、70、100，它应该能画出 6 个花瓣的蓝色花朵。运行程序试试，结果是否如你所愿？

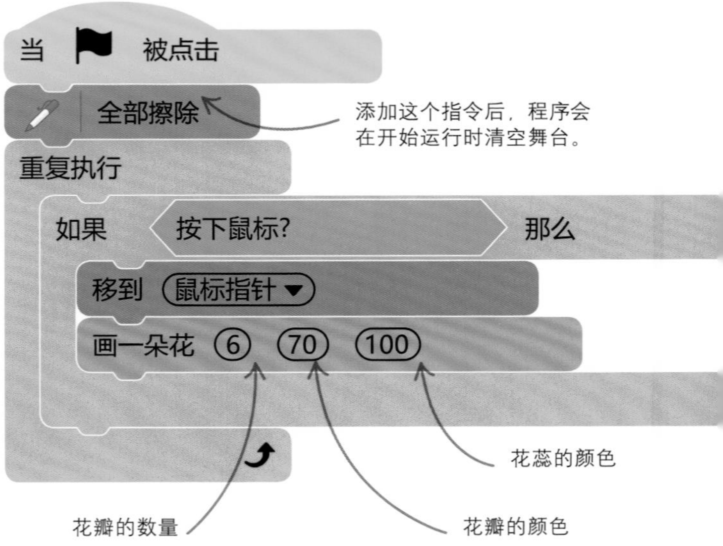
当 被点击
全部擦除
添加这个指令后，程序会在开始运行时清空舞台。
重复执行
如果 按下鼠标? 那么
移到 鼠标指针
画一朵花 6 70 100
花蕊的颜色
花瓣的数量
花瓣的颜色

19 你可以让每一朵花各不相同，方法就是在“画一朵花”的窗口中填入 3 个随机数。

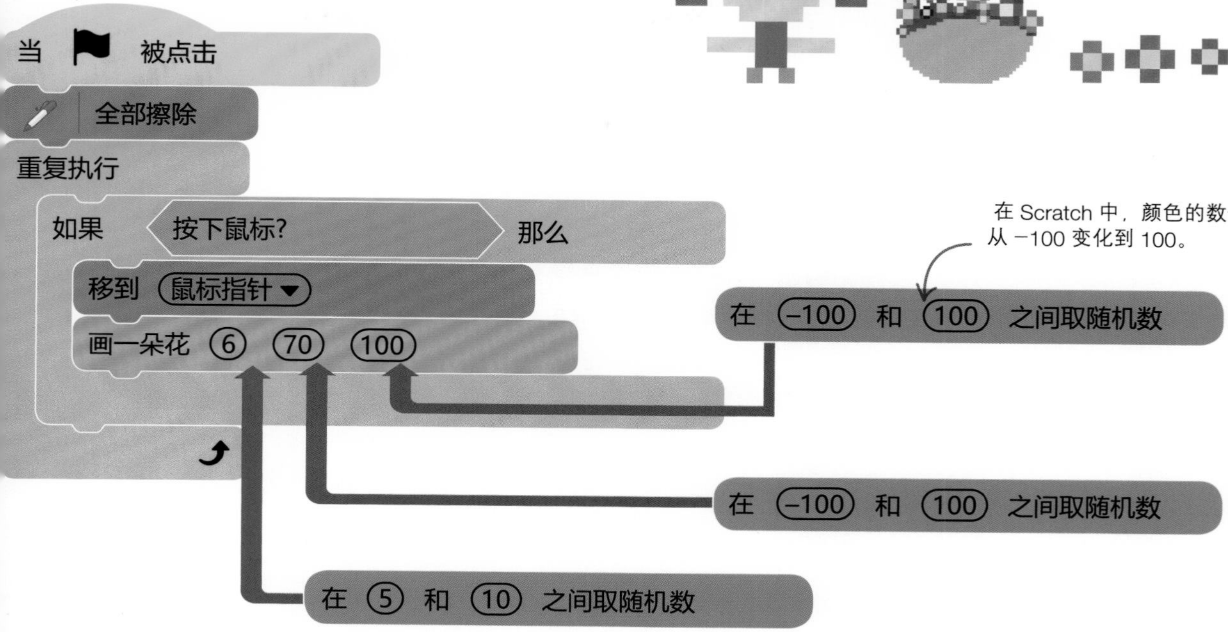

20 运行作品，在舞台上随意点击鼠标，创造一个美丽的花园。别忘了你可以用空格键把舞台打扫干净。

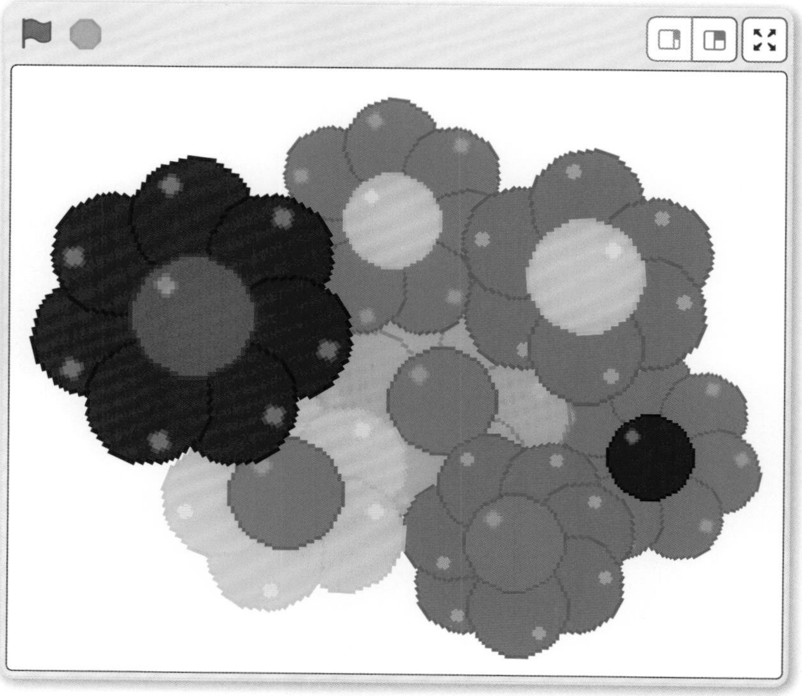

如果你使用的是离线版 Scratch，别忘了隔几分钟就保存一次作品哦。

花茎

真正的花长在花茎上，请按下面的步骤，为虚拟花园的花朵加上花茎吧，让它们看起来更真实。尽量使用自定义指令块，这样更容易看懂代码，以便你弄清程序的工作细节。

21 在指令块面板中选择“更多积木”，然后点击“制作新的积木”。把新的指令块命名为“画花茎”，添加两个数字参数，分别控制花茎的长度和粗细，点击“完成”。

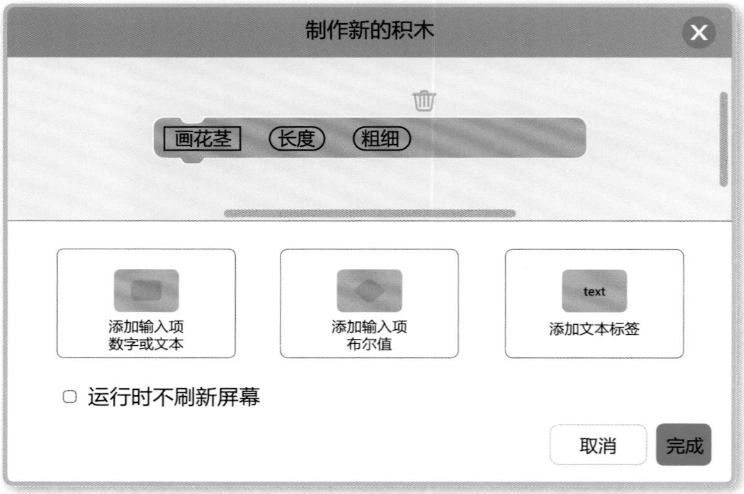

22 在“定义”头指令块下面，添加如下代码。把头指令块中的“长度”“粗细”拖到下方相应的位置。

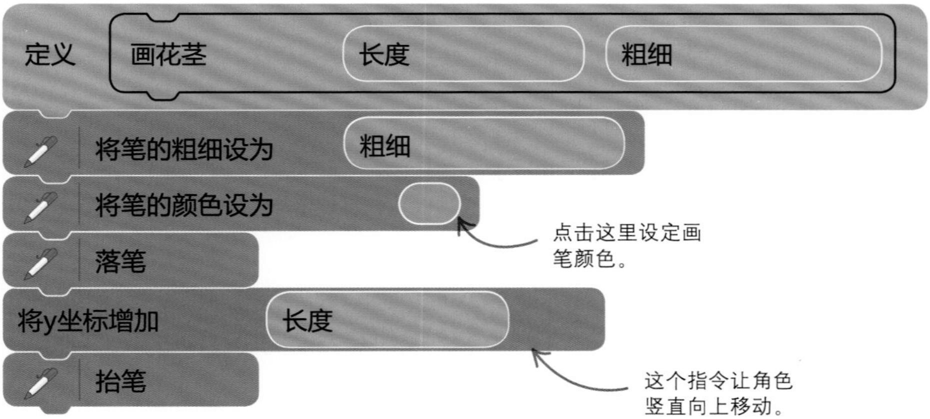

23 现在，我们把新的“画花茎”指令块放入主程序中。填入数字，设定花茎的高度为 100，粗细为 5。

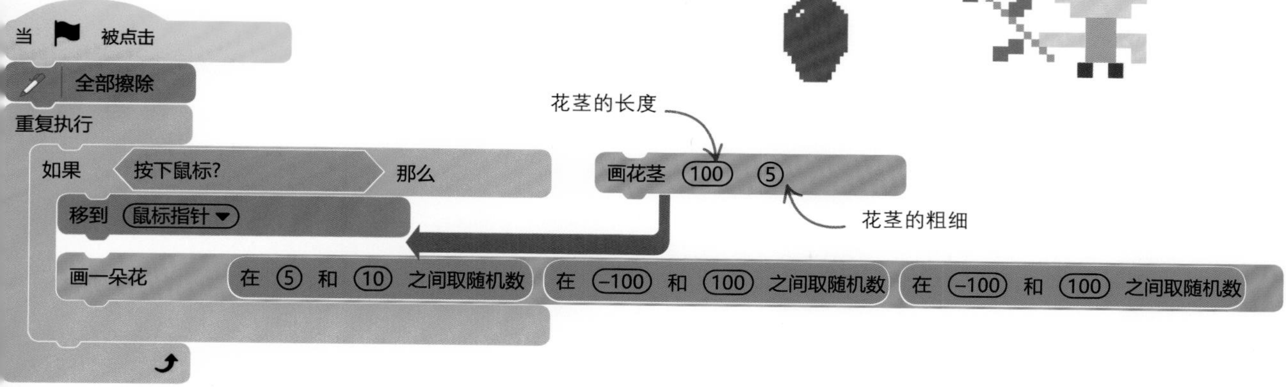
当 被点击
全部擦除
重复执行
如果 按下鼠标? 那么
移到 鼠标指针
画一朵花 在 5 和 10 之间取随机数 在 -100 和 100 之间取随机数 在 -100 和 100 之间取随机数
画花茎 100 5
花茎的长度
花茎的粗细

24 运行作品。现在你可以创造一片五彩缤纷的草地。在随机数指令中填入不同的数字，看看它们会生成怎样的花朵。

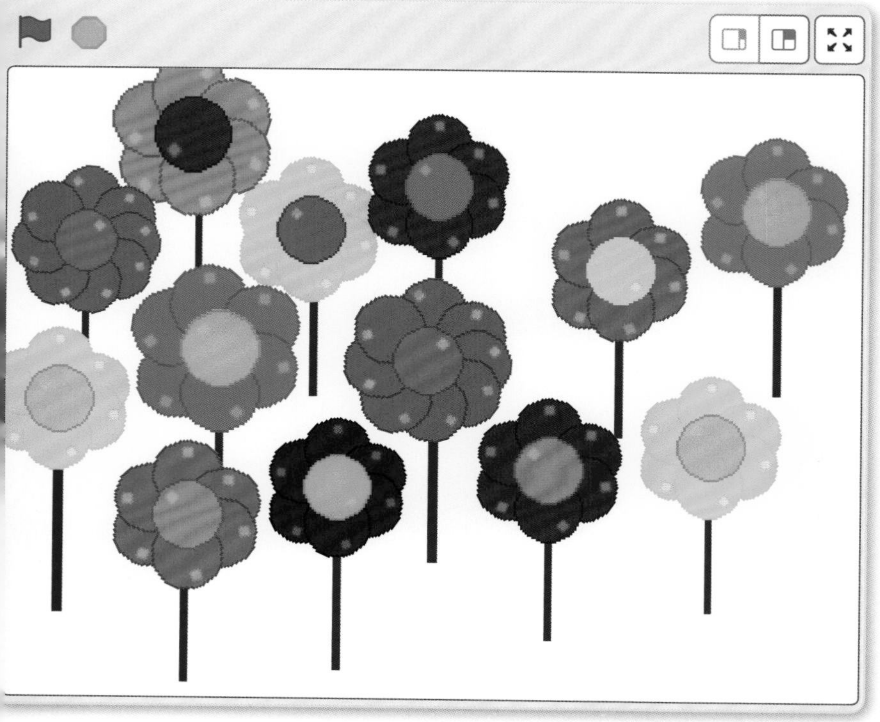

25 现在完成作品的最后一步，给美丽的草地添加背景。你可以点击背景菜单的“绘制”图标，自己动手画一个漂亮的背景。你也可以点击“选择一个背景”，直接从背景图片库里选择。

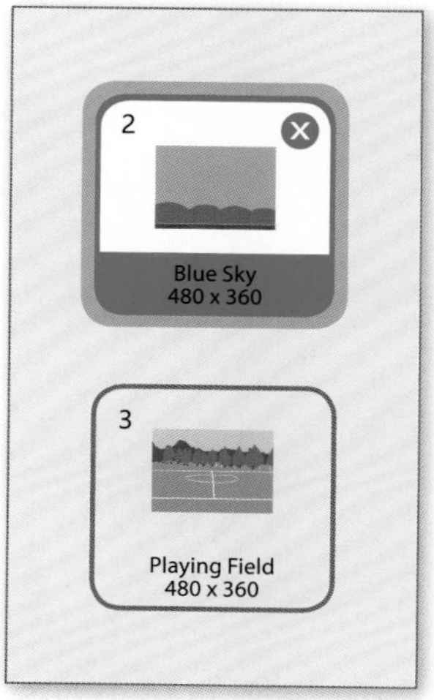
2
Blue Sky
480 x 360
3
Playing Field
480 x 360

修正与微调

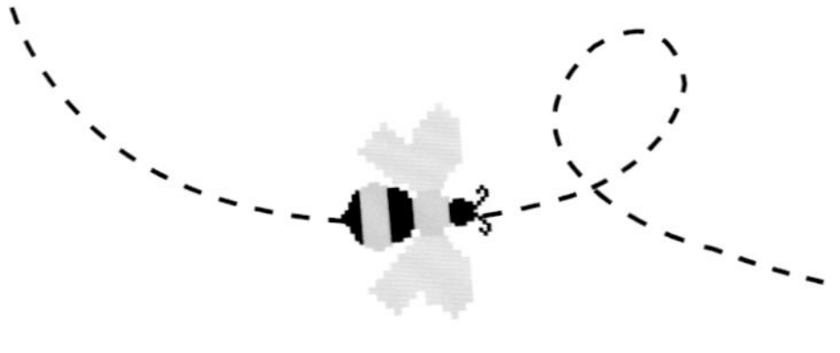

随心所欲地尝试，用指令修改花朵的颜色、大小和形状吧。不一定非要用圆球作为花瓣模板，可以制作自己的模板，创造更有趣的形状。只要发挥想象力，你就能描绘各种美丽的风景。

如果你喜欢，可以给花瓣加上一道彩色的轮廓。

▷不同的花瓣

为什么不用造型编辑器绘制一片独特的花瓣呢？点击“造型”标签，然后点击“绘制”图标，开始创作吧。椭圆形的花瓣非常美观。添加一个控制造型的指令块到“定义画一朵花”的代码中，这个指令会在椭圆形花瓣和圆形花蕊之间切换。

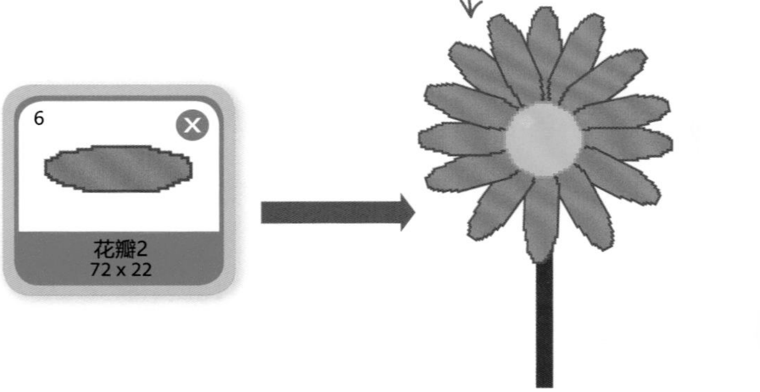

▽随处盛开的花朵

用下面这段代码替换原来的主程序。它会自动在随机位置画出花朵，最终让舞台完全被花朵覆盖。想一想，在“画一朵花”指令块中，怎么添加数值来指定“开花”位置？你需要添加 x、y 两个坐标值的输入，还要添加一个“移到 x：y：”指令块，把它放到“定义”指令块的开始位置。

```
当 ⚑ 被点击
全部擦除
重复执行
    移到 x: (在 (-200) 和 (200) 之间取随机数) y: (在 (-140) 和 (140) 之间取随机数)
    画一朵花 (在 (5) 和 (10) 之间取随机数) (在 (-100) 和 (100) 之间取随机数) (在 (-100) 和 (100) 之间取随机数)
↩
```

这里指定的范围，让花朵不会贴在舞台的边缘。

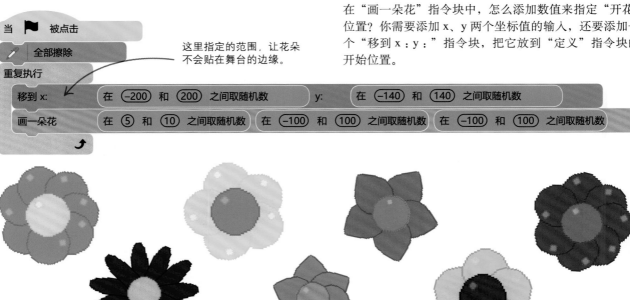

大小各异的花朵

想要控制花朵的大小，只须添加一个新指令到“画一朵花”指令块里。你还可以使草地看起来有 3D 立体效果，让越靠近舞台上方的花朵个头越小，就像是距离变远一样。

1 用右键点击“定义画一朵花”的自定义指令块，然后选择“编辑”，添加新的数字参数“尺寸”。如下图所示修改代码。使用“画一朵花”指令块时，如果把“尺寸”设为 100，程序就会按照原来的大小画出花朵。数字越小，花朵就越小。

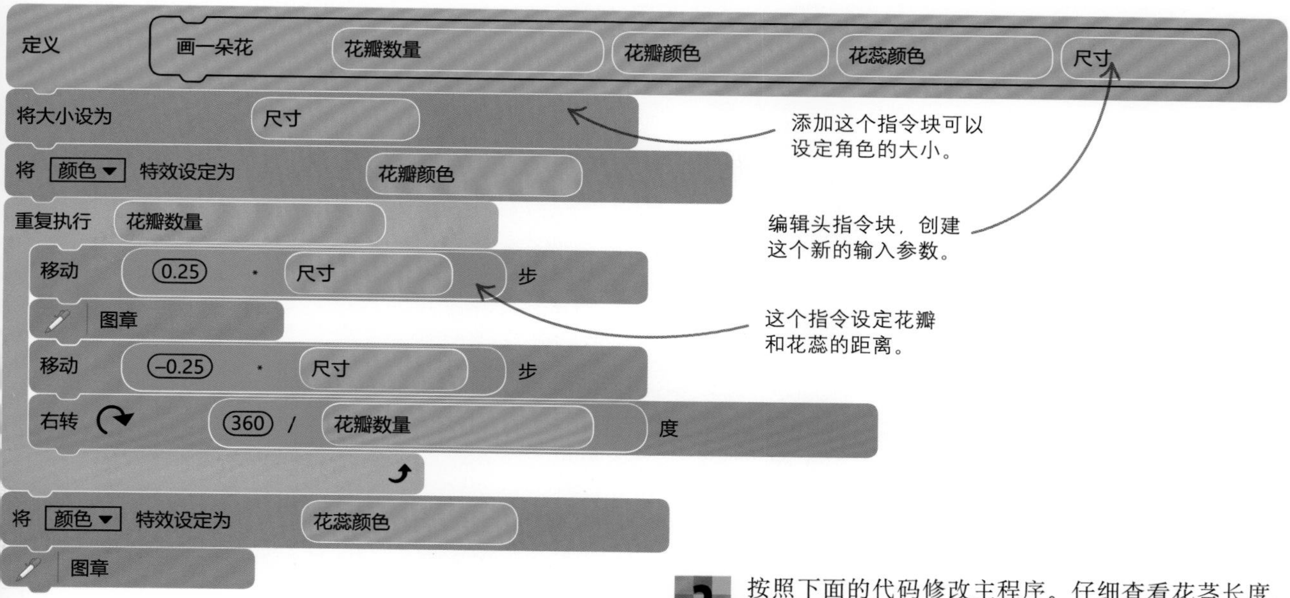
定义 画一朵花 花瓣数量 花瓣颜色 花蕊颜色 尺寸
将大小设为 尺寸
将 颜色 特效设定为 花瓣颜色
重复执行 花瓣数量
移动 0.25 · 尺寸 步
图章
移动 -0.25 · 尺寸 步
右转 360 / 花瓣数量 度
将 颜色 特效设定为 花蕊颜色
图章
添加这个指令块可以设定角色的大小。
编辑头指令块，创建这个新的输入参数。
这个指令设定花瓣和花蕊的距离。

2 按照下面的代码修改主程序。仔细查看花茎长度、粗细及花朵大小的计算方法。舞台顶部的 y 坐标是 180，越往舞台下方，花朵的个头越大，花茎越长、越粗。如果你从舞台的上方开始，一边点击鼠标一边向下方移动，就会看到这样的 3D 效果：靠后的花朵小，靠前的花朵大。你可以编写一段程序，让它自动地从上到下绘制花朵，或者设置滑杆让玩家自己设定花朵的属性。

舞台上方的花茎长度是 20，舞台底部的花茎长度是 140。

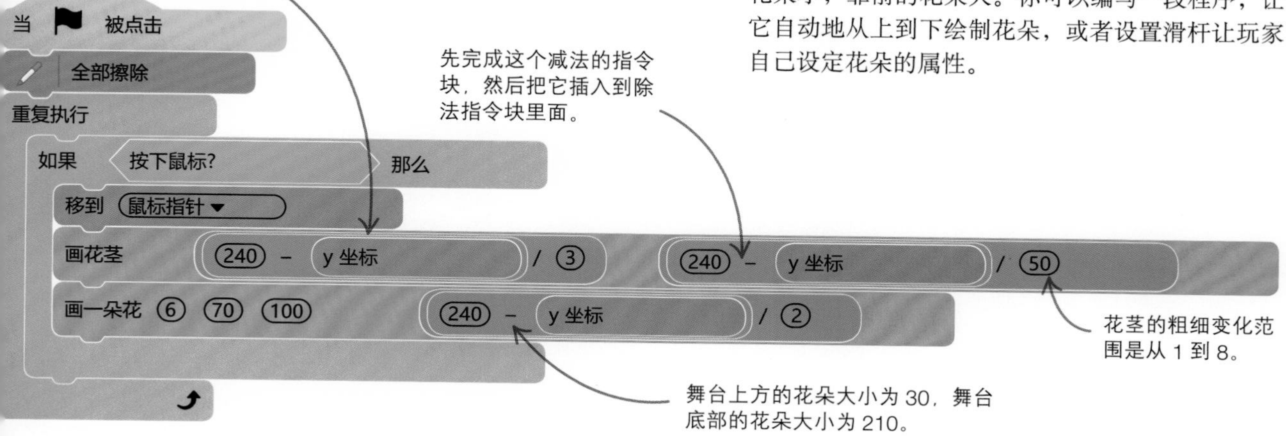
当 被点击
全部擦除
重复执行
如果 按下鼠标? 那么
移到 鼠标指针
画花茎 240 - y 坐标 / 3 240 - y 坐标 / 50
画一朵花 6 70 100 240 - y 坐标 / 2
先完成这个减法的指令块，然后把它插入到除法指令块里面。
花茎的粗细变化范围是从 1 到 8。
舞台上方的花朵大小为 30，舞台底部的花朵大小为 210。

4

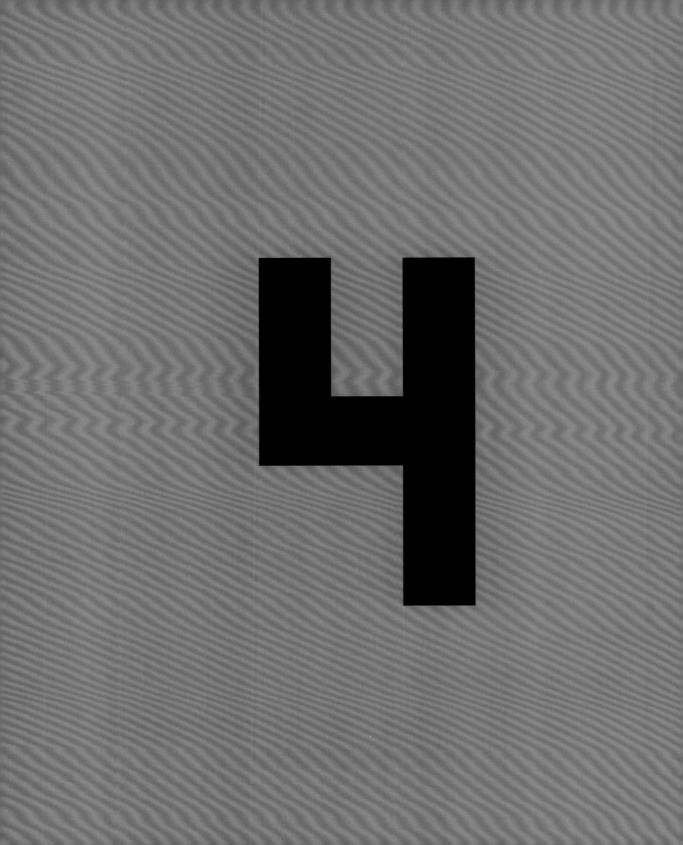

游戏

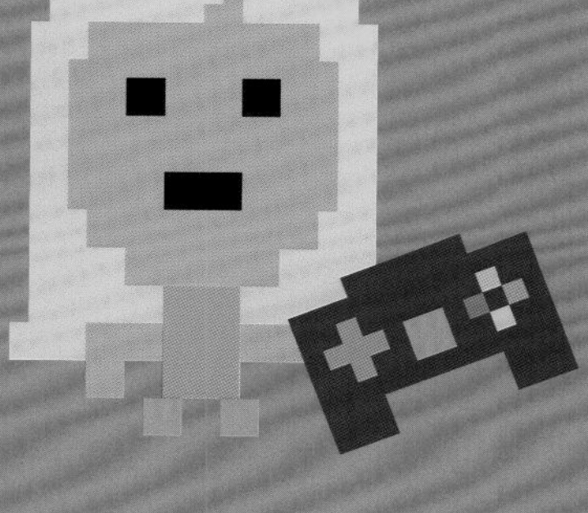

死亡隧道

Scratch 是最理想的游戏创作工具。想要在本章的游戏中获胜，你需要沉着稳定的双手和钢铁般的意志。在带领小猫穿越整个死亡隧道的过程中，你绝对不能碰到墙壁！接下来准备好创造通关纪录，迎接更刺激的挑战吧！

工作原理

游戏玩法：使用鼠标控制小猫，引领它穿过死亡隧道，中途不能碰到墙壁。如果你不小心碰到墙壁，小猫就会退回起点。你可以多次尝试，但是时钟会一直计时，记录下你闯关成功的用时。

◁小猫角色

鼠标指针碰到小猫后，不管鼠标移动到哪里，小猫都会跟着它。你不需要一直按着鼠标按键。

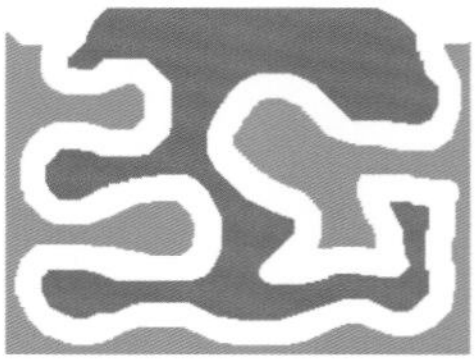

◁隧道

隧道迷宫是一个巨大的角色，它占据了整个舞台。隧道本身并不是这个角色的一部分，它是角色的空洞部分，你可以在绘图板中用橡皮擦生成隧道。如果小猫待在隧道中间，程序就检测不到它和隧道角色有碰触。

◁家

当小猫碰到“家”的角色，游戏就会在庆祝中结束。

你敢进入死亡
隧道吗？

按照秒数记录的时间。

你是最快纪录吗？

用时 201
最短用时 245

到家了，闯关成功。

你可以画任意形状的隧道。

用鼠标移动小猫。

如果碰到隧道墙壁，小猫就被送回起点。

营造气氛

首先，我们用恰到好处的音乐为游戏营造氛围。按照如下步骤，从 Scratch 自带的音乐库中，挑选你喜欢的音乐。

1 新建一个作品。保留小猫角色，把它的名字从“角色 1”改为“小猫”，一目了然。

蓝色高亮表示角色已被选中。

输入“小猫”，作为角色的新名字。

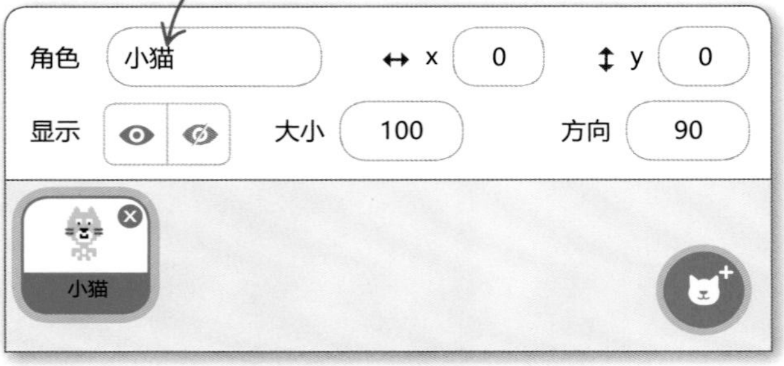

2 在编写程序之前，我们先添加一些音乐，为游戏营造恰当的氛围。在指令块面板的上方，点击“声音”标签，然后点击“选择一个声音”。打开声音库，选择“Drive Around”，要试听音乐，请点击播放按钮。

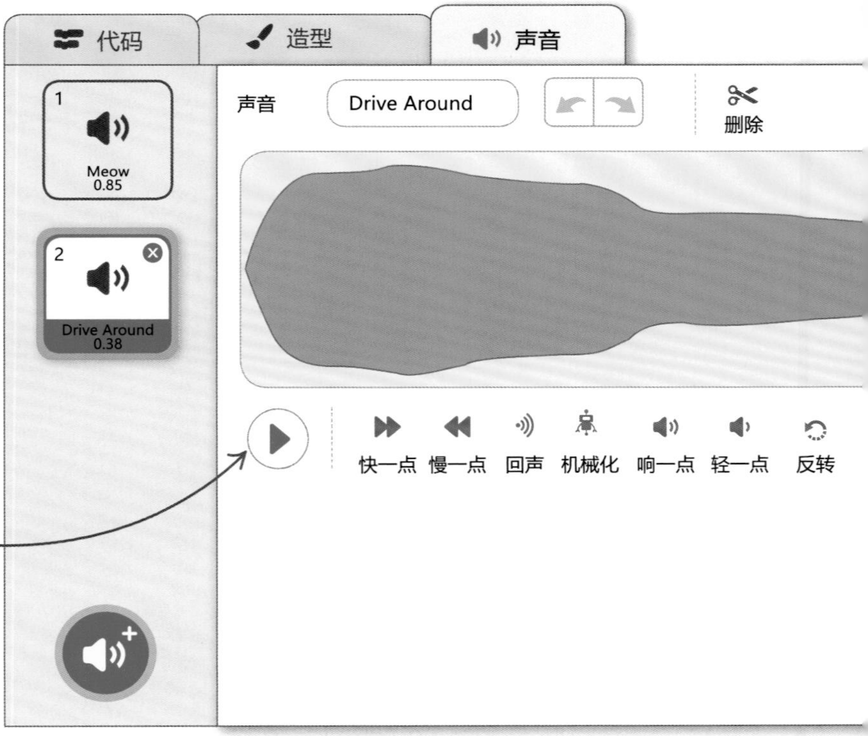

点击这里试听音乐。

3 给小猫角色添加如下代码，循环播放音乐。使用“播放声音……等待播完”指令块，而不是“播放声音……”，否则会反复播放音乐。

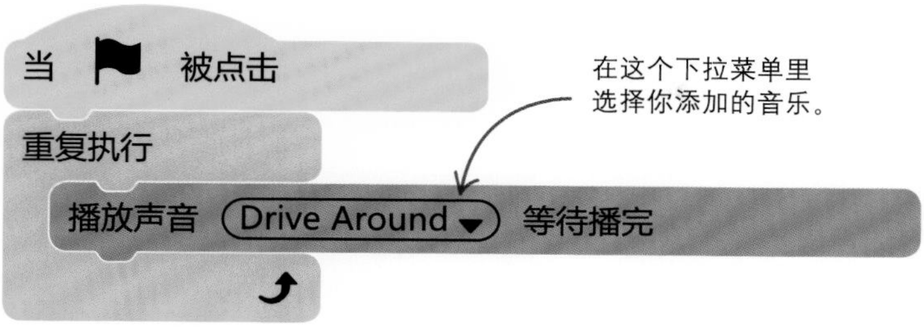
当 被点击
重复执行
播放声音 Drive Around 等待播完
在这个下拉菜单里选择你添加的音乐。

4 现在运行作品，音乐应该立刻播放，不会停止。点击舞台右上角的红色圆形按钮，让音乐停止。

STOP

设计隧道

接下来，我们会设计一个蜿蜒曲折的隧道，它将挑战玩家的神经和手部的稳定性。隧道的设计将影响游戏的难度。

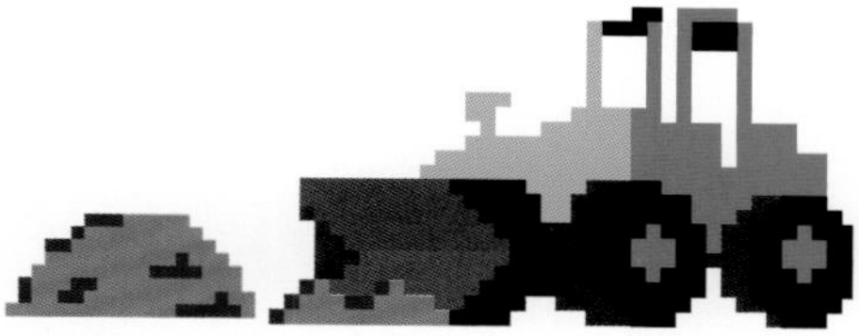

5 点击角色菜单的“绘制”，用绘图板创建一个新角色。选择一个你喜欢的颜色，然后用填充工具，把整个舞台都涂上这个颜色。

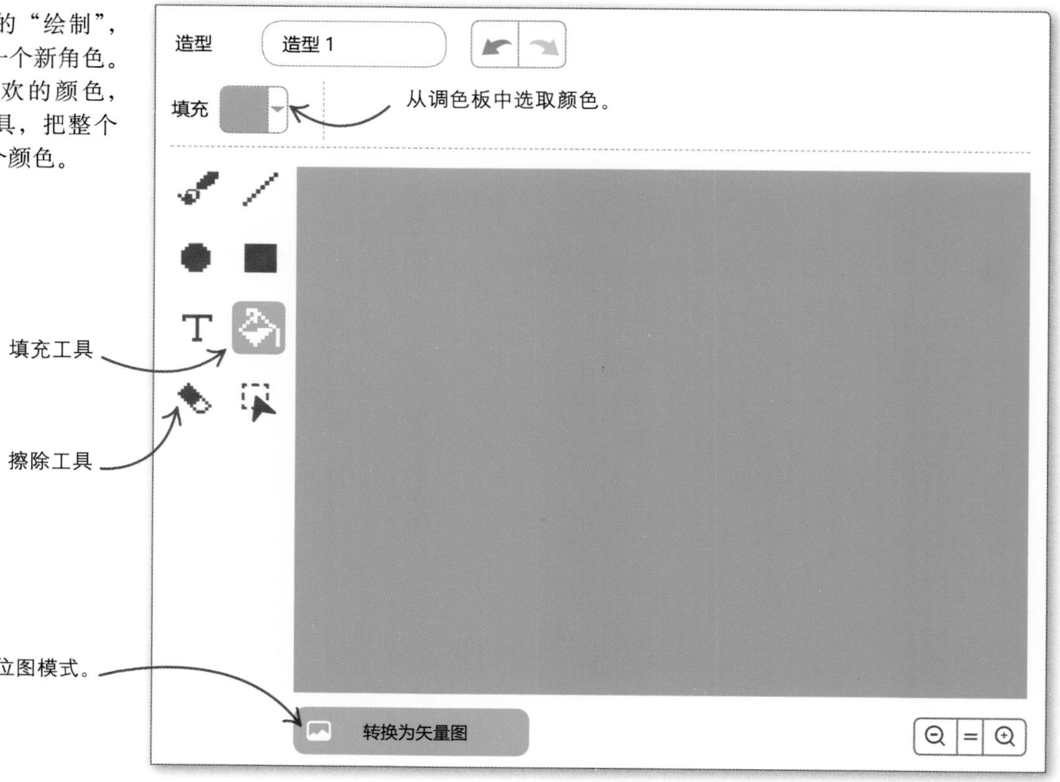
造型
造型 1
填充
从调色板中选取颜色。
填充工具
擦除工具
这表示已选中位图模式。
转换为矢量图

6 现在选择擦除工具，调节图标旁边的参数，把笔触粗细调到最大。

擦除工具

7 使用橡皮擦画出两处空白，分别在左上角和右上角，代表迷宫的起点和终点。接下来，用橡皮擦画一个蜿蜒曲折的隧道，把这两个地方连接起来。如果不小心画错了，点击上方的撤销按钮，重新画。

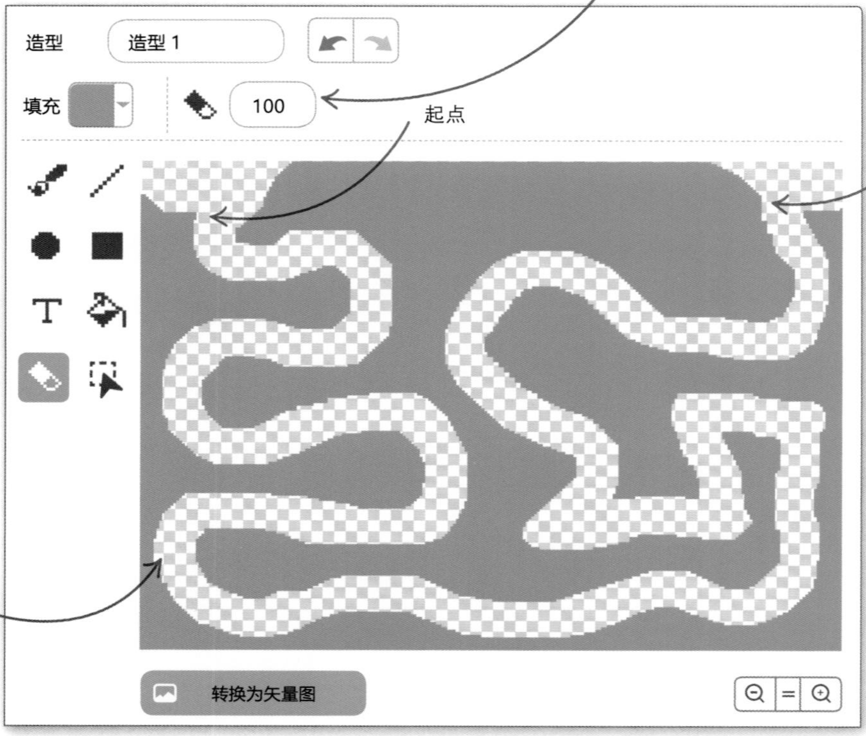
确保橡皮擦尺寸调到最大。
造型
造型 1
填充
100
起点
终点
隧道应该是方格花纹底的，不是白色的。
转换为矢量图

8 为了让迷宫看起来更有意思，用填充工具把中间区域涂成另一种颜色。不要用颜色填充隧道，否则程序就无法正常工作了。

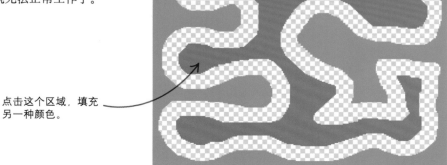

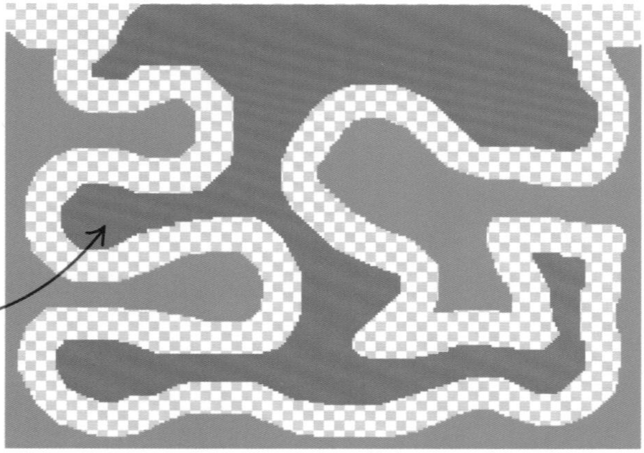
点击这个区域，填充另一种颜色。

9 在角色列表中，点击这个角色，把名字改成“隧道”。

隧道

10 在角色列表中，选中“隧道”角色，然后点击“代码”标签，添加如下代码，让隧道正确定位，并且生成动画效果。运行作品，测试一下。

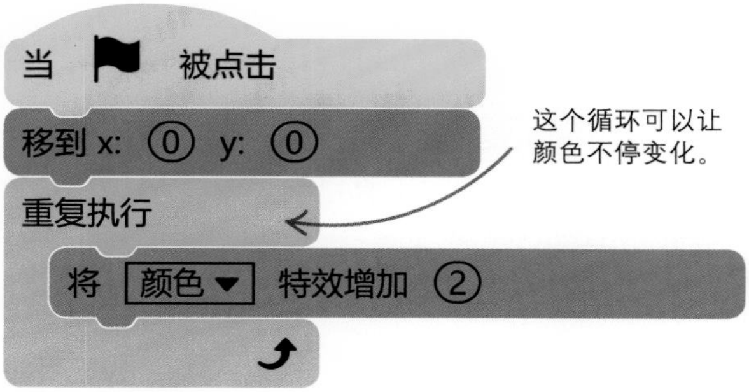
当 被点击
移到 x: 0 y: 0
重复执行
将 颜色 特效增加 2
这个循环可以让颜色不停变化。

鼠标操控

现在，我们给小猫编写程序，把这个作品变成真正的游戏。书里会一步一步教你怎么做，请你在编写代码的过程中不断测试，以保证一切进展顺利。

11 选中“小猫”角色，添加如下代码。这段代码首先会把小猫缩小，然后放置在隧道的起点位置上。一旦鼠标指针碰到小猫，小猫就会一直跟着鼠标移动。注意，玩家无须按下鼠标就能控制小猫。当小猫碰到隧道的墙壁，会发出“喵”的声音，程序也停止运行。

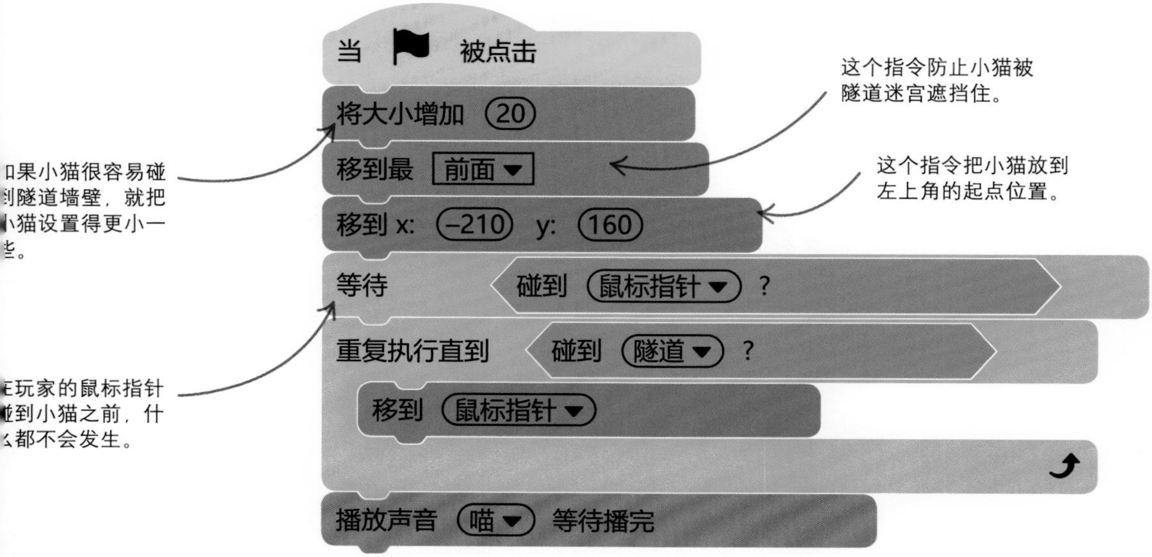
当 被点击
将大小增加 20
移到最 前面
移到 x: -210 y: 160
等待 碰到 鼠标指针 ?
重复执行直到 碰到 隧道 ?
移到 鼠标指针
播放声音 喵 等待播完
果小猫很容易碰
隧道墙壁，就把
猫设置得更小一
玩家的鼠标指针
到小猫之前，什
都不会发生。
这个指令防止小猫被隧道迷宫遮挡住。
这个指令把小猫放到左上角的起点位置。

专家提示

“重复执行直到……”的循环

这是非常有用的循环，一直重复执行方框内的指令，直到指令块顶部的条件变成“真”，才执行方框下面的指令。这个循环指令块可以让你轻松写出简单、易读的程序，就像下面这个例子。

当 被点击
重复执行直到 碰到 骨头 ?
挖
吃骨头

与“重复执行”不同，“重复执行直到……”指令块的下面有一个凸起，你还可以在下面添加其他更多的指令块。

12 运行游戏，当鼠标碰到小猫后，你就可以控制它了，试着让它通过隧道。如果碰到了隧道墙壁，小猫会发出“喵”的声音，然后被卡住。如果小猫很容易卡在隧道里，就把“将角色大小设定为……”指令中的数字改小一些，但是别把游戏设计得太容易了。

救命，
我被卡住了！

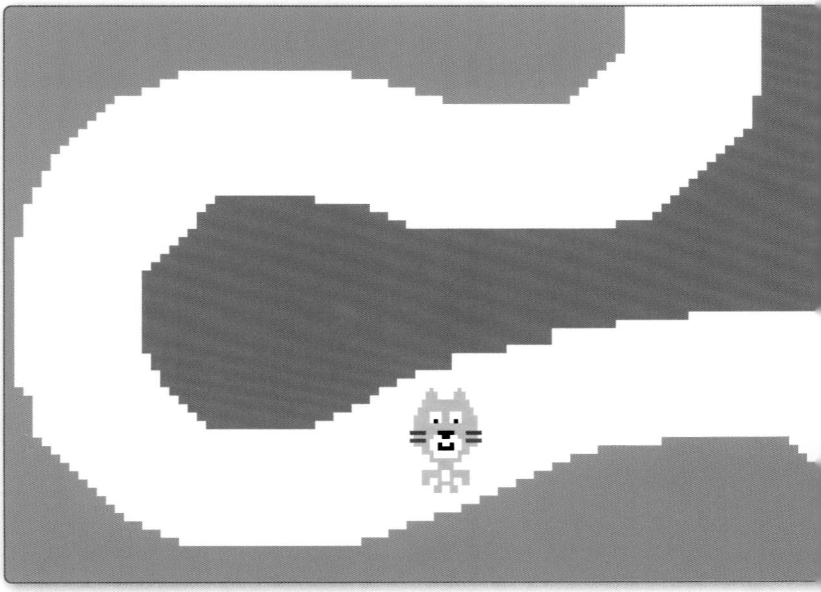

13 如果小猫卡住了，就要重新启动游戏。添加如下代码，它能把碰壁的小猫自动送回起点，让你再次开始闯关。完成以后，再次测试游戏。

再试
一次！

把“重复执行”指令块的上边框插入“移到 x：y：”上方，它会变长，直到把下面的所有指令块包含进去。

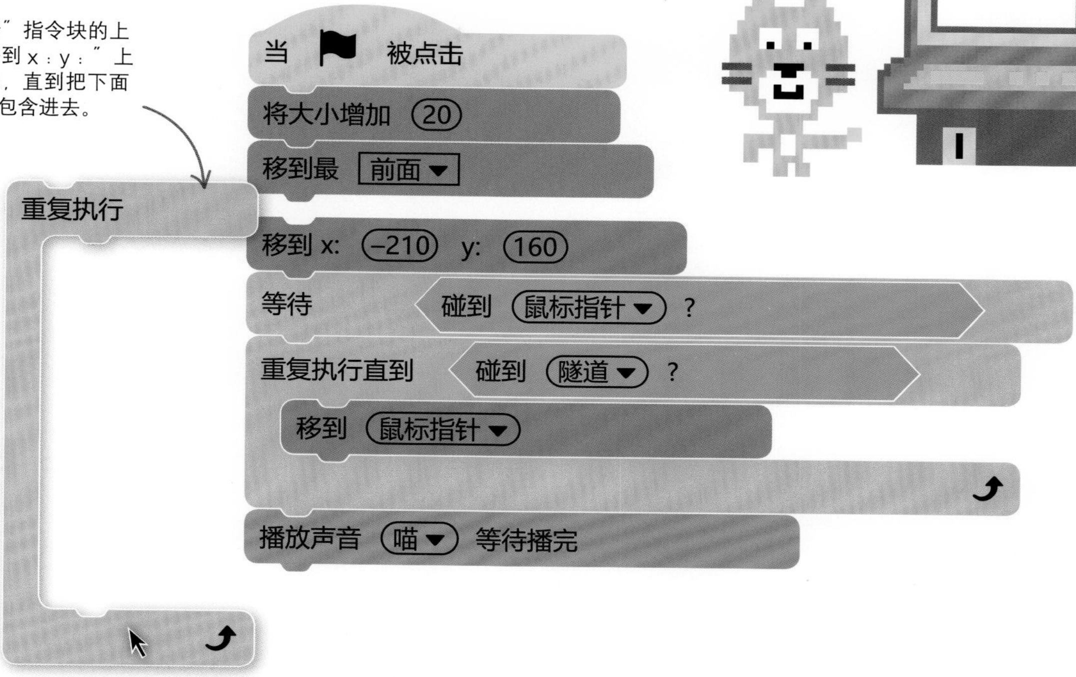
当 被点击
将大小增加 20
移到最 前面
重复执行
移到 x: –210 y: 160
等待 碰到 鼠标指针 ?
重复执行直到 碰到 隧道 ?
移到 鼠标指针
播放声音 喵 等待播完

14 在角色菜单中点击“选择一个角色”，给游戏添加一个新角色。选择房子的图标，把名字改为“家”，然后把它拖放到舞台右上角的位置。

把角色“家”放到隧道的出口位置。

15 房子可能会显得太大了，用这个代码把它缩小。运行作品，可以在舞台上重新调整家的位置。

当 被点击
将大小增加 50

16 下一步需要添加一些指令，检查小猫是否成功到家。在角色列表中选中“小猫”，然后添加右图所示的代码。只有当小猫碰到家以后，“如果……那么……”里面的指令才会执行。

```
当 ⚑ 被点击
将大小增加 (20)
移到最 [前面 ▼]
重复执行
    移到 x: (-210) y: (160)
    等待 <碰到 (鼠标指针 ▼) ?>
    重复执行直到 <碰到 (隧道 ▼) ?>
        移到 (鼠标指针 ▼)
    播放声音 (喵 ▼) 等待播完

如果 <碰到 (家 ▼) ?> 那么
    停止 [该角色的其他脚本 ▼]
    广播 (干得漂亮 ▼)
    播放声音 (Guitar Chords2 ▼) 等待播完
    停止 [这个脚本 ▼]
```

点开消息菜单，创建一个新消息，把它命名为“干得漂亮”，之后会用到它。

这个指令会停止音乐播放程序，还会停止后续添加的一个计时器程序。

你需要先从音乐库中加载“guitar chords2”，然后才能在这里选中它。

这个指令让小猫摆脱鼠标的控制。

17 再次运行作品。努力穿过隧道，抵达房子。成功以后，背景音乐应该会停止，小猫也会停止移动，接着会响起庆祝音乐。如果你总是无法顺利闯过隧道，就需要把猫变得小一点。当然，你也可以直接把猫拖到终点的家，通过这种方式来测试游戏结束时的程序。（不过，这是一种作弊行为哦！）

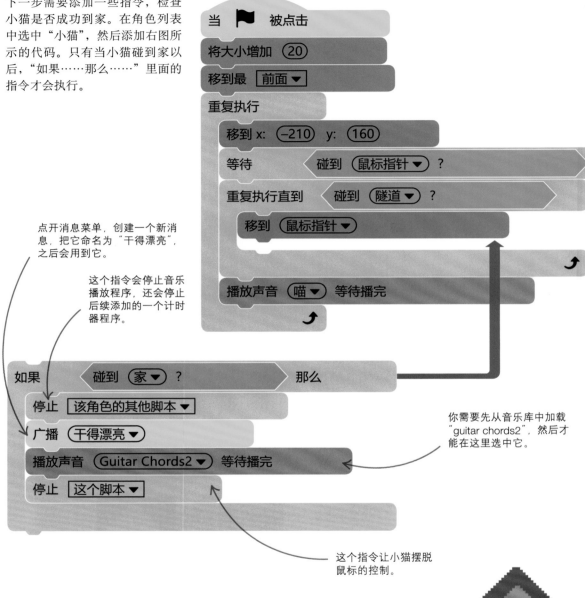

争分夺秒

用计时器记录玩家穿越死亡隧道的时间，看看谁能更快完成任务，这样游戏就变得更有趣了。让小伙伴来挑战你的最佳纪录吧！

18 在指令块面板上方选择“变量”组指令，然后创建一个新变量“时间”。选中变量名字前面的勾选框，让它显示在舞台上。

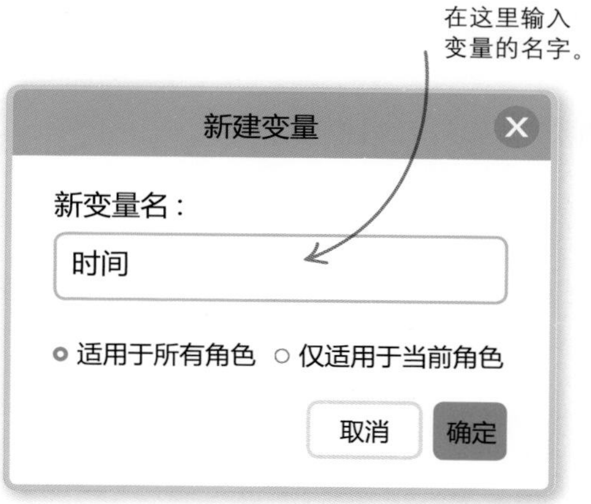

19 给小猫添加如下代码。游戏开始后，它会以秒为单位记录用时。把“时间”变量挪动到舞台的正上方，让玩家能清楚地看到它。

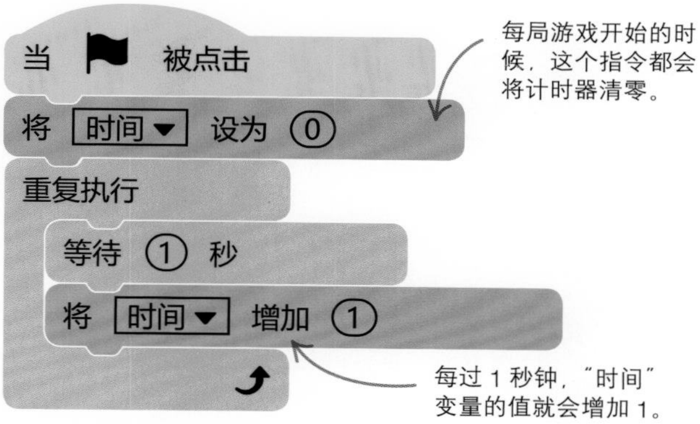

20 再次运行游戏。小猫到达终点时，计时器会停止工作，最终的用时就会显示在舞台上。

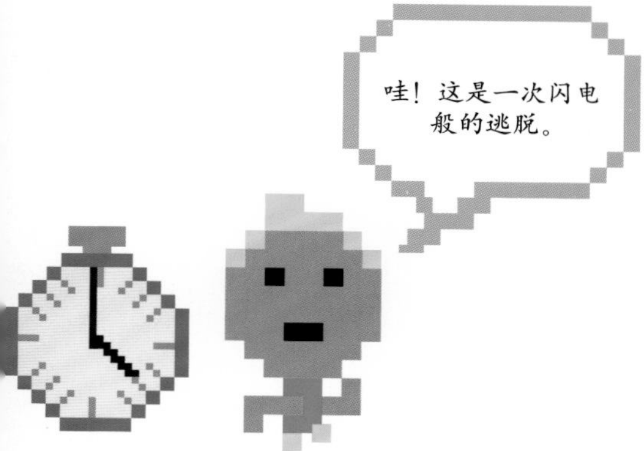

21 为了奖励赢得游戏的玩家，我们要在玩家胜利时显示祝贺语。在角色菜单点击“绘制”图标，然后在绘图板中用带颜色的形状和文本制作一个标语牌。这里只是给出一个例子，你可以按照自己的想法设计。

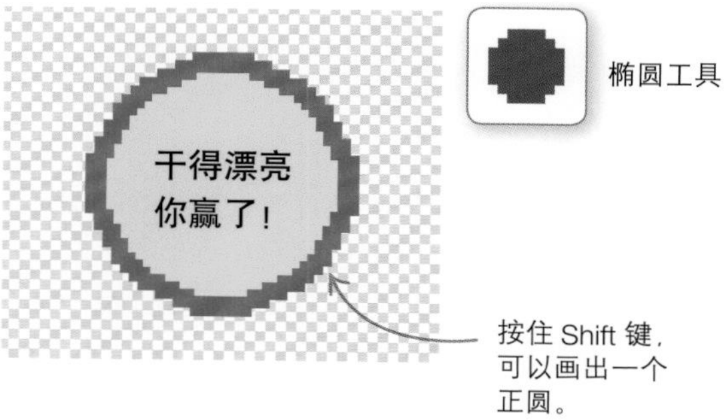

22 想让标语牌发挥作用，需要给这个新角色添加如下代码。第一个代码的作用是在游戏开始时，让标语牌隐藏起来。在收到来自小猫的消息“干得漂亮”时，第二个代码程序就会启动，把标语牌显示出来，然后让它闪烁。

```
当 ⚑ 被点击
隐藏
移到 x: (0) y: (0)
```

游戏开始时，这个角色应该是不显示的。

这个指令把标语牌放置在舞台正中央。

```
当接收到 [干得漂亮 ▼]
显示
移到最 [前面 ▼]
重复执行
    将 [颜色 ▼] 特效增加 (20)
↩
```

颜色的快速改变可以让标语牌出现闪烁的效果。

23 游戏已经完工了。现在你可以反复地玩，全方位测试程序。等一切都没问题了，就去邀请好朋友挑战你的最佳纪录吧！

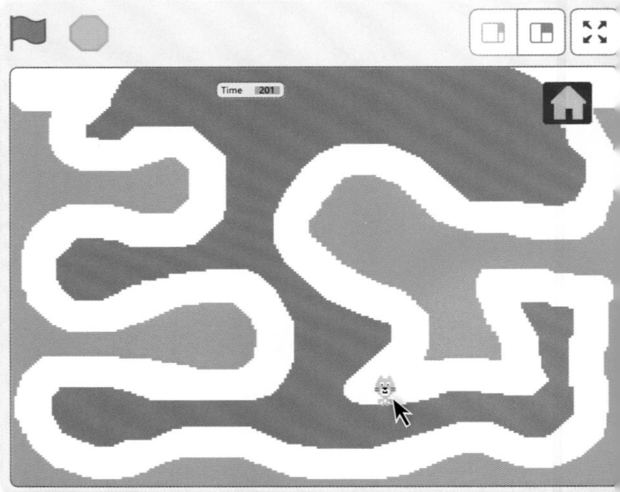

修正与微调

这个游戏改进的空间非常大。先保存一下程序，然后开始做试验吧！你可以添加额外的音乐效果，也可以添加新的角色——比如一个飘浮在空中的鬼魂，碰到小猫就会把它带回起点；或者一只友好的蝙蝠，它能帮小猫快速穿过一段隧道，直接到达后面的某个位置。

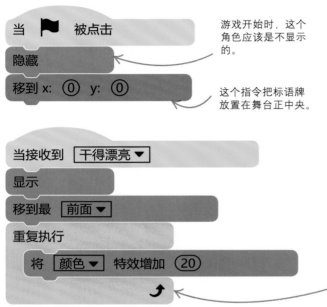

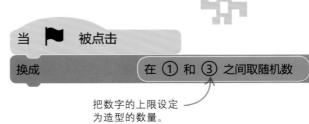

▷再修改一下

你可以通过修改隧道的宽度来控制游戏的难度。可以创建一个有岔路的迷宫，让玩家自己选择怎么走：一条路绕远，但是比较宽；另一条路很近，但是非常窄。还可以给隧道角色创建几个不同的造型，然后添加如下代码，在游戏开始时随机选择一个造型。

```
当 ⚑ 被点击
换成 (在 (1) 和 (3) 之间取随机数)
```

把数字的上限设定为造型的数量。

▽最短用时

你可以在游戏中显示目前为止的最短用时，就像世界纪录一样。创建一个新的变量，把它命名为“最短用时”，把它拖到舞台上“时间”变量的旁边。然后，给小猫添加如下代码，当小猫成功到家时，记下最新时间。

最短用时会显示在舞台上。

```
当接收到 [干得漂亮 ▼]
如果 <<(最短用时) = (0)> 或 <(时间) < (最短用时)>> 那么
    将 [最短用时 ▼] 设为 (时间)
```

第一次运行程序时，这个指令会报告“真”。

如果你这次的用时比原来的纪录还要快，这个指令就会报告“真”。

这个指令把最后一次的时间当作“最短用时”记下来。

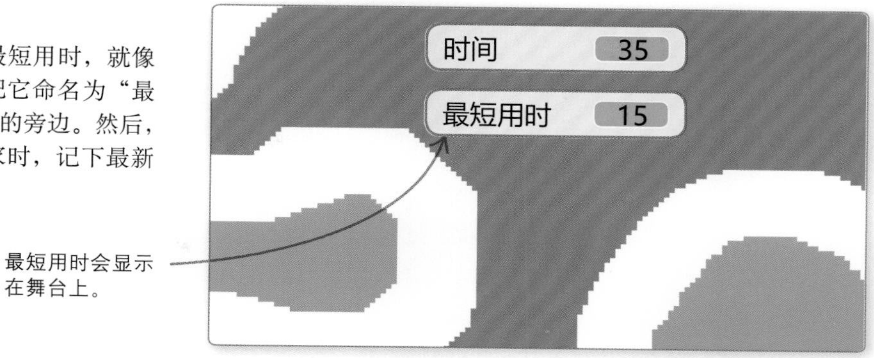

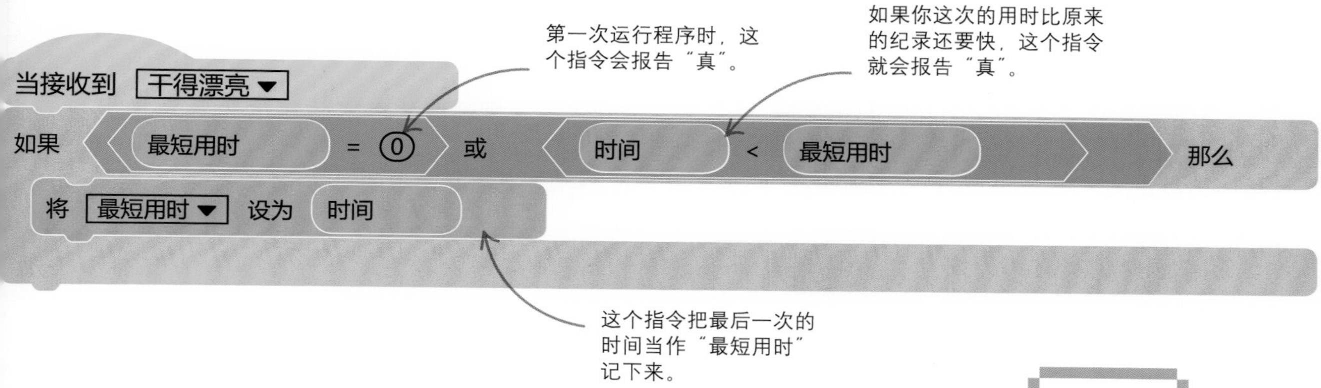

▽谁是最棒的？

你可以把最佳玩家的名字显示在舞台上。首先，添加一个新变量“最快玩家”，让它显示在舞台上。把如图所示的两个指令块添加到记录最短用时的代码中。

我赢了！来，庆祝一下吧！

```
当接收到 [干得漂亮 ▼]
如果 <<(最短用时) = (0)> 或 <(时间) < (最短用时)>> 那么
    将 [最短用时 ▼] 设为 (时间)
    请问 (你的名字是什么？) 并等待
    将 [最快玩家 ▼] 设为 (回答)
```

新纪录诞生时，这个指令会要求玩家输入他（她）的名字。

不管玩家输入的是什么，都会保存在“回答”指令块中。

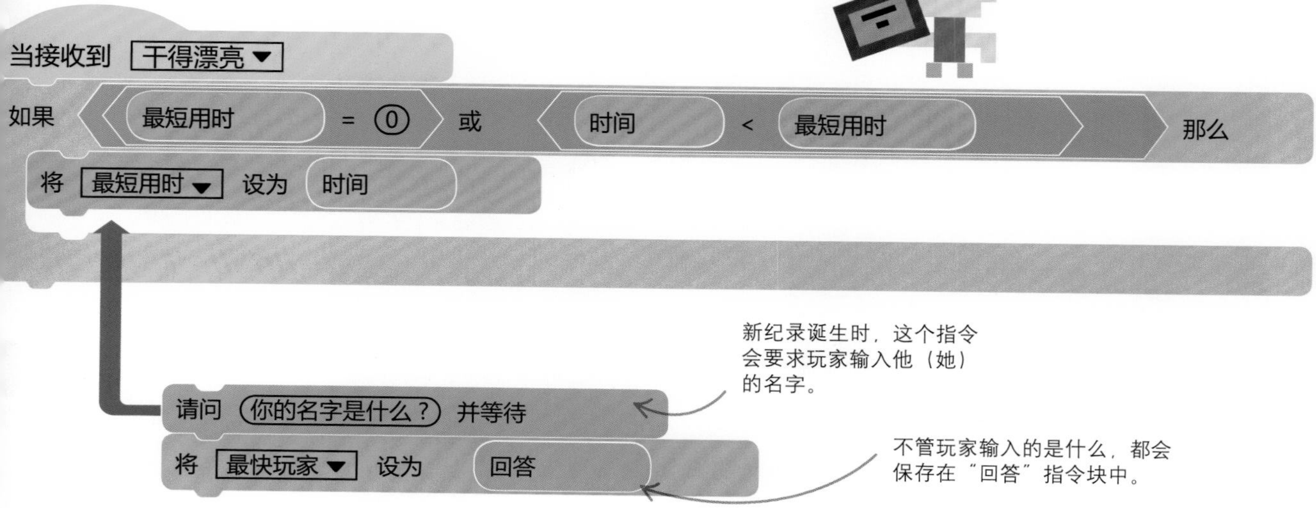

窗户清洁工

窗户脏兮兮的？赶快行动起来，把它们擦干净吧。这是一个疯狂的游戏，它会计算你能在一分钟内清理掉多少个屏幕上的污点。你可以通过移动鼠标清除污迹，也可以通过在摄像头前面挥舞手臂打扫卫生。

工作原理

游戏开始的时候，程序会克隆出很多的污渍角色，然后把这些不同造型的克隆体随机散布在舞台上。当摄像头检测到某种运动，Scratch 就会启动虚像特效，让污点慢慢淡出至消褪。只要你努力挥舞手臂，污渍最终都会消失。游戏的目标是 1 分钟之内，擦掉尽可能多的污点。

▽污渍角色

这个游戏中只有一个手绘的角色，但是它有多个造型。通过克隆这个角色，能让黏糊糊的污渍铺满整个屏幕。

每个污渍都是作品中唯一角色的克隆体。

挥舞你的手臂，把屏幕上的污渍擦掉。

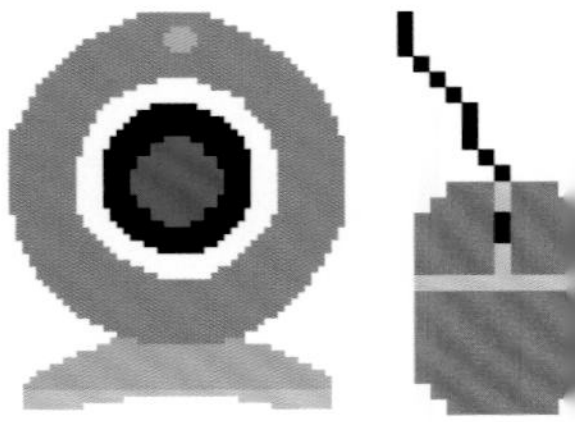

△控制

一开始，我们用鼠标清除污渍，但是之后会修改代码，用摄像头检测手部运动。

烂泥巴时间

想把屏幕搞得又脏又乱吗？按照如下步骤操作，你很快就会看到一堆烂泥巴。

1 新建一个作品。在小猫的角色上点击鼠标右键（或同时按 Ctrl/Shift 键 + 鼠标单击），然后选中“删除”，清除小猫。在角色菜单中点击“绘制”，用绘图板画一个新角色。

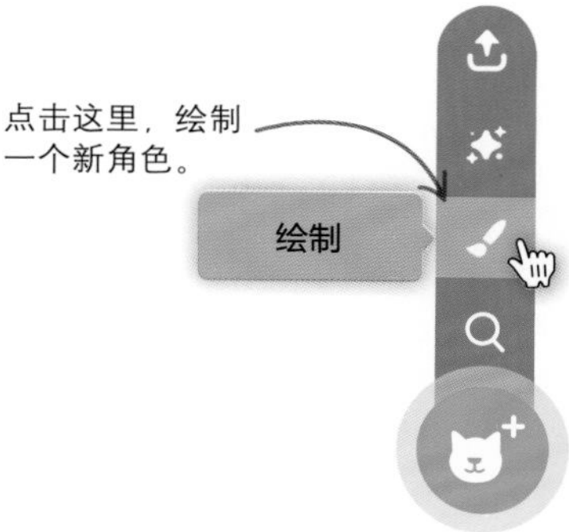

2 打开绘图编辑器，开始画第一块污渍。首先，在调色板中选择一种颜色。

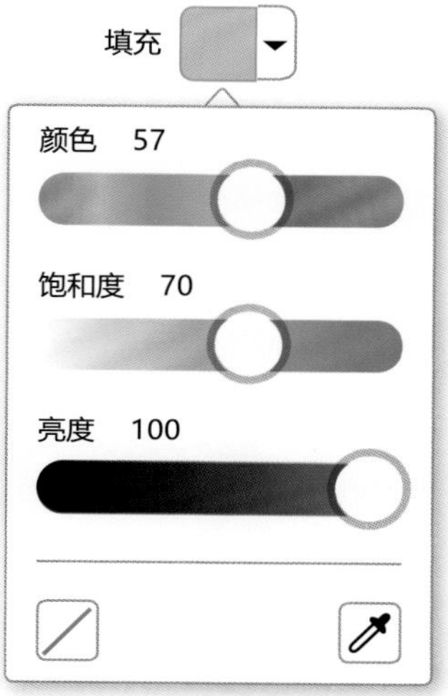

3 选择画笔工具，画出一块污渍的外轮廓。你可以画满整个画布，这样比较方便，随后按照需要缩小它。

4 下一步，选择“用颜色填充”工具，在轮廓线的内部点一下，绘制一块实心的污渍。

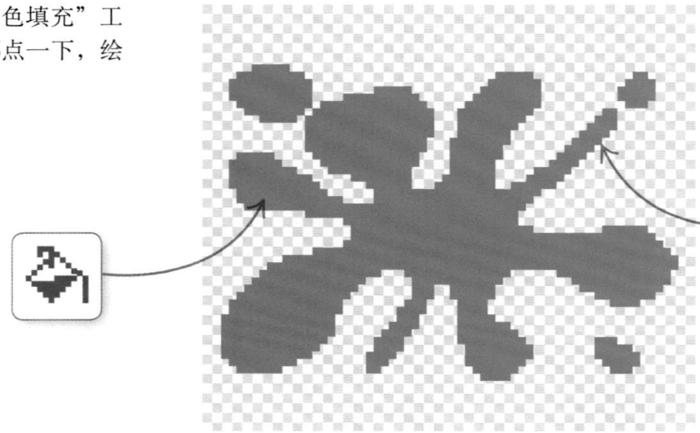

用颜色填充
如果颜色从轮廓线内溢出，那么点击“撤销”按钮。然后检查轮廓线，把空隙连接起来，再填充颜色。

5 现在我们绘制另一个污渍造型。在“造型”标签的左下方，点击“绘制”图标（注意，不是角色菜单中的“绘制”图标）。这个操作会生成一个空白的造型。用不同的颜色，画一块新的污渍。请至少画出 4 个造型。

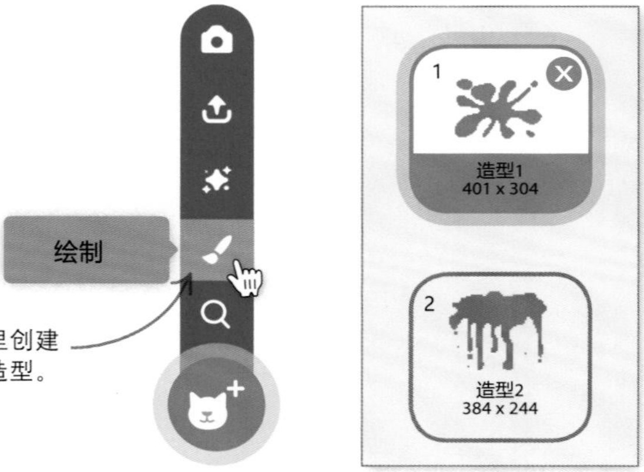

消失的污渍

现在，我们给污渍添加程序，让这个游戏可以运行。按照如下步骤，生成若干个克隆体，当鼠标碰到它们时，这些污渍就会消失。

6 点击“代码”标签，创建几个新变量。在指令块面板中选中“变量”组，然后点击“建立一个变量”，分别创建 3 个变量，“污渍最大数量”“分数”和“屏幕上的污渍数量”。

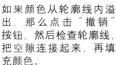

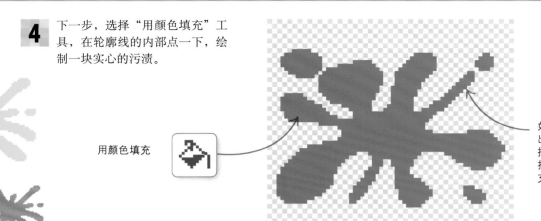

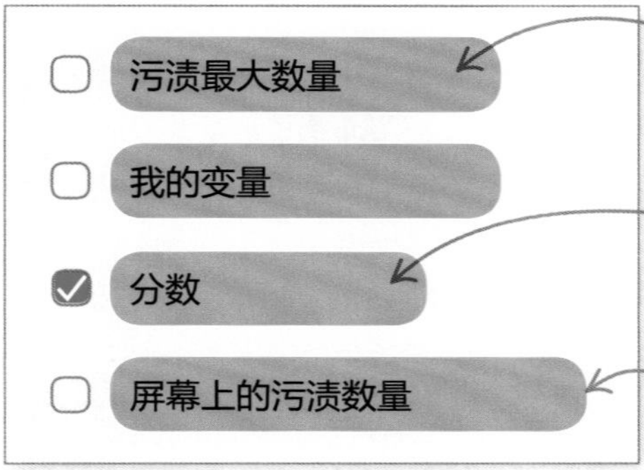

7 给污渍角色添加如下代码，为新游戏做好准备。将“污渍最大数量”设为 10，将“分数”和“屏幕上的污渍数量”重置为 0。重复执行的指令会检查屏幕上污渍的数量是否少于最大数，如果是，那么就新增一块污渍。先不要运行这个游戏，因为你现在什么都看不到。

```
当 ⚑ 被点击
隐藏
将 [污渍最大数量 ▾] 设为 (10)
将 [屏幕上的污渍数量 ▾] 设为 (0)
将 [分数 ▾] 设为 (0)
重复执行
    如果 <(屏幕上的污渍数量) < (污渍最大数量)> 那么
        将大小增加 (在 (10) 和 (25) 之间取随机数)
        换成 (在 (1) 和 (4) 之间取随机数) 造型
        移到 x: (在 (-200) 和 (200) 之间取随机数) y: (在 (-150) 和 (150) 之间取随机数)
        克隆 (自己 ▾)
    
↻
```

原本的角色一直保持隐藏状态，玩家只能看见它的克隆体。

修改这个数字，使它和造型数量保持一致。

每块污渍都会移动到随机的位置。

这个指令会创建一块新的污渍。

8 给角色添加如图所示的第二段代码。每个新的克隆体都会运行这段程序。首先让新的污渍显示出来（一开始它处于隐藏状态），然后等待鼠标触碰污渍。鼠标碰到它以后，污渍就会发出“啵”的声音，随后就消失了，同时玩家的分数会增加 1。

```
当作为克隆体启动时
将 [屏幕上的污渍数量 ▾] 增加 (1)
显示
等待 <碰到 (鼠标指针 ▾) ?>
将 [分数 ▾] 增加 (1)
将 [屏幕上的污渍数量 ▾] 增加 (-1)
播放声音 (啵 ▾)
删除此克隆体
```

这个指令跟踪记录屏幕上污渍的数量。

这个克隆体被创造出来时是隐藏的，需要让它显示出来。

在玩家的鼠标碰到污渍之前，什么也不会发生。

9 运行游戏，测试一下。屏幕上应该会出现 10 块污渍。用鼠标触碰它们，把它们清除掉，但是新的污渍又会冒出来。这看起来是一个游戏缺陷，因为这个过程永远都不会结束。

再见，污渍

倒计时

想让玩家体验到游戏中的紧迫感，最好的方式就是限制时间。下一段代码会完成 1 分钟的倒计时，玩家必须在 1 分钟内尽可能多地消灭污渍。

10 新建一个变量，把它命名为“倒计时”。它会告诉玩家游戏还剩多少时间。保留变量前面的勾选，让它在舞台上显示。

11 添加如图所示的代码，启动倒计时。当时间耗尽，它会停止其他代码的运行，禁止继续生成新的污渍。同时，它还会发出一个消息，这个消息会在后面用到。

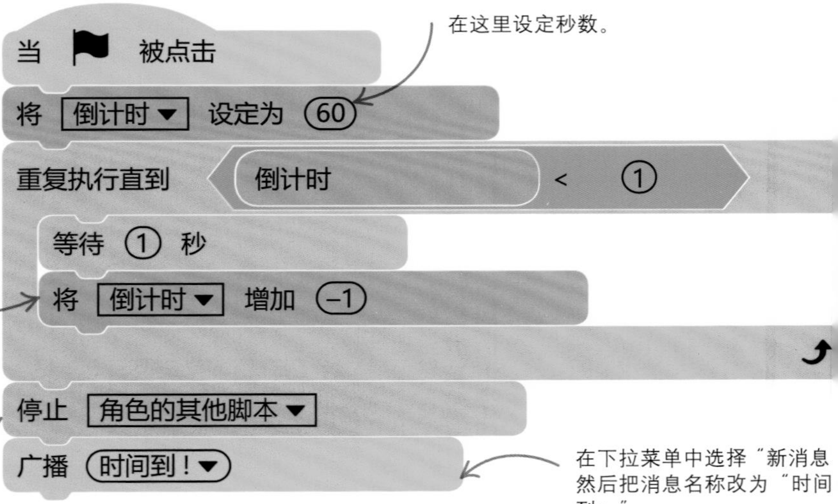

在这里设定秒数。

每隔 1 秒，数字减 1。

这个指令停止生成新的克隆体。

在下拉菜单中选择“新消息然后把消息名称改为“时间到！”

12 测试一下游戏。当倒计时变成 0，游戏应该停止。不过，现在有一个小问题：虽然游戏已经结束，但是用鼠标还是可以擦掉剩下的污渍。为了修正这个缺陷，请添加右边一小段代码，把剩下的污渍都清除掉。好了，现在再来测试一下游戏吧！

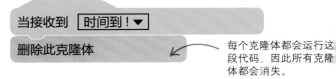

每个克隆体都会运行这段代码，因此所有克隆体都会消失。

控制摄像头

你可以通过控制摄像头，使擦窗户的工作变得更加真实。要完成本节内容，你必须有一个和电脑连接的摄像头。用摄像头来玩这个游戏时，你要站在电脑屏幕前合适的位置，让整个身体都能出现在舞台上。

13 新建一个变量，命名为“难度”。它可以设定为 1 到 100 之间的任何数字，数字越大，游戏的难度越大。取消变量前面的勾选，不要让它显示在屏幕上。

难度

14 添加如图所示的代码，它会设定变量“难度”的值，也会打开摄像头。一开始可以把难度设为 40。可以根据房间的光照和背景调整难度值。现在，先不要运行这个游戏。

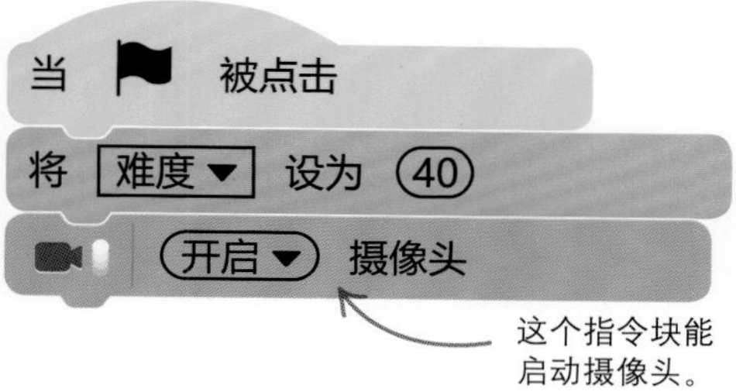

当 被点击
将 难度 设为 40
开启 摄像头
这个指令块能启动摄像头。

15 如果不是用鼠标，而是用摄像头清除污渍的话，我们就需要修改“当作为克隆体启动时”的程序。

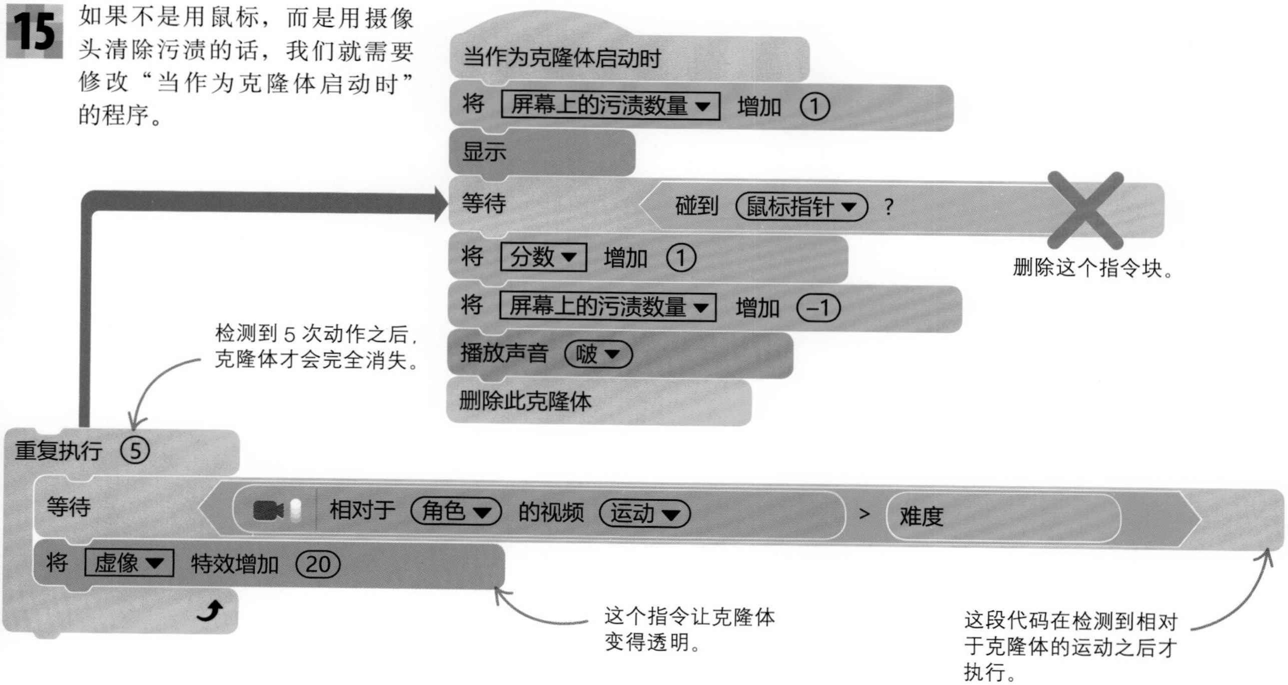

当作为克隆体启动时
将 屏幕上的污渍数量 增加 1
显示
等待 碰到 鼠标指针 ?
将 分数 增加 1
将 屏幕上的污渍数量 增加 -1
播放声音 啵
删除此克隆体
删除这个指令块。
检测到 5 次动作之后，克隆体才会完全消失。
重复执行 5
等待 相对于 角色 的视频 运动 > 难度
将 虚像 特效增加 20
这个指令让克隆体变得透明。
这段代码在检测到相对于克隆体的运动之后才执行。

△工作原理

在之前的程序中，我们使用鼠标去触碰污渍，把它们清除掉。现在，我们用摄像头检测运动，每次碰到克隆体时，它的虚像特效就会增加，变得越来越透明；检测到 5 次动作就能把污渍变成完全透明，从屏幕上消失。

16 运行游戏。可能会弹出一个窗口，询问你是否允许 Scratch 使用摄像头。点击“确定”后，你会看到自己出现在污渍后面。试着用手“擦除”舞台上的污渍吧。如果污渍很难消失，那就把“将难度设定为”指令中的数字改小一点。

点击这里进入全屏模式。

分数 42
倒计时 8

这个游戏更适合全屏模式哦！

修正与微调

这里给出一些修改游戏的建议，当然你也完全可以按照自己的想法去做。如果你已经学会使用检测动作的功能，就可以做出各种各样的游戏，吸引玩家们在屏幕前面跳跃，享受玩耍的快乐。

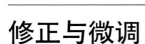

```
当接收到 [时间到！▼]
如果 <(分数) > (最高分)> 那么
    将 [最高分▼] 设定为 (分数)
```

只有在玩家打破纪录的时候，最高分才会被修改。

◁最高分

给游戏增加最高分纪录很容易，只须新建一个变量“最高分”，再添加旁边这段代码。你还可以显示最高分玩家的名字（具体做法可参考“死亡隧道”游戏）。

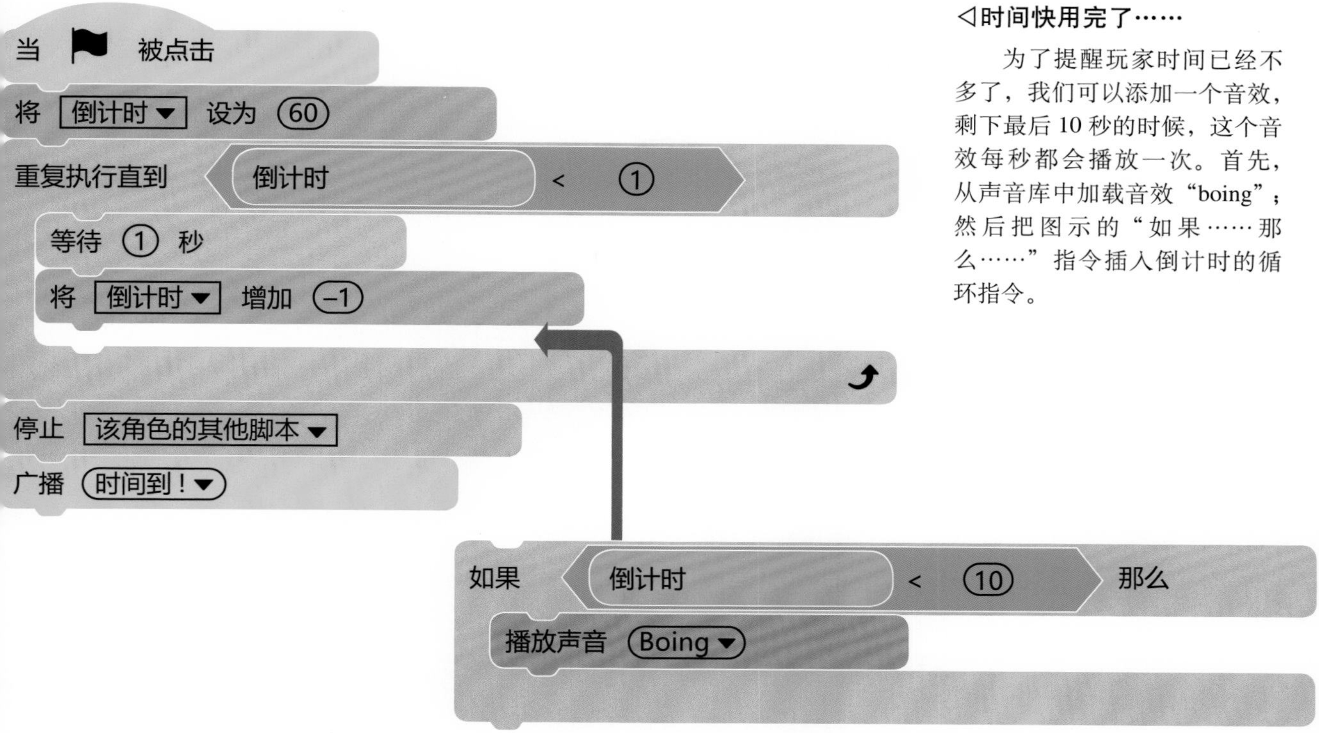

◁时间快用完了……

为了提醒玩家时间已经不多了，我们可以添加一个音效，剩下最后 10 秒的时候，这个音效每秒都会播放一次。首先，从声音库中加载音效“boing”；然后把图示的“如果……那么……”指令插入倒计时的循环指令。

▽难度滑杆

如果经常要调整“难度”，你可以让它在舞台上显示为“滑杆”状态。在变量前面的勾选框打上钩，它就会在舞台上显示。接下来用鼠标右键（或者同时按 Ctrl/Shift 键 + 鼠标单击）点击它，选择“滑杆”。

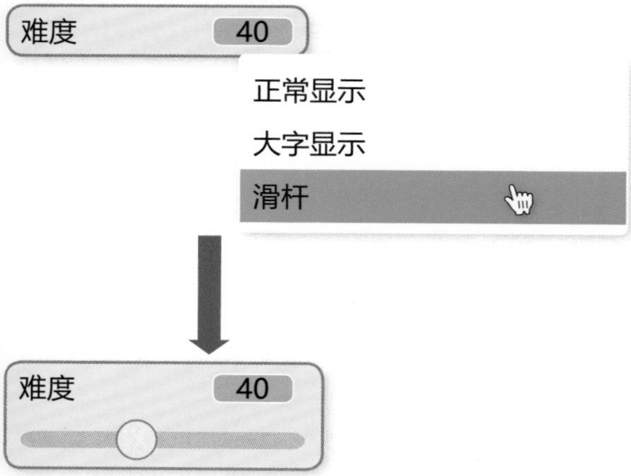

试试看

多玩家版本

这是一道挑战你编程能力的难题。先保存一份当前的游戏程序，然后尝试把它改为多人游戏。在游戏中，每个玩家都只能擦除特定颜色的污渍。你需要为每个玩家新建一个保存得分的变量，还要把如图所示的“如果……那么……”指令添加到克隆体的代码中，它会根据被擦除污渍的颜色（有对应的造型编号），给相应的玩家记分。

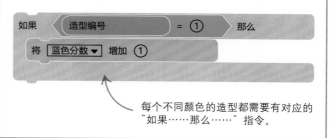

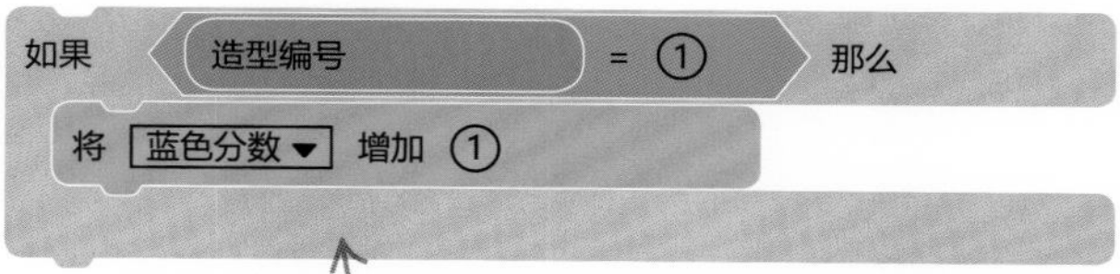

每个不同颜色的造型都需要有对应的“如果……那么……”指令。

5

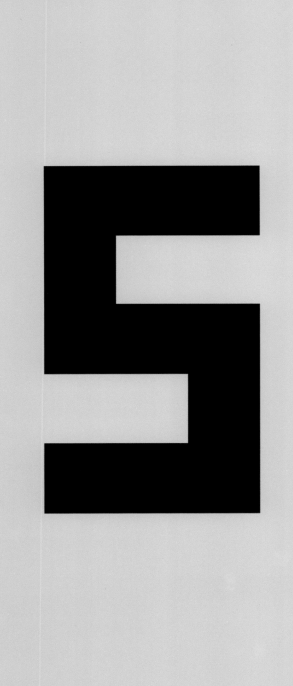

模拟

雪花飘飘

你可不想让电脑里出现真正的雪花吧！它们会融化，损坏关键的电路板。这个作品教你用 Scratch 制作绝对安全的虚拟雪花。“雪花”会从天上飘落，然后落在地面或其他物体上。

工作原理

每片雪花都是一个克隆体，它们从舞台顶部飘落到底部，就像真的下雪一样。当雪花落到地面或者某个物体上，就会把自己的造型印在那里。

雪花是一个圆形图案的克隆体。

雪花从上面落下来，留在舞台的底部。

雪花在角色的身上堆积起来。

△雪人

在这个作品中，你可以加入任何角色，让雪花粘在它们身上。用雪人最应景了，感觉会很棒。

△隐身的角色

在舞台上添加一些隐形的物体，等雪花慢慢盖满它们，就会显现出原来的形状。你可以从角色库中选择，也可以自己手绘，或者干脆用你的名字创建一个角色。

快下雪吧

首先绘制雪花的造型，就是一个白色的圆形。然后利用克隆生成降雪，每一片小雪花都会从舞台上方飘落到底部。

1 新建一个作品。先删除小猫角色，在角色列表中点击“绘制”图标，用绘图编辑器画一个新角色。在开始画之前，把角色的名字改为“雪花”。

2 在绘图板中选择椭圆工具，然后在画布中央画一个白色的实心圆。画圆的时候按住 Shift 键，这样你就能画出正圆，而不是椭圆了。

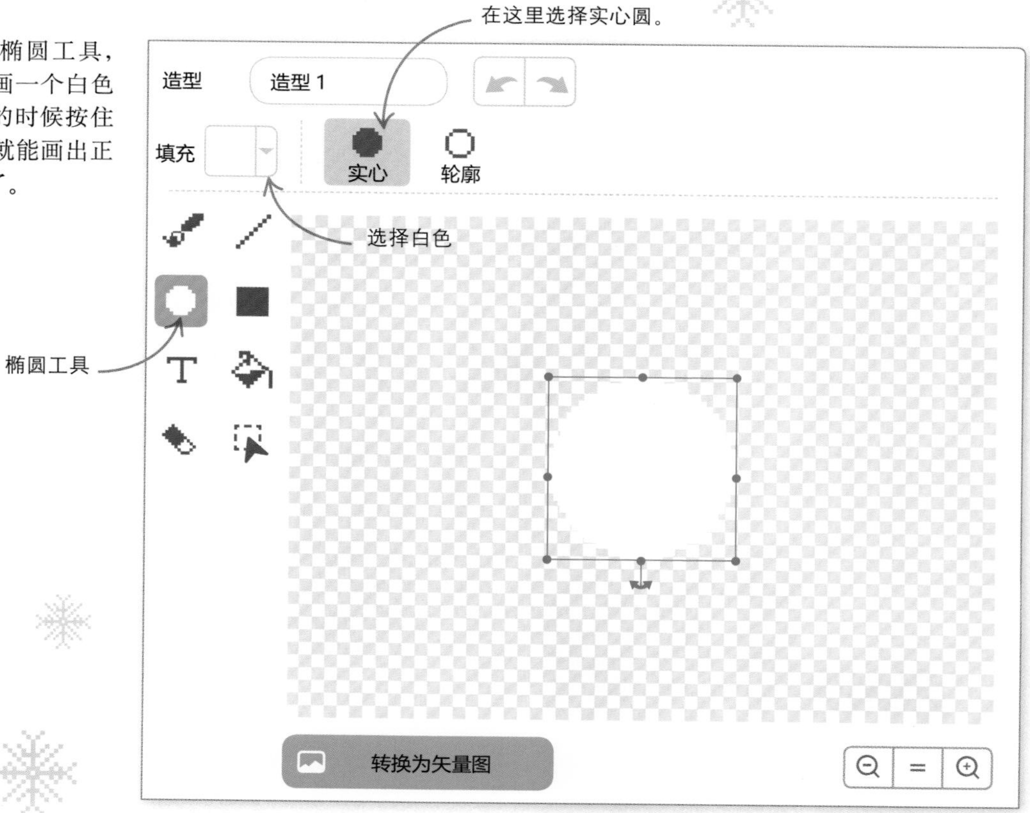

3 把雪花调整到合适大小。用鼠标拖拽雪花方框的四个角，就可以调整大小。把它的尺寸调整为 50×50。

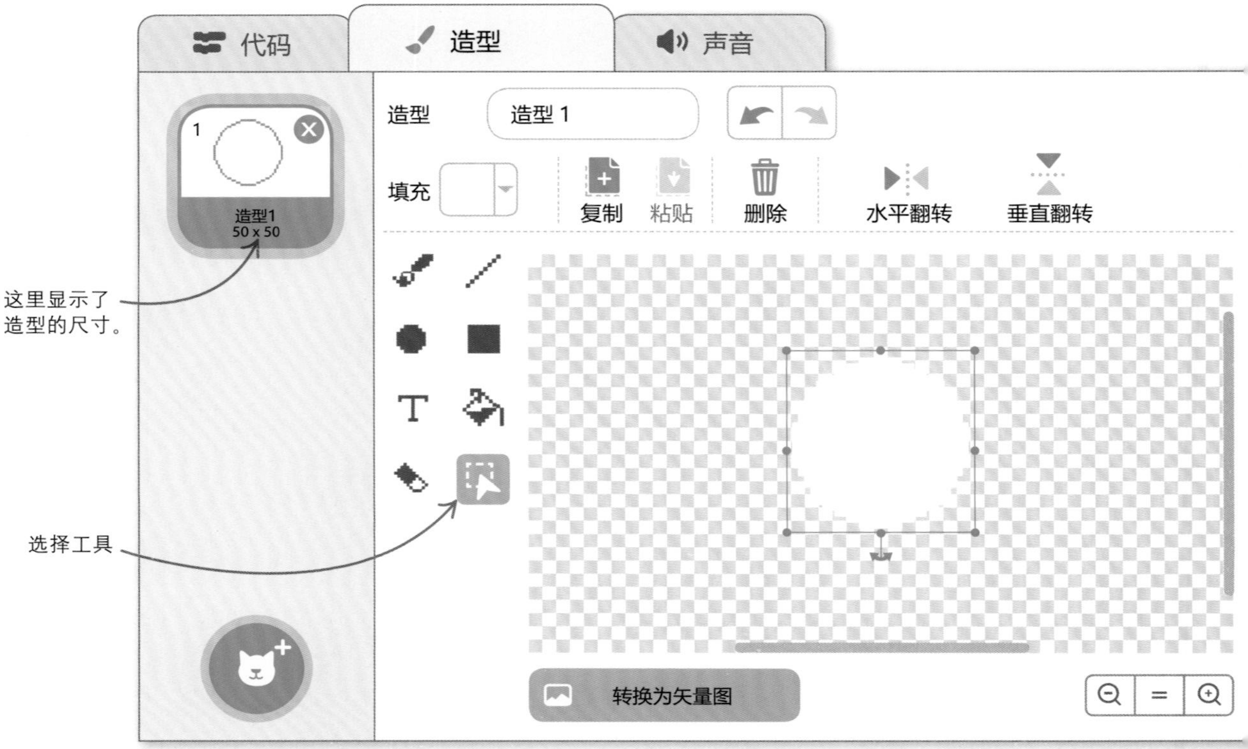

4 现在添加背景，让雪花能清楚地显现出来。在右下角的背景菜单中点击“绘制”，用绘图板画一个新背景。

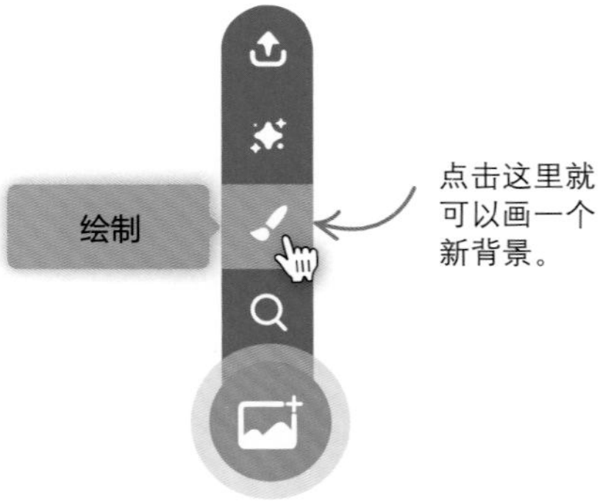

5 为了让背景看上去更有趣，你可以把两个颜色混合起来填充舞台背景。首先，确保已选择左下方的“转换为位图”。然后选择填充工具，选用垂直渐变。在调色板中选深蓝色，作为第一种颜色；再选择淡蓝色，作为第二种颜色。

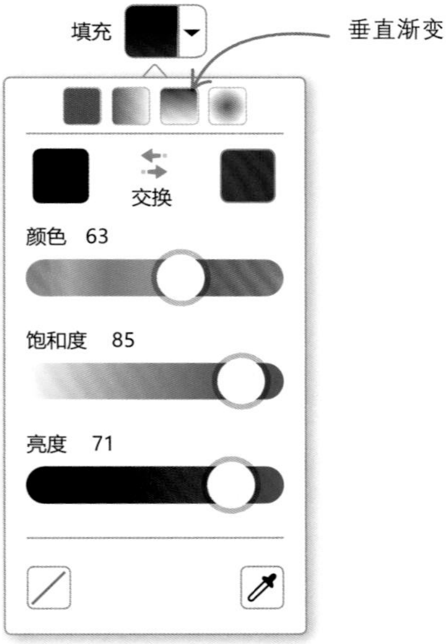

6 选择颜色填充工具，单击一下绘图区，就完成填充了。你可以选择任何自己喜欢的颜色，对于雪花来说，深色的背景比较合适。

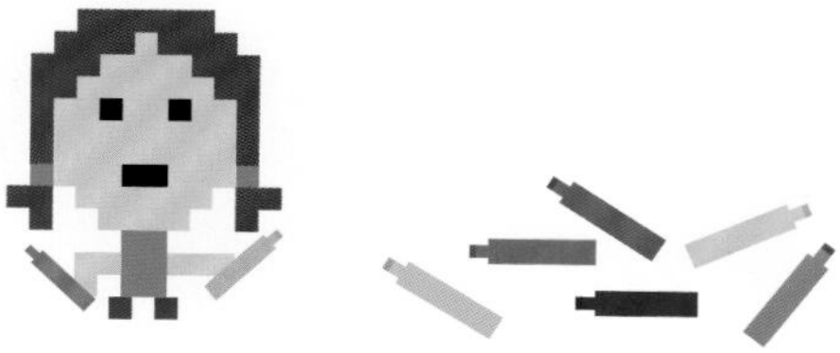

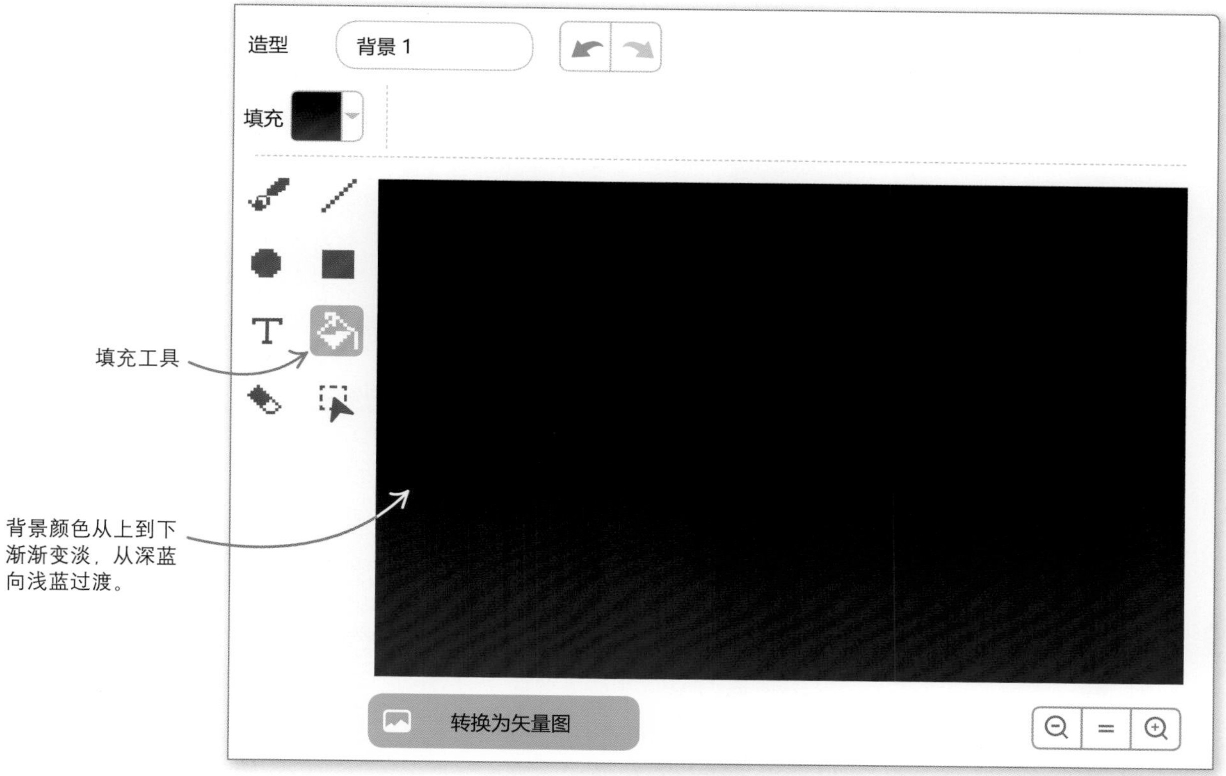
造型
背景 1
填充
转换为矢量图
填充工具
背景颜色从上到下渐渐变淡，从深蓝向浅蓝过渡。

7 你需要添加画笔扩展指令，就像之前的程序里那样（参见第 98 页）。从角色列表中选择雪花，打开“代码”标签，给雪花角色添加如图所示的代码。先不要运行程序。

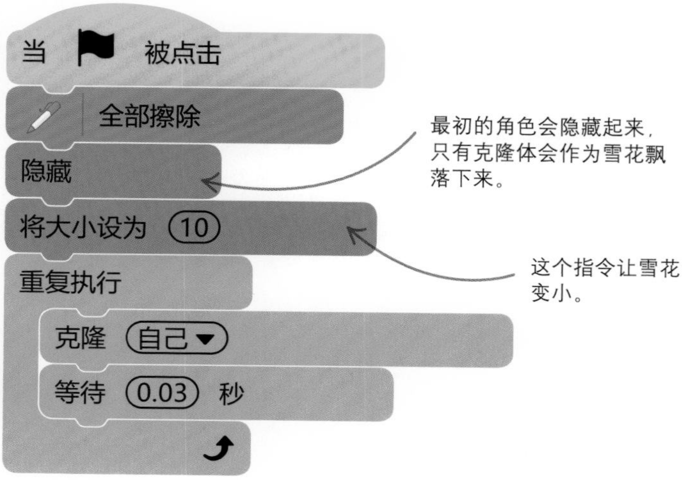
当 被点击
全部擦除
隐藏
将大小设为 10
重复执行
克隆 自己
等待 0.03 秒
最初的角色会隐藏起来，只有克隆体会作为雪花飘落下来。
这个指令让雪花变小。

8 现在添加这段代码，让克隆出来的雪花从舞台上方飘落到舞台底部，落下时会左右轻轻晃动。

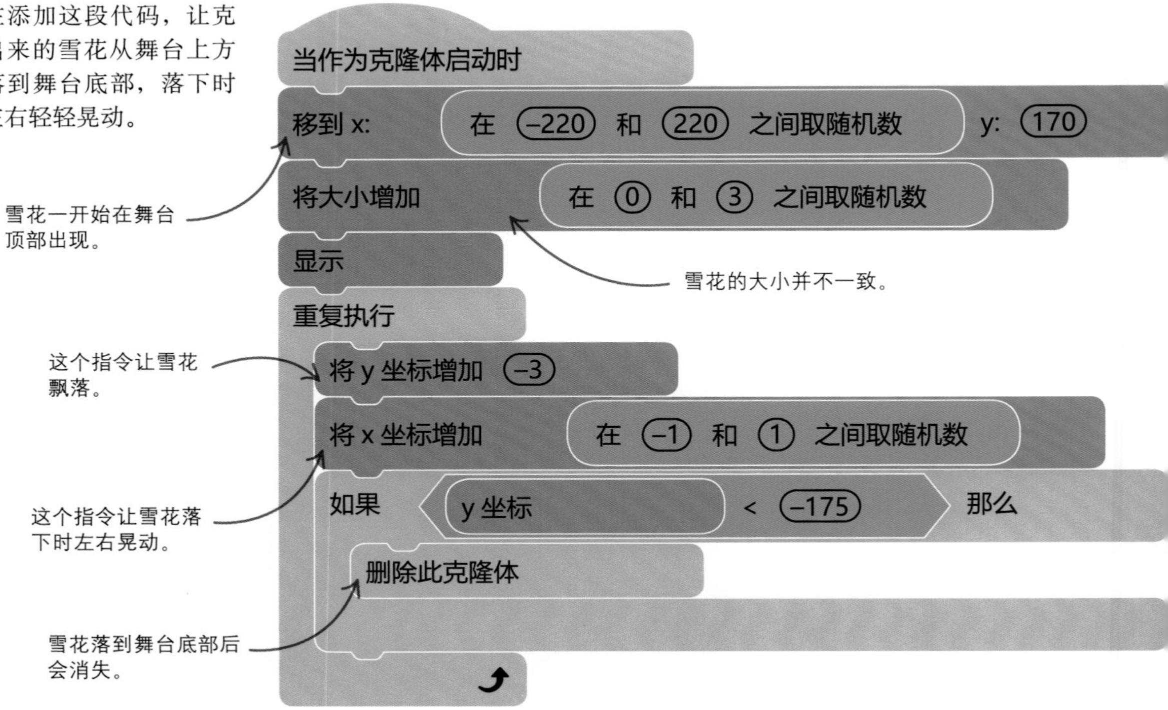
当作为克隆体启动时
移到 x: 在 -220 和 220 之间取随机数 y: 170
将大小增加 在 0 和 3 之间取随机数
显示
重复执行
将 y 坐标增加 -3
将 x 坐标增加 在 -1 和 1 之间取随机数
如果 y 坐标 < -175 那么
删除此克隆体
雪花一开始在舞台顶部出现。
雪花的大小并不一致。
这个指令让雪花飘落。
这个指令让雪花落下时左右晃动。
雪花落到舞台底部后会消失。

9 运行作品。雪花从上空飘落，落到底部后就会消失。

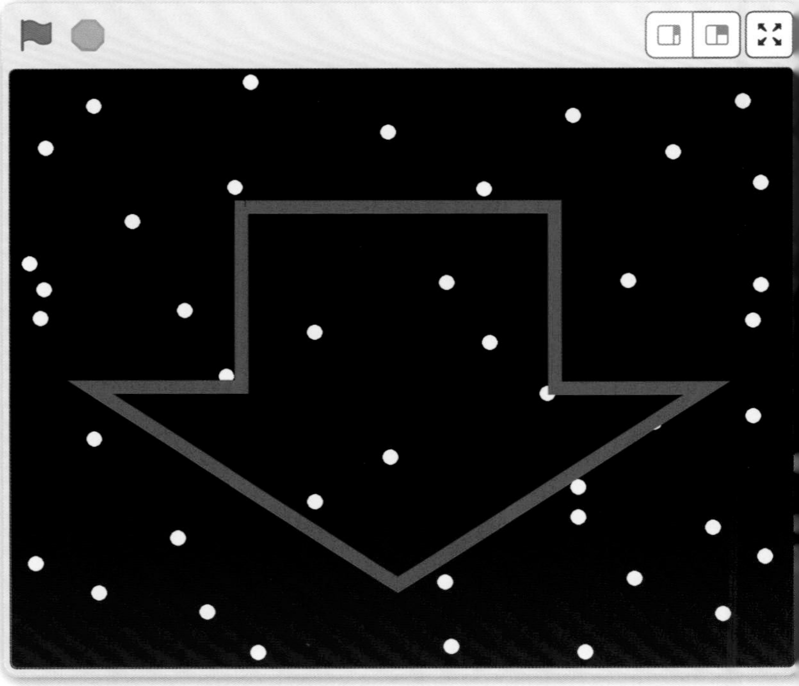

雪堆

天气寒冷的时候，雪花飘落到地面不会立刻消失，而是会慢慢堆积起来。按照下面的步骤，我们可以让雪花堆积，或者落在其他物体上。

10 首先，要让雪花可以在舞台底部堆积。你可以直接让克隆体留在那里，但是 Scratch 最多只能在舞台上生成 300 个克隆体，所以雪花很快就会用光。一个简易的处理方法是，在删除克隆体之前，把它的造型印在舞台上。

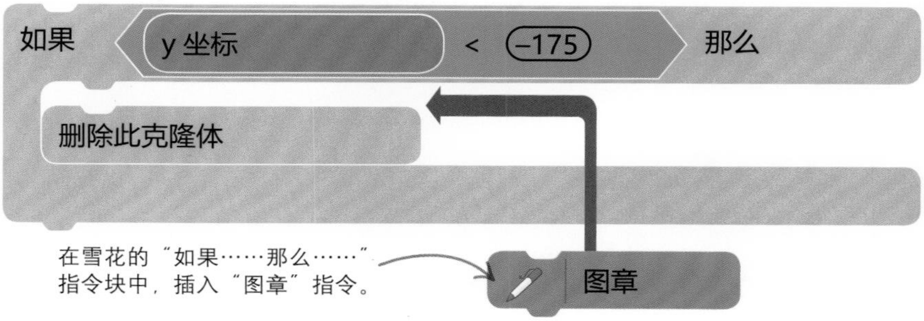

11 运行作品，雪花会在舞台下方堆积，但是只有薄薄的一层。要修正这个缺陷，我们可以添加一个新的“如果……那么……”指令块，在雪花碰到白色（比如其他雪花）的时候执行图章指令。

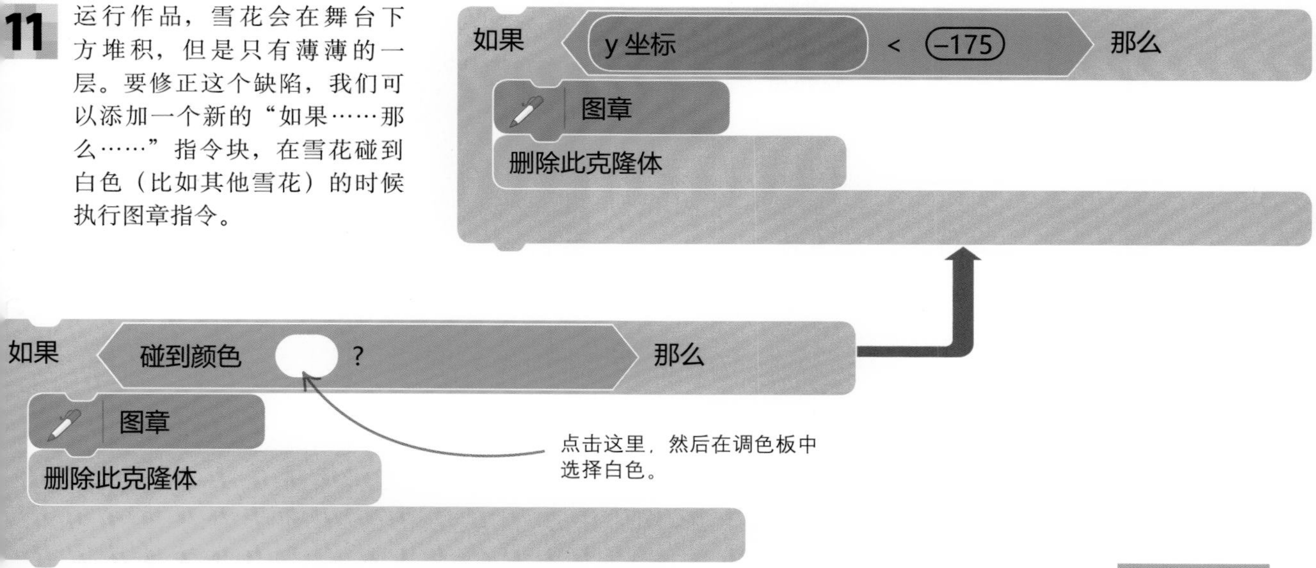

12 运行作品，仔细观察花是如何堆积起来的。你很快就会发现一个问题：雪花堆积成了美丽的雕塑，而不是像真实的雪花那样平铺开来。

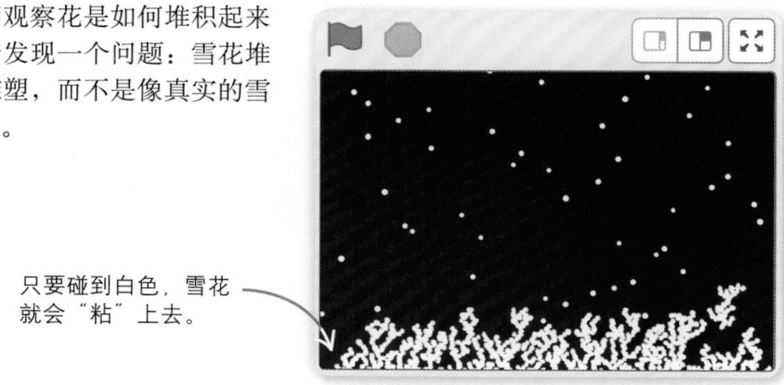

13 为了让雪花落下来积为厚厚的雪毯，试着给程序做如下修改。现在，当雪花碰到白色以后会“掷骰子”，只有当“骰子”为 1 的时候，它才会被粘住。这个修改让雪花不那么容易被粘住，大多数雪花碰到白色后还会继续向前运动。这样，厚厚的雪毯就出现了。

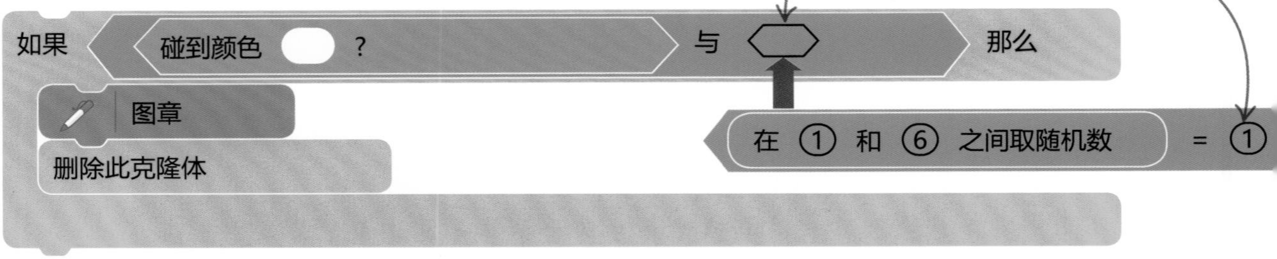

14 运行作品，看看会发生什么？你可以尝试把随机数指令中的 6 改成其他数字，数字越大，积雪就会越平坦。

15 现在我们添加一个新角色，让雪花可以落在上面。在角色菜单中点击“选择一个角色”，挑几个自己喜欢的角色，比如雪人。如图所示，在代码中添加一个“如果……那么……”指令，它会让雪花落在新角色上。

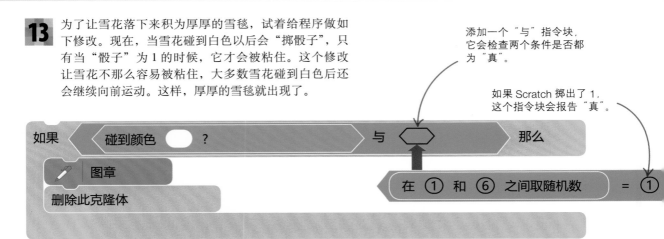

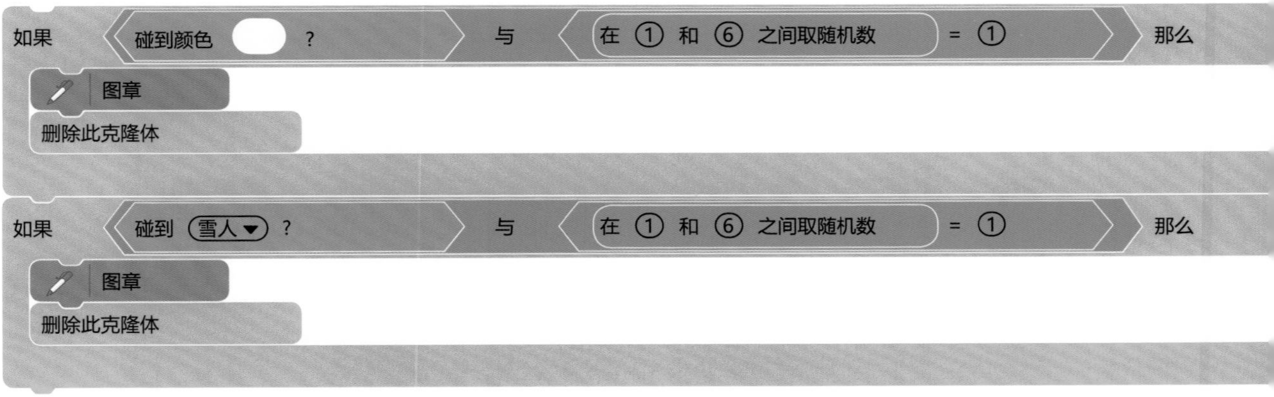

专家提示

加速模式

如果你实在没有耐心等待雪花慢慢地堆积起来，可以让它提速，方法就是把 Scratch 设定为加速模式。按住 Shift 键再点击绿旗，Scratch 就会以极快的速度执行代码，指令间隔的时间减到最小。雪花很快就会堆得高高的了。

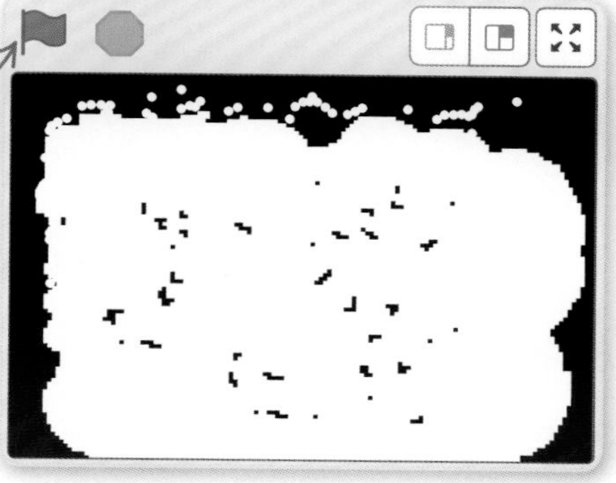
按住 Shift 键再点击绿旗，就可以在加速模式和普通模式之间切换。

神秘的图案

修改一下作品，让雪花落在一个隐形的物体上，然后慢慢地显示出这个物体的轮廓。在修改之前，先保存一份当前的作品。

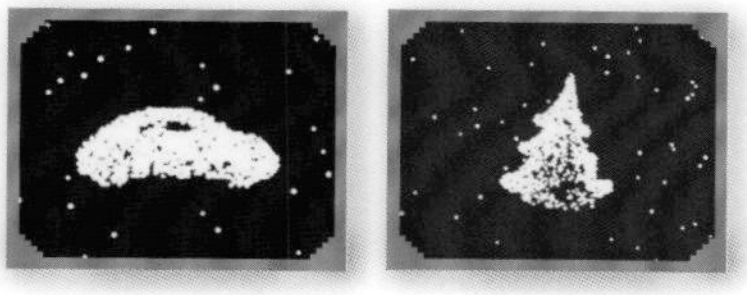

16 在角色菜单中，点击“绘制”图标，创建一个新角色，把它命名为“隐形”。现在，用绘图编辑器创作你的隐形角色吧。它可以是任何东西，比如房子、动物或者某人的名字，但是一定要画得大一些，且只使用一种颜色。如果你喜欢，可以给这个角色创建多个造型。

17 为隐身角色添加如图所示的代码，既能设定角色的位置，又能用虚像特效使它隐形。这里不能用“隐藏”指令，因为雪花无法落在隐藏的角色上。

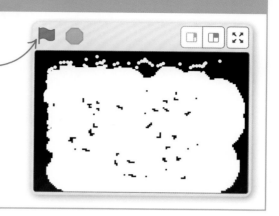

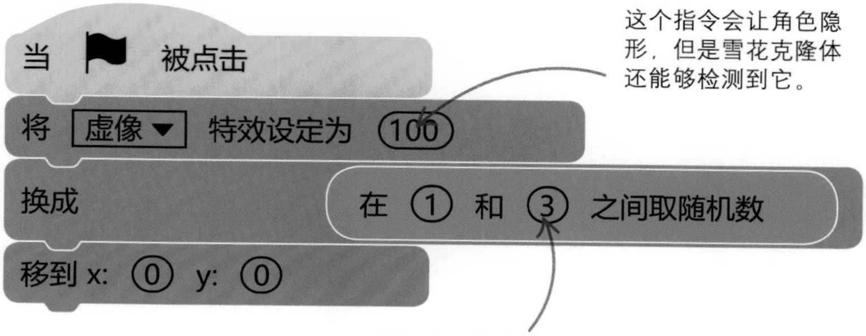
当 被点击
将 虚像 特效设定为 100
换成 在 1 和 3 之间取随机数
移到 x: 0 y: 0
这个指令会让角色隐形，但是雪花克隆体还能够检测到它。
这是造型的总数。

18 如下图所示，修改克隆体的代码。现在，雪花只会落在隐身角色身上。如果它们降落到舞台的底部，就会直接消失。

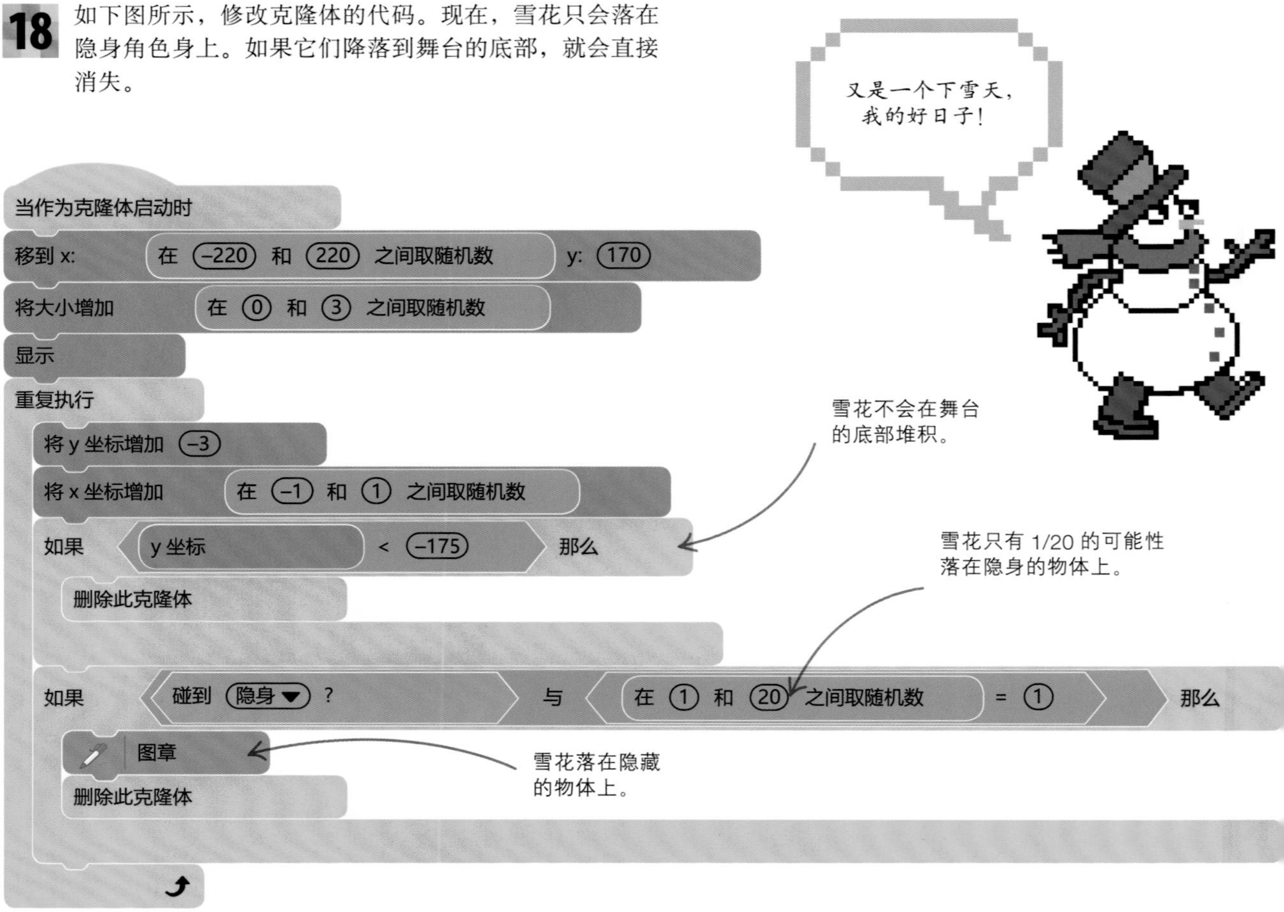
又是一个下雪天，
我的好日子！
当作为克隆体启动时
移到 x: 在 -220 和 220 之间取随机数 y: 170
将大小增加 在 0 和 3 之间取随机数
显示
重复执行
将 y 坐标增加 -3
将 x 坐标增加 在 -1 和 1 之间取随机数
如果 y 坐标 < -175 那么
删除此克隆体
如果 碰到 隐身 ? 与 在 1 和 20 之间取随机数 = 1 那么
图章
删除此克隆体
雪花不会在舞台的底部堆积。
雪花只有 1/20 的可能性落在隐身的物体上。
雪花落在隐藏的物体上。

19 下一步，从背景库中添加一个漂亮的背景，比如“winter”，这样你就可以看着隐身的角色在雪花飘飘中慢慢浮现出来。为了加速，可以删除循环生成克隆体代码中的等待指令，或者开启加速模式。

修正与微调

飘落的雪花和雨滴能给任何一个作品或者游戏增添氛围。试试在所有的 Scratch 作品中都添加这些暴风雪！

▷聚集的雪团

偶尔，你可能会发现一些雪团悬挂在空中。这是因为两片雪花碰到一起，然后就把自己的造型印在舞台上了。之后，这个雪团会越来越大，因为有更多的雪花碰到它。如果你完全按照书中的步骤做，不大会出现这种情况。如果出现了，请试着调整代码中的数字。你可以修改雪花的大小、降落的速度、左右晃动的幅度，以及生成克隆体的间隔时间。

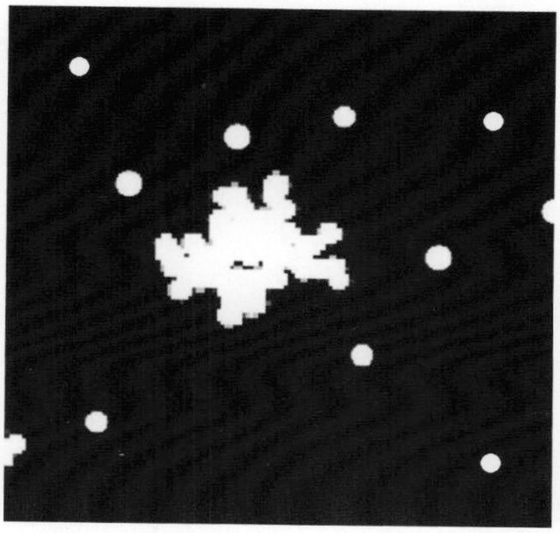

试试看

星际飞船

如果你把雪花换成白色或者黄色的圆点，同时取消“将坐标增加……”指令（它会让雪花随机晃动），就会得到一个从上向下运动的星群。如果再添加一个黑色的背景、一艘星际飞船和一些流星，就完成了一个简单的火箭飞行游戏！

▽把飘雪加入另一个作品

你可以按照步骤 1 到 8 的代码，把飘雪放进另一个作品中。对于圣诞贺卡，这绝对增色不少。雪花不会影响其他角色的存在，只是一个特殊的效果。在雪花克隆体代码的最前面，你需要添加一个“移到最前面”的指令，这样雪花就会出现在其他角色的前面，不会被遮挡住。如果你想营造下雨天，那就把雪花造型换成灰色的雨滴。

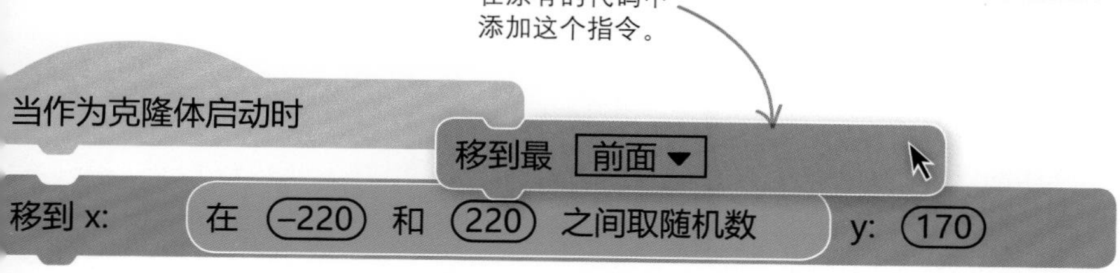
在原有的代码中
添加这个指令。
当作为克隆体启动时
移到最 前面
移到 x: 在 -220 和 220 之间取随机数 y: 170

烟火表演

制作一个“烟火表演”作品需要很多角色吗？其实利用 Scratch 的克隆指令可以轻松完成这个任务。克隆特别擅长模拟爆炸和其他动态效果，用这种技术实现的计算机图形叫作“粒子特效”。

点击绿旗，
启动程序。
火箭向上发射，
后爆炸绽放烟花。

工作原理

在舞台上任意位置点击鼠标，一支火箭就会发射升空，绽放灿烂的烟花。每个烟花都包含同一个角色的几百个克隆体。这个作品使用了重力模拟，能生成克隆体向外飞散的效果，像真正的烟花一样一边闪烁一边消退。

◁火箭

点击鼠标会发射一支火箭，然后绽放烟花。你可以用一根彩色线条代表火箭，也可以用绘图板仔细绘制一支火箭。

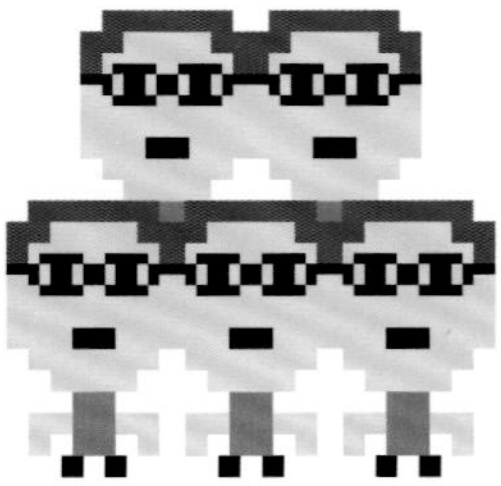

◁克隆体

如何制作一个由彩色星星组合成的球形呢？这个作品用了 300 个克隆体，这是 Scratch 舞台上存在的克隆体最大数量。每个克隆体都以不同的速度，沿着略有不同的轨迹飞行，所有星星最后都落在一个圆点上。

在爆炸的瞬间，舞台背景会闪白光。

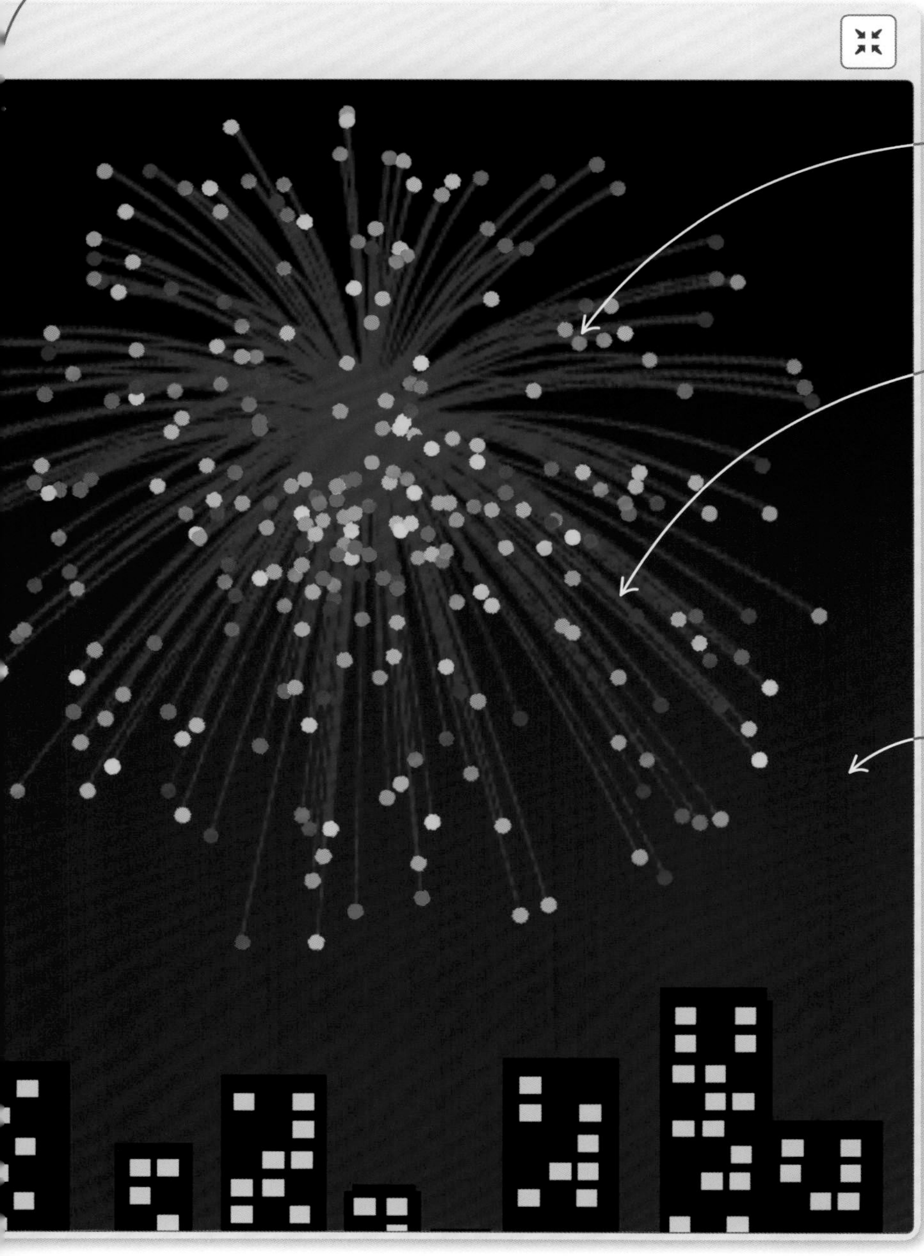

每次爆炸都有几百个克隆体向四面八方飞出去。

在“修正与微调”部分，你可以找到添加曲线轨迹的方法。

还可以为烟花表演添加你喜欢的背景。

做一支火箭

这个作品的第一步是做一支火箭发射到空中，然后爆炸生成耀眼的烟花。这段代码会让火箭飞向鼠标点击的位置。

1 新建一个作品。鼠标右键点击小猫角色，然后选中“删除”。在角色菜单中点击“绘制”图标，进入绘图编辑器，画一个新角色，将其命名为“火箭”。

2 转换为位图，使用线段和画笔工具画火箭。火箭很小，可以用一条简洁的红色线段表示。如果你喜欢，也可以画得更精美一些。

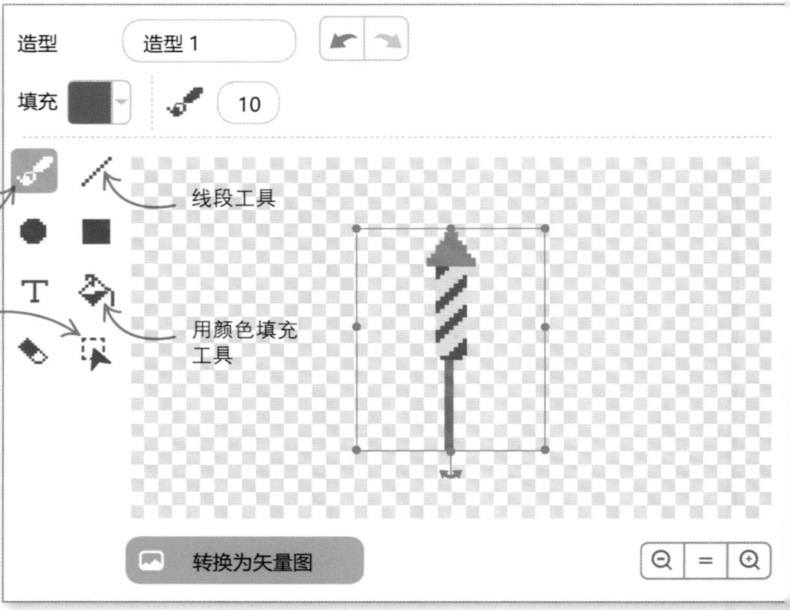

3 画好一支满意的火箭后，用选择工具在它周围画一个方框。然后用鼠标拖拽任意一个角，将火箭造型缩小到宽度不超过 10，高度不超过 50。你可以在造型列表中看到火箭的尺寸。

4 在 Scratch 的右下角选择舞台背景，然后点击背景标签，把名字“背景 1”改成“闪光”。当火箭爆炸时，这个背景会呈现白光效果。在背景菜单中，点击“绘制”图标，生成一个新背景，命名为“夜晚”。

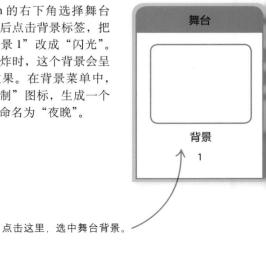

5 为了让夜晚背景更迷人，你可以用两种颜色生成渐变效果。选择颜色填充工具，然后从调色板的垂直渐变中选择两种有所区别的蓝色，再用颜色填充，最后的效果就是舞台从上到下由深蓝逐渐变浅。想要把舞台背景装饰得更漂亮，可以用黑色、黄色方块勾画出城市的天际线。

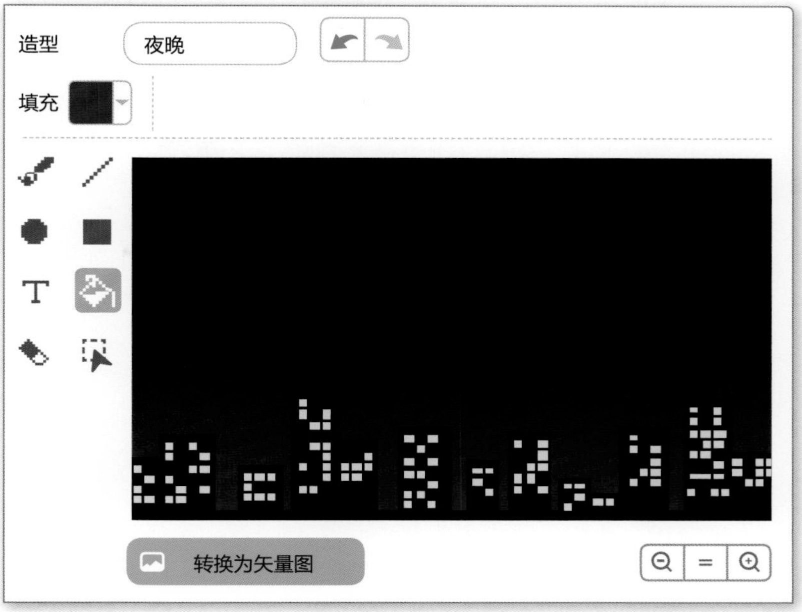

6 下一步，选中火箭角色，添加如图所示的代码，这段代码让它可以飞到鼠标点击的位置。

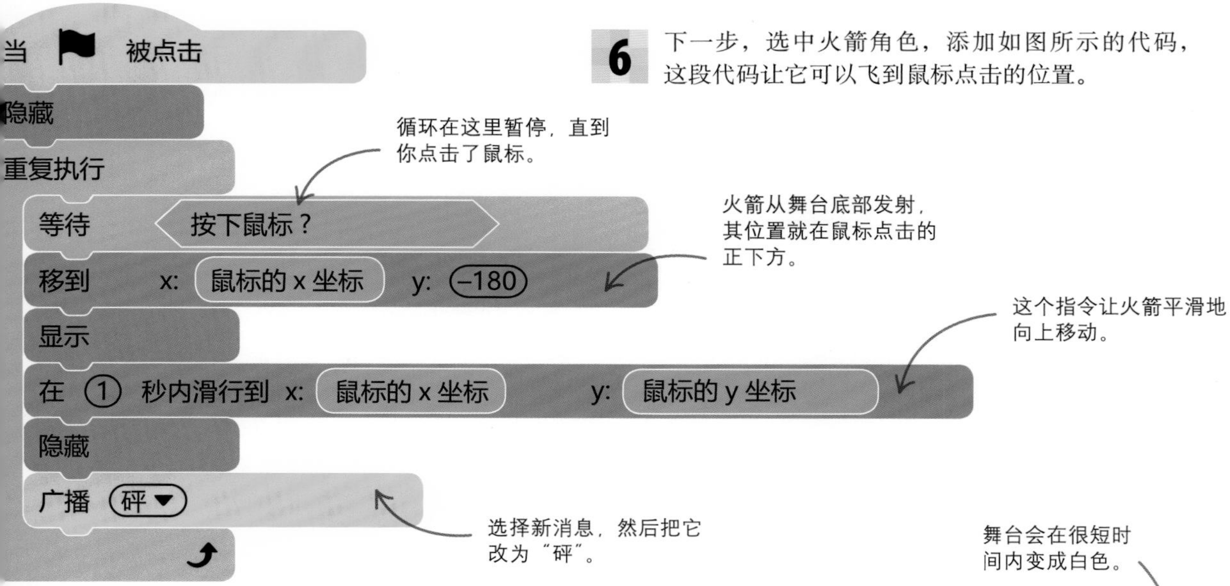

7 运行作品，试着在舞台的任意位置点击鼠标。每次点击之后，火箭都会发射，并飞向鼠标的位置。现在，为火箭添加这段新代码，它能在火箭发射时让舞台背景闪烁一下。

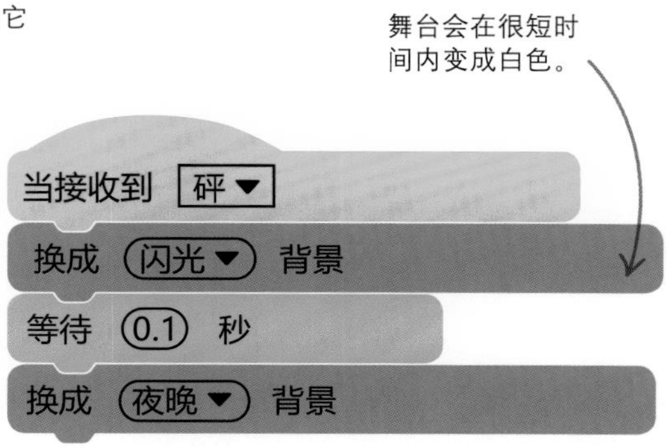

散开的星星

真正的烟花爆竹中包裹着几百个“小星星”，它们是可以燃烧的小弹丸，会发出耀眼的火光，朝着四面八方飞散。你可以用克隆来模拟烟火爆炸时的小星星。按照如下步骤来制作星星，并让它们爆炸。

8 在角色菜单中点击“绘制”图标，创建一个新角色
把它命名为“星星”。画星星之前，在绘图编辑器
下角点击“转换为矢量图”。使用矢量图模式的原
是：当星星变得很小的时候，也能保持为一个圆形

确保你选择了“转换
矢量图”。

9 这个造型可能非常小，点击绘图板右下角的加号按钮，放大造型。你只需要画一个简单的绿色实心圆代表星星。在调色板中选择浅绿色，然后选中椭圆工具。按住 Shift 键再拖动鼠标，就可以画出正圆。记得提前确定好造型中心点的位置。

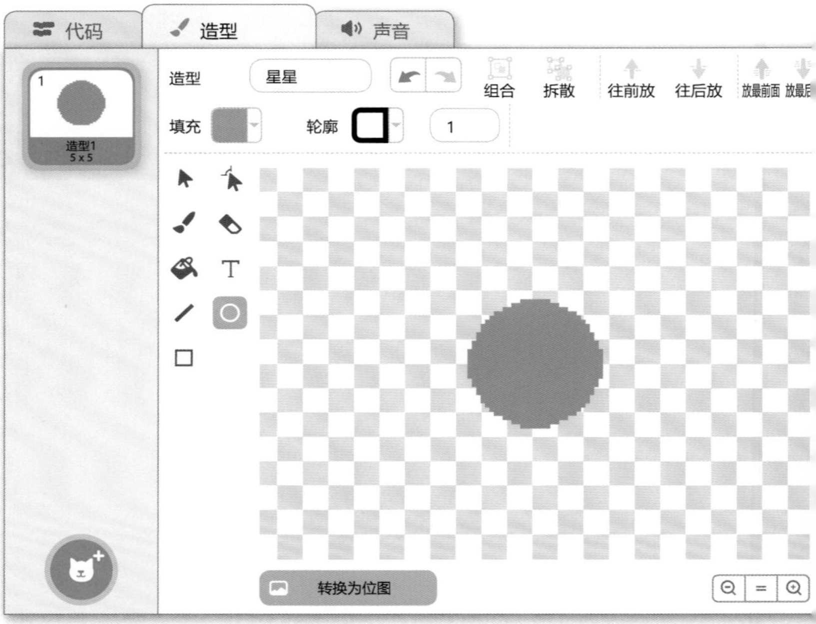

10 在造型列表中检查一下绿色圆形的大小，尺寸应该大约为 5 × 5。如果尺寸太大或太小，需要调整。点击选择工具，选中绿色圆形，周围会出现一个方框，拖拽方框任意一角就可以调整造型的大小。

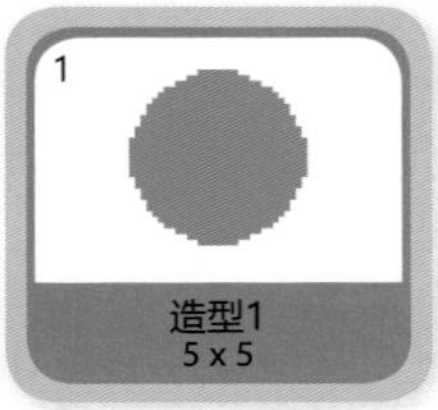

11 现在添加如下代码，创建 300 个隐形的克隆体，
们会形成爆炸效果。

这个指令生成了可以执行代码的角色克隆体。

12 在指令块面板上选中“变量”，创建一个新变量“速度”，在对话窗口中选择“仅适用于当前角色”。这样每个克隆体都拥有一个复制的“速度”变量，可以保存各自的数值。取消变量前面的勾选，不让它出现在舞台上。

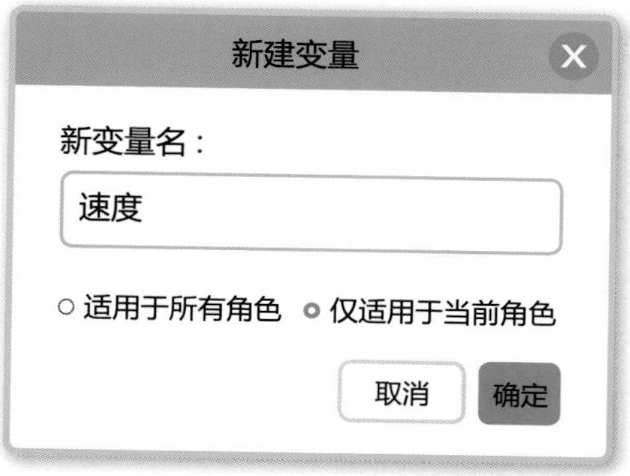

13 接下来给星星角色添加如下代码，生成爆炸效果。每个克隆体都会运行这段代码。

```
当接收到 [砰 ▼]
将 [速度 ▼] 设为 (在 (0.1) 和 (3) 之间取随机数)
将 [虚像 ▼] 特效设定为 (0)
将 [颜色 ▼] 特效增加 (25)
移到 (火箭 ▼)
面向 (在 (-180) 和 (180) 之间取随机数)
显示
重复执行 (50) 次
    移动 (速度) 步
```

最慢的星星速度

最快的星星速度

每个烟花颜色都不一样。

在火箭飞到最高处时，发生爆炸。

星星朝四面八方散开。

14 如图所示，把第二个“重复执行”拼接到原来代码的下面，它会让星星的速度变慢、颜色变浅，直到消失。

```
重复执行 (50) 次
    将 [速度 ▼] 设为 ((速度) * (0.9))
    移动 (速度) 步
    将 [虚像 ▼] 特效增加 (在 (1) 和 (3) 之间取随机数)
隐藏
```

每次重复时，这个指令都会让星星的速度变慢一点。

这个随机数指令能让星星按照不同的速度褪色，让它们看起来有闪烁的效果。

15 试着运行这个作品。火箭爆炸时，你会看见几百颗彩色的星星四处飞散，慢慢消失。

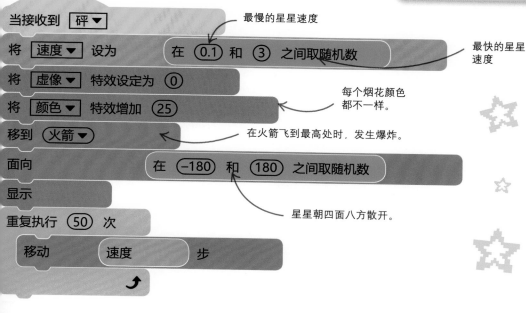

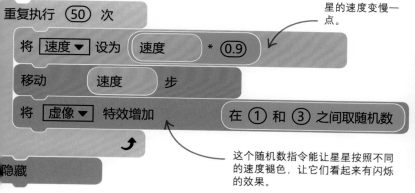

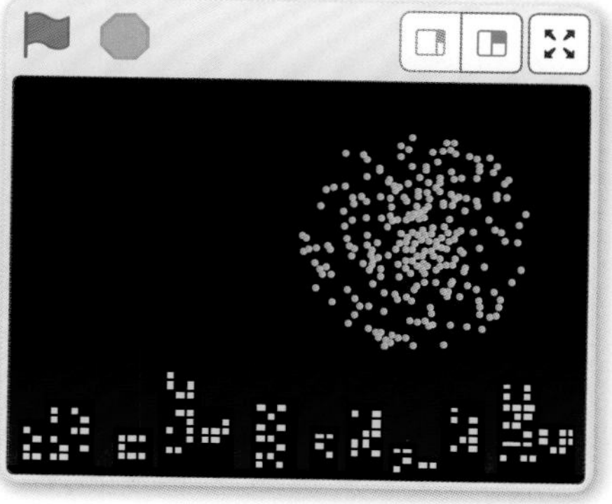

修正与微调

按照下面的提示做一些修改，就可以创造出新型烟花，有更多的颜色和爆炸轨迹。你还可以用克隆创造更多视觉效果，也就是计算机艺术家所说的“粒子特效”。

▽聚集的星星

有时在启动作品之后立刻发射火箭，可能会看到排成一条直线的星星。为什么会出现这个现象？因为发生爆炸时，克隆体还没有全部创造出来。想修正这个缺陷，就要在星星的启动代码底部添加一个广播指令。然后修改火箭的发射程序，让它在接收到这个消息后起飞。

星星的代码

火箭的代码

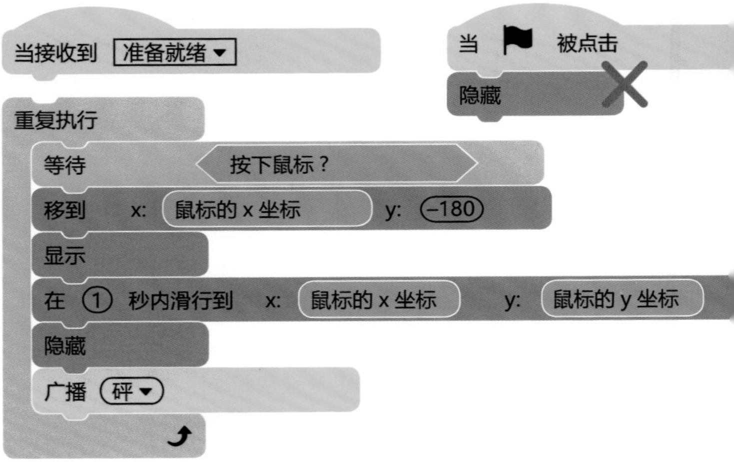

▽不停改变的颜色

人们制作烟花时用化学物质改变烟花的颜色。在星星角色上试试下面的代码，烟花爆炸时让颜色不停变化。

把数字变大，颜色变化加快。

烟花爆炸时，颜色会发生变化。

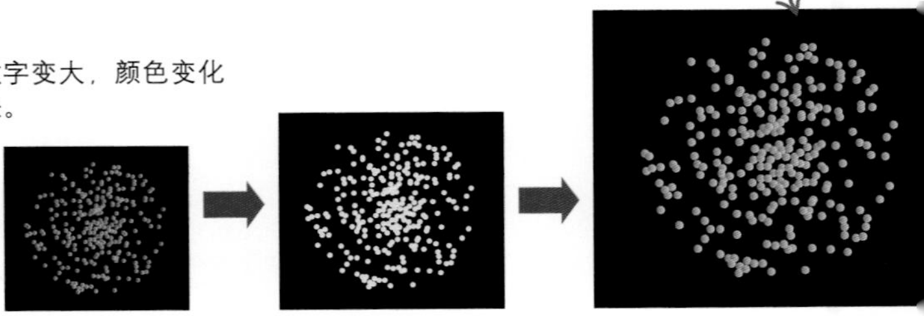

▽多彩的烟花

试试下一个技巧，让星星有很多颜色。

接收到消息以后，每个克隆体都会运行一份自己的代码。

```
当接收到 [砰 ▼]
将 [颜色 ▼] 特效设定为 (在 (-100) 和 (100) 之间取随机数)
```

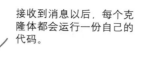

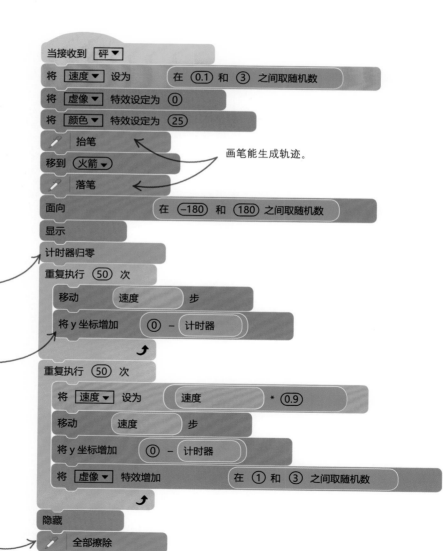

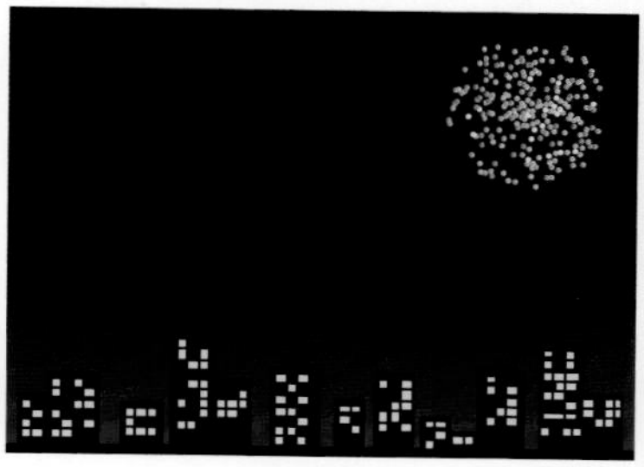

▷重力轨迹

如果要模拟烟花在重力作用下产生的向下运动轨迹，请按右图修改原来的代码。完成这个新代码之后，记得删除原来的代码。随着时间的推移，星星的下落速度会越来越快，这就是重力带来的影响。看看你能否让星星轨迹的颜色发生变化，变亮或变暗。(提示：你需要添加画笔扩展模块。)

```
当接收到 [砰 ▼]
将 [速度 ▼] 设为 (在 (0.1) 和 (3) 之间取随机数)
将 [虚像 ▼] 特效设定为 (0)
将 [颜色 ▼] 特效设定为 (25)
抬笔
移到 (火箭 ▼)
落笔
面向 (在 (-180) 和 (180) 之间取随机数)
显示
计时器归零
重复执行 (50) 次
    移动 (速度) 步
    将 y 坐标增加 ((0) - (计时器))
重复执行 (50) 次
    将 [速度 ▼] 设为 ((速度) * (0.9))
    移动 (速度) 步
    将 y 坐标增加 ((0) - (计时器))
    将 [虚像 ▼] 特效增加 (在 (1) 和 (3) 之间取随机数)
隐藏
全部擦除
```

画笔能生成轨迹。

这个指令将计时器设定为 0。计时器的数字按秒增加。

随着计时器的数字增加，星星下落的速度越来越快。

这个指令会清除星星的轨迹。

分形大树

你也许认为画一棵茂密的树需要艺术家的视角和大量精细的创作，但是本章的作品能够自动完成这项工作。程序会生成一种叫作“分形”的特殊形状，模拟了树在自然界的生长状态。

工作原理

当你运行这个作品，一棵树从地面向上生长，树枝不断地一分为二。这棵树是分形的，也就是说树由不断重复的样式组成。如果你把分形的一部分放大，它看起来和整体的形状是一样的。这样的重复很容易用计算机程序中的循环来实现。

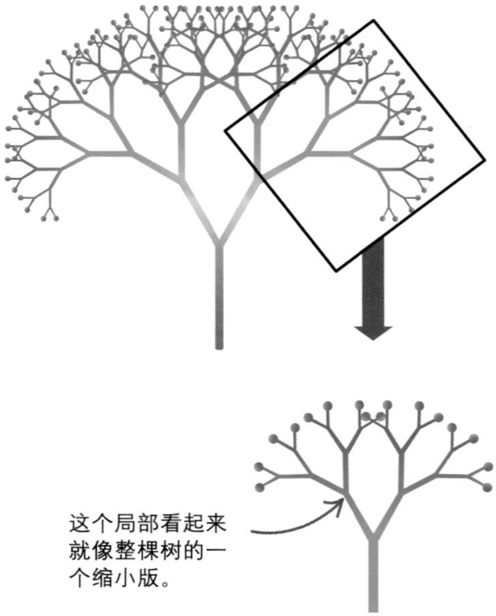

这个局部看起来就像整棵树的一个缩小版。

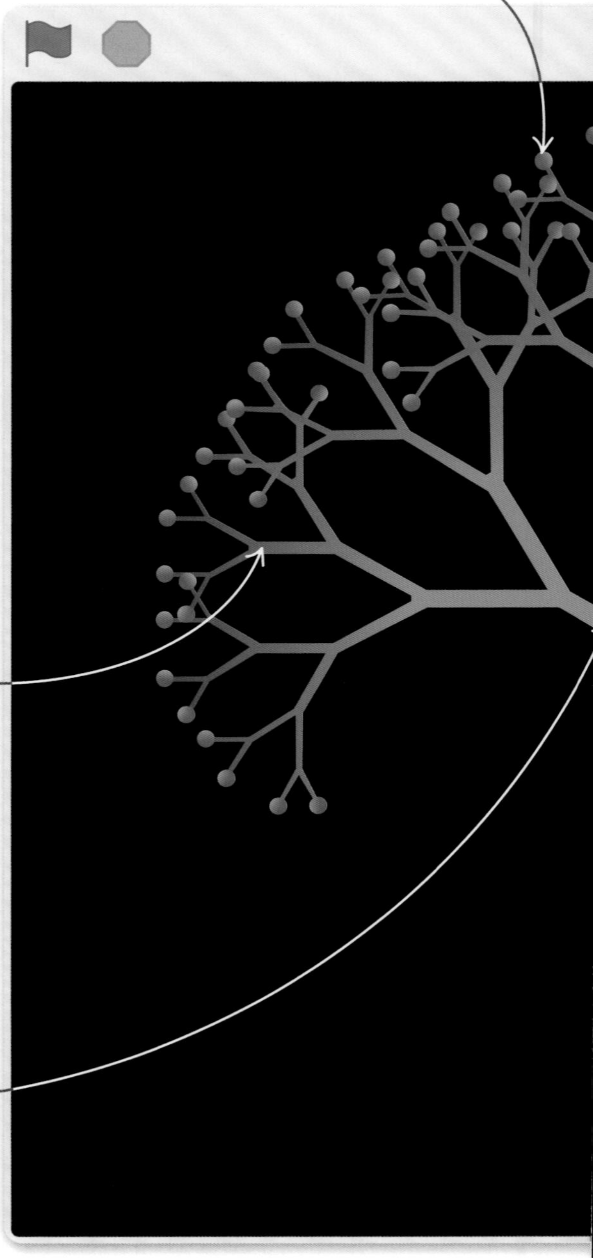

每一片叶子都是 Scratch 圆球角色的克隆体。
树枝越接近顶端就越细、越绿。
树枝是用 Scratch 的画笔绘制的。

一堆克隆体画出了整棵树；每向上一层，树枝克隆体的数量都会翻倍。

点击这里，退出全屏模式。

罗马花椰菜

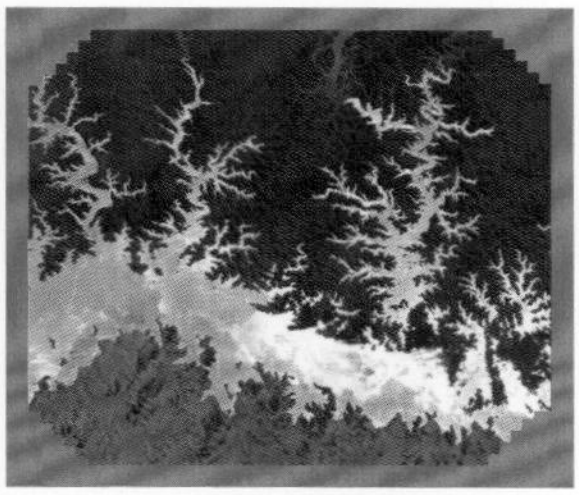

埃及的纳赛尔湖

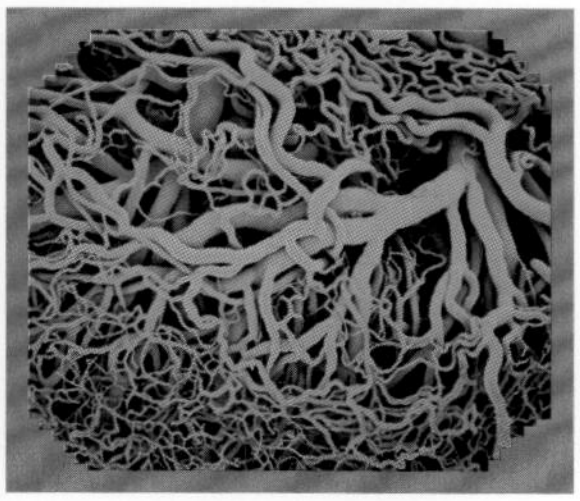

人体内的静脉血管

△自然界中的分形

自然界中的很多物体都具有分形的特征，比如树、河流、云朵、血管，甚至花椰菜。自然的分形经常出现，因为有些物体是分支生长的。

工作原理

在恐龙舞会这个作品中，我们已经了解了程序如何用算法控制芭蕾舞者的舞步。算法就是一串严格按照顺序执行的简单指令。在这个作品中，画出大树的指令也是按照算法工作的。准备好一张纸和笔，试着完成下面的 3 个步骤。

1 用一支粗笔画一条线段。

2 在线段的顶端，偏转一个角度画两条比原来短、也比原来细的线段。

3 树画好了吗？如果你的答案是否定的回到步骤 2。重复这些简单的指令就会画出一个复杂的图样，它有几百根“树枝”，就像一棵树。

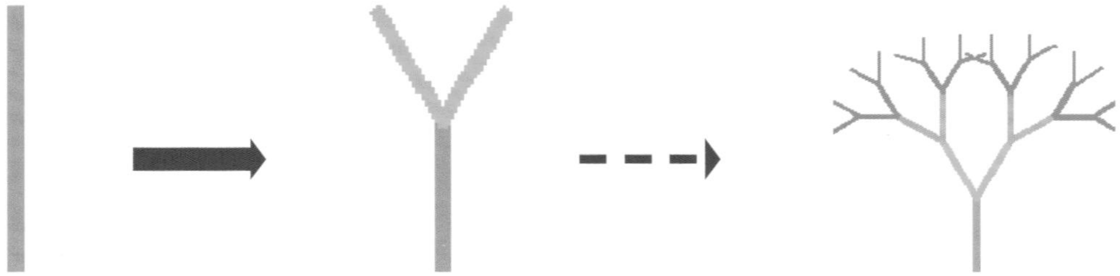

树叶和树枝

按照如下步骤绘制一棵复杂的分形树：用角色库中的圆球角色生成树叶，用绘图编辑器中的画笔绘制树枝。每当树枝分叉的时候，代码就会生成新的克隆体。当大树从一段树干生成众多的小树枝，克隆体就越来越多了。

1 新建一个作品，删除小猫角色。点击“从角色库中选取角色”，添加圆球角色。把它重命名为“树叶”。打开造型标签，选中绿色的造型。

2 点击“变量”标签，新建 3 个变量：“角度”“长度”“收缩因子”。取消变量前面的勾选，不要让它们出现在舞台上。

3 给树叶添加如下代码。记住，要先添加画笔扩展模块。你还需要创建两个新消息：“画树枝”“树枝分裂”。完成后先不要运行它。

```
当 ⚑ 被点击
全部擦除
抬笔
将大小设为 (10)
将 [角度 ▼] 设为 (30)
将 [长度 ▼] 设为 (90)
将 [收缩因子 ▼] 设为 (0.75)
移到 x: (0) y: (-170)
面向 (0) 方向
将笔的颜色设为 ( )
将笔的粗细设为 (9)
落笔
广播 (画树枝 ▼) 并等待
重复执行 (8) 次
    广播 (树枝分裂 ▼) 并等待
    将 [长度 ▼] 设为 ((长度) * (收缩因子))
    广播 (画树枝 ▼) 并等待
```

这 3 个变量控制了树的外形。

点击这里，选择棕色，把画笔设定为棕色。

这个指令画出树干。

每一次循环都会生成一层新的树枝。

每一层树枝都会比之前的树枝更短。

4 现在添加另一段代码。当它从主程序接收到消息“画树枝”，就会通知每个克隆体去画一根树枝，然后修改设置，让之后的树枝变得更绿、更细。

```
当接收到 [画树枝 ▼]
移动 (长度) 步
将笔的 (颜色 ▼) 增加 (5)
将笔的粗细增加 (-1)
```

5 添加另一段代码让树枝能够分裂成两根。它会克隆出一个新的圆球，和原来的形成一对，并且分别旋转一个角度，面向不同的方向。这段代码执行时，树枝的末端会生成两个克隆体，每个面向不同的方向，准备画出随后的两根树枝。

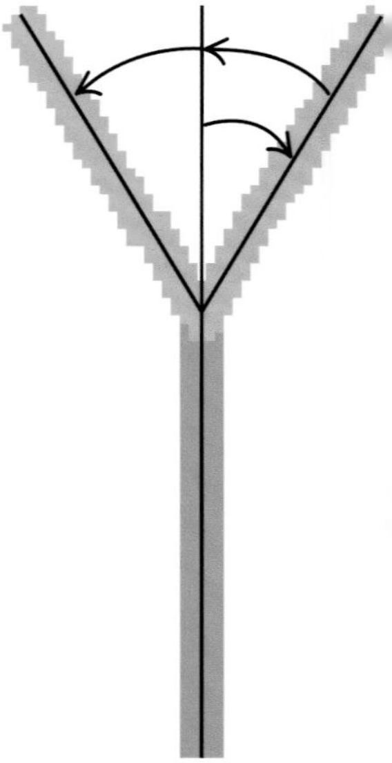

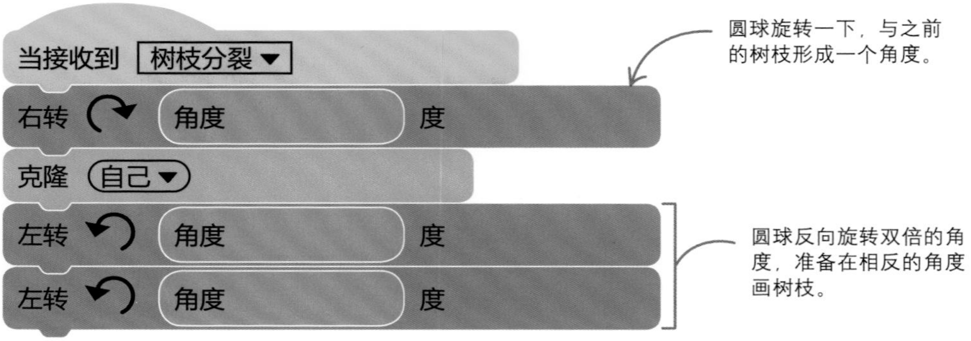

6 运行作品，你应该能创造出一棵美丽的树。想要让树叶消失、只留下树枝的话，点击红色的停止按钮。

记得用全屏模式哦！

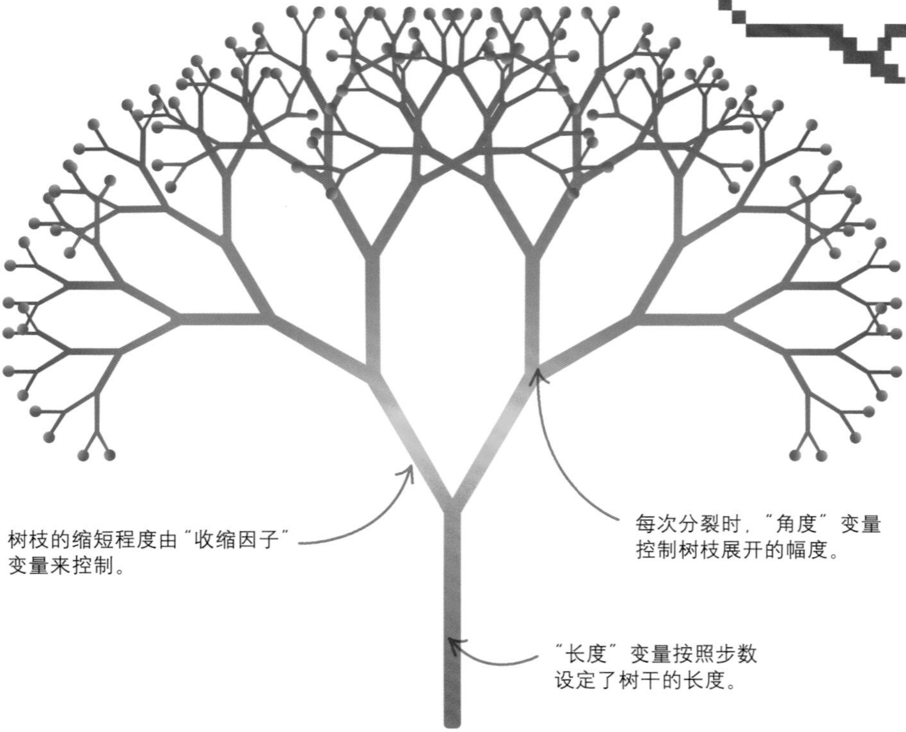

树枝的缩短程度由“收缩因子”变量来控制。
每次分裂时，“角度”变量控制树枝展开的幅度。
“长度”变量按照步数设定了树干的长度。

7 为了让你的树更加显眼，试着修改一下背景颜色吧。

修正与微调

你可以通过改变作品中的变量设置，让树长成完全不同的、令人惊叹的样子。也可以增加一些随机性，让每棵树都略有不同。

▽不同的角度

用不同的“角度”变量值做一下试验。添加一个随机数指令，生成一株随机形状的树。如果你希望树看起来比较自然，“角度”的数值应该在 10 到 45 之间。为了方便调节这些变量，你可以选中它们前面的勾选，使其显示在舞台上，然后改为滑杆模式，然后要删除代码中的“将角度设定为……”指令。

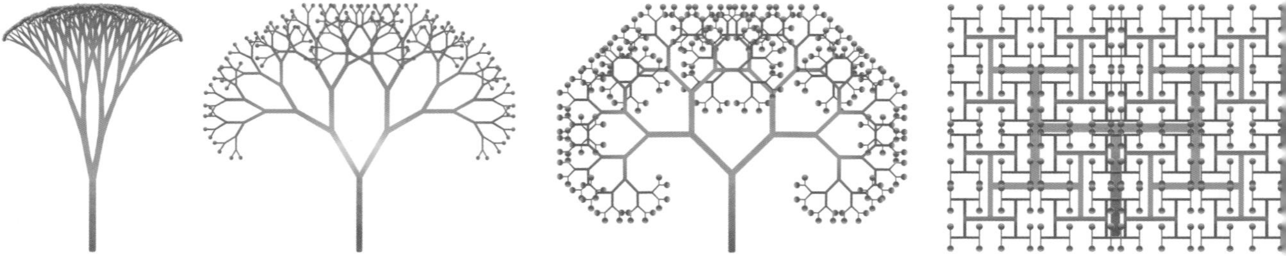

角度 = 10　　角度 = 20　　角度 = 45　　角度 = 90

▽不停改变的角度

如果你把设定角度的指令放到“重复执行”里面，那么在大树生成的过程中，树枝之间的角度会不断地变化。

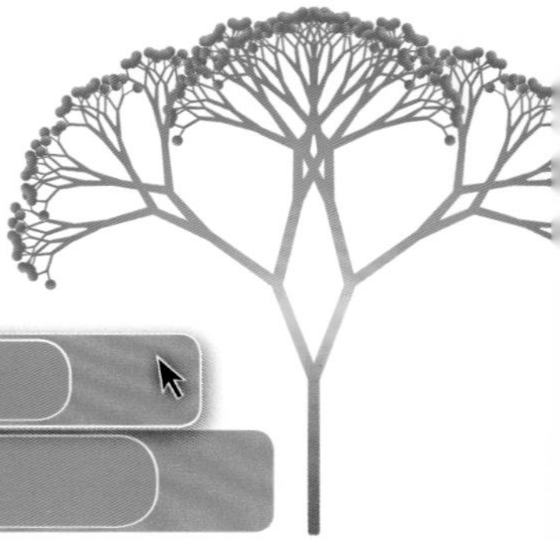

▽你的树有多高?

试着修改一下“长度”和“收缩因子”变量。但是要小心一点，因为大树可能会变得很矮，或者太高以至于超出舞台的范围。

角度 = 30
长度 = 90
收缩因子 = 0.5

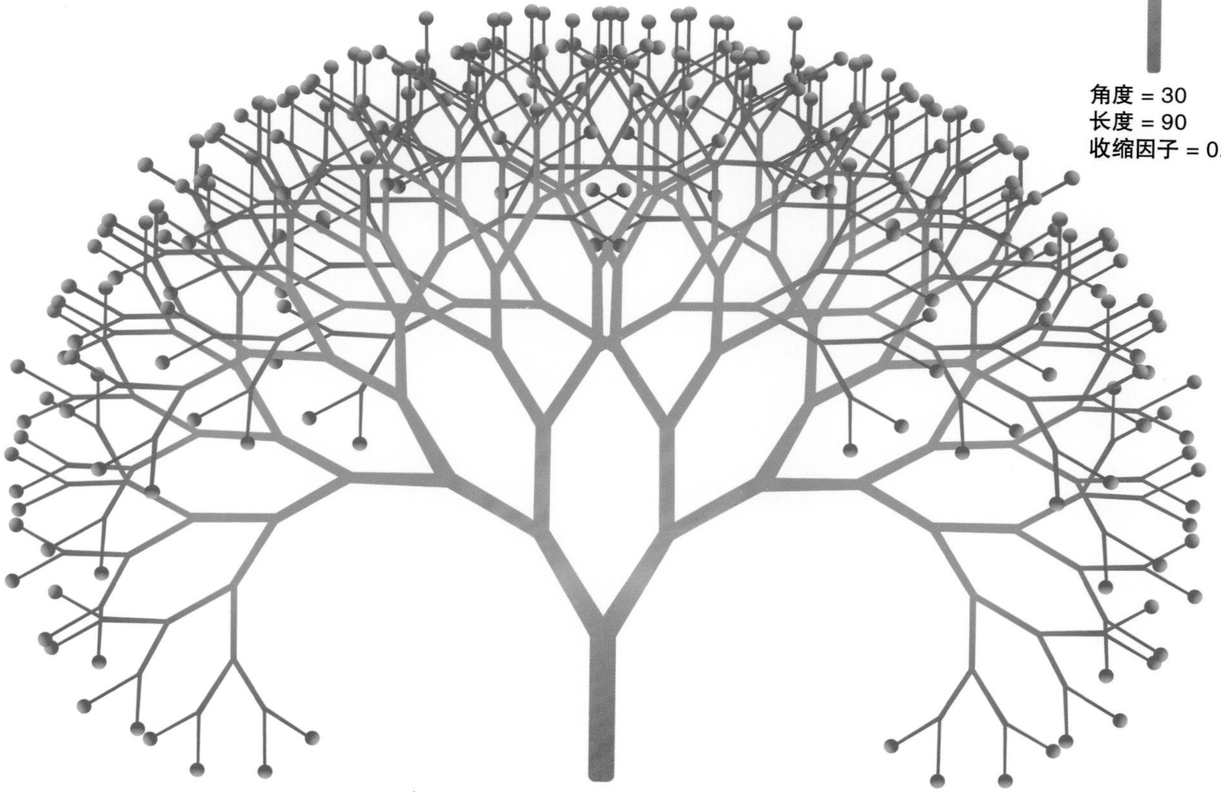

角度 = 30, 长度 = 50, 收缩因子 = 0.9

修改这个数字，或者干脆创建一个变量放在这里，然后在代码的开始位置设定变量的值。

```
重复执行 (8) 次
    广播 (树枝分裂 ▼) 并等待
    将 [长度 ▼] 设为 ((长度) * (收缩因子))
    广播 (画树枝 ▼) 并等待
```

▽不要把克隆体用光了

“重复执行”指令中填写的数字决定了树枝会长出多少层。8 层是画出所有树枝的极限，因为已经使用了 255 个克隆体，而 Scratch 的克隆体不能超过 300 个。

长成一片森林

你可以调整一下程序，让它在鼠标点击处长出一棵树，这样在舞台上到处点击就会长出一片森林！按照如下步骤修改代码，实现这个功能。

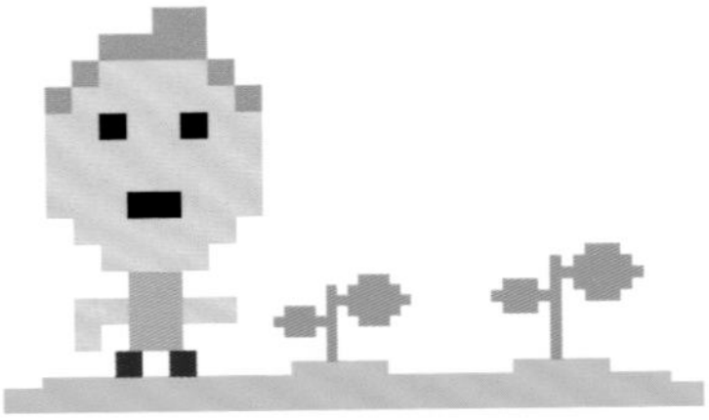

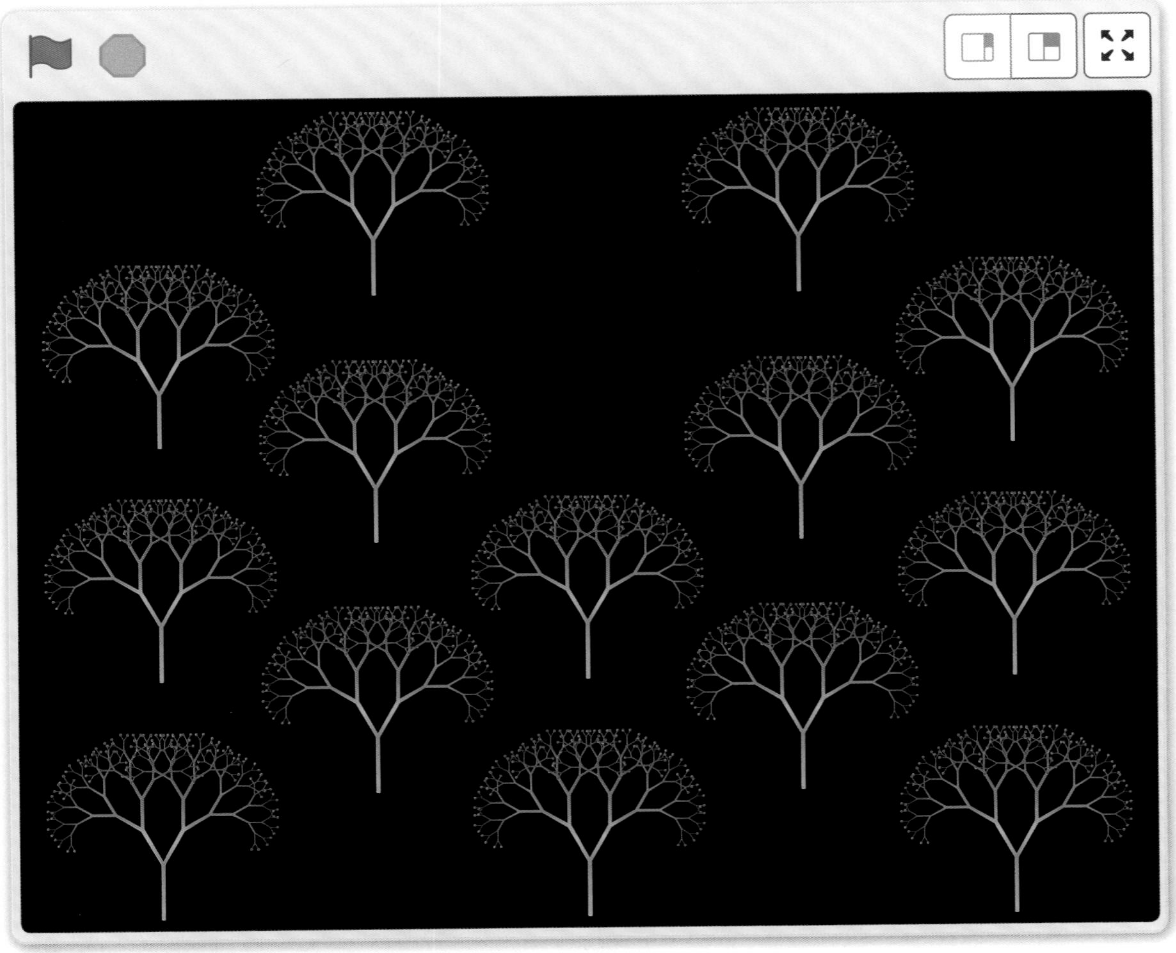

1 添加如下代码，把树叶印在舞台上，然后删除这个克隆体。

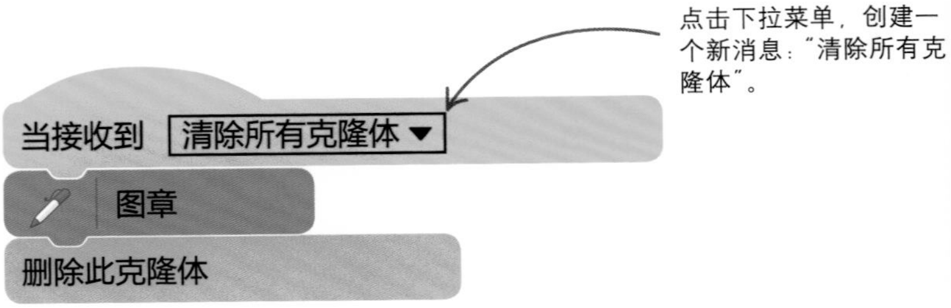
当接收到 清除所有克隆体
图章
删除此克隆体
点击下拉菜单，创建一个新消息："清除所有克隆体"。

2 按照图示修改原来的主程序。

```
当 🏴 被点击
全部擦除
重复执行
    等待 <<按下鼠标?> 不成立>
    等待 <按下鼠标?>
    抬笔
    将大小设为 (10)
    将 [角度 ▼] 设为 (25)
    将 [长度 ▼] 设为 (30)
    将 [收缩因子 ▼] 设为 (0.75)
    移到 (鼠标指针 ▼)
    面向 (0) 方向
    将笔的颜色设为 ( )
    将笔的粗细设为 (6)
    落笔
    广播 (画树枝 ▼) 并等待
    重复执行 (8) 次
        广播 (树枝分裂 ▼) 并等待
        将 [长度 ▼] 设为 ((长度) * (收缩因子))
        广播 (画树枝 ▼) 并等待
    ⤴
    广播 (清除所有克隆体 ▼) 并等待
⤴
```

这两个指令确保每次点击鼠标只会画出一棵树。

树枝越短，长出的树就越小。

不管你在哪里点击鼠标，都会长出一棵树。

树要小一点，树干会比较细。

这会把树叶印在舞台上，然后清除所有的克隆体。

雪花模拟器

人们常说世界上没有完全相同的两片雪花。尽管如此，雪花还是有共同的基本结构，比如六条相似的边，这种模式被叫作“六重对称”。利用这个特性，我们可以用计算机轻松地模拟雪花。你可以借助在分形大树作品中用过的技巧，只是这一次每片雪花形状都不同。

工作原理

运行这个作品时，一片雪花会出现在舞台上。之后，你还可以让雪花出现在鼠标点击的地方。每片雪花都很像有六根树枝的分形树。通过使用随机数来设定白色线条的“长度”和“角度”，能够创造出无穷无尽的雪花形状，就像自然界中的雪花一样。

△真实的雪花

雪花都由冰晶生长而来，冰晶多为六角形，所以雪花也是六角形的。在雪花的形成过程中，温度的轻微变化都会影响晶体的生长。雪花沿着不同的路径生长，且经受了不同的温度变化，所以每片雪花都是独一无二的。

△假的雪花

仿照真实的雪花，绘制的过程从一个角色的六重对称开始。在那之后，线条重复地一分为二，就像分形大树一样，但是每次都使用不同的角度。

对称的树枝

如果你想要了解如何利用分形树的方法绘制雪花，那就按照如下步骤，先绘制一片简单的、非随机的雪花。

1 新建一个作品，删除小猫角色。在角色列表上方，点击“绘制”图标，这时会生成一个新的空白角色。你不需要画造型，所有的画图工作都会由程序完成。

2 为了凸显雪花，先画一个黑色的背景。在 Scratch 的右下角，选中舞台背景，然后在指令块面板上选中“绘制”。接下来，在绘图板中选择用颜色填充工具，把整个画布填满黑色。

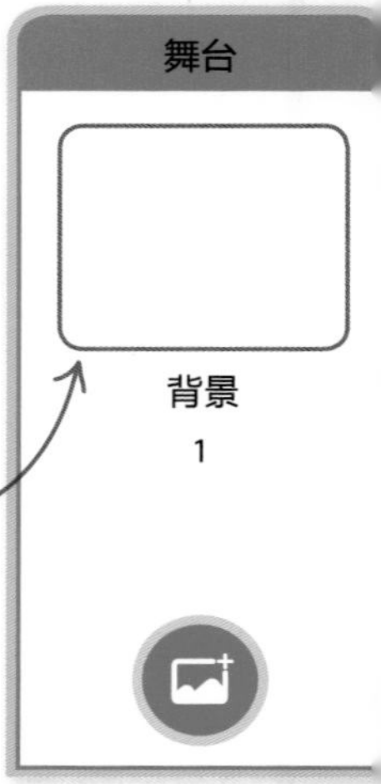

3 在指令块面板上选中“变量”，然后给这个作品添加 5 个新的变量：“角度”“长度”“层级”“对称性”和“对称角”。取消变量前面的勾选，不要让它们出现在舞台上。

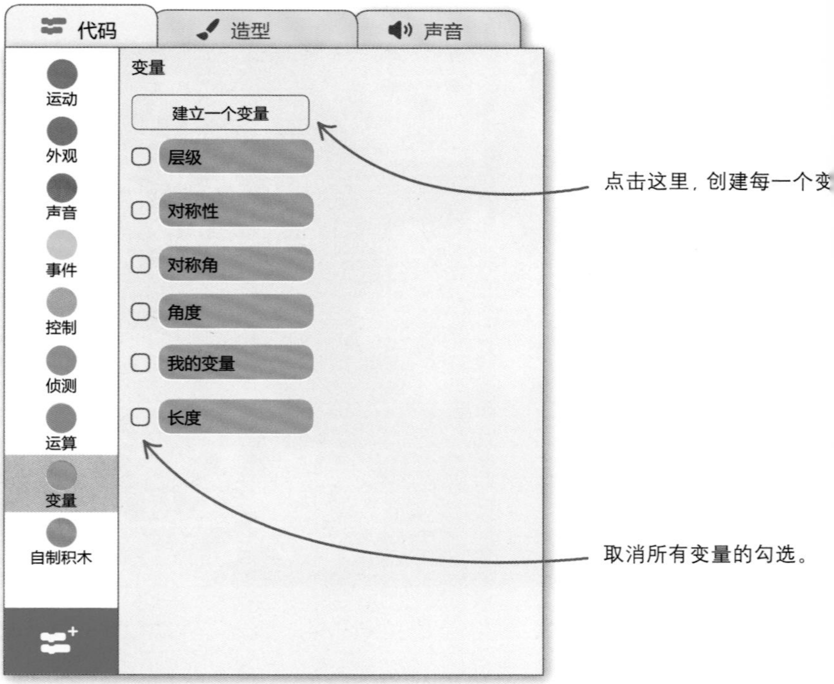

4 在角色列表中选中新角色，给它添加如下两段代码。记得先添加画笔扩展模块。这些代码会创建面向不同方向的克隆体，产生一个对称的图案。

```
当 ⚑ 被点击
将 [对称性 ▼] 设为 (6)
✎ 全部擦除
✎ 将笔的颜色设为 ( )
✎ 将笔的粗细设为 (1)
✎ 抬笔
移到 x: (0) y: (0)
✎ 落笔
将 [对称角 ▼] 设为 ((360) / (对称性))
重复执行 ((对称性) - (1)) 次
    克隆 (自己 ▼)
    右转 ↻ (对称角) 度
end
将 [长度 ▼] 设为 (100)
广播 (画一级 ▼) 并等待
```

这个数字设定雪花有多少个分支。

点击椭圆，选择白色。

这个指令计算两个分支之间的夹角。

这个循环创建了 5 个克隆体，分别面向不同的方向。

打开下拉菜单，创建一个新的消息："画一级"。

原本的角色和新创建的克隆体都会执行这段代码，按照自己的方向画一个分支。

打开菜单，创建一个新的消息："画一级"（如果已经有这个消息，选中它就行）。

```
当接收到 [画一级 ▼]
移动 (长度) 步
```

你可以改变分支的
数量，让雪花变成
不同的图案。

5 运行作品。雪花需要把"对称性"设定为 6，但是不妨试试其他数字。

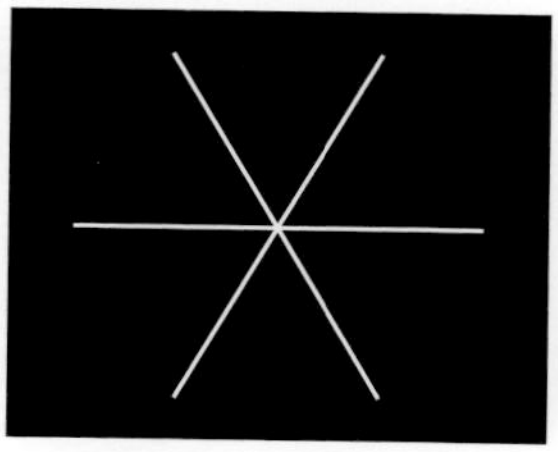
对称性 = 6

对称性 = 7

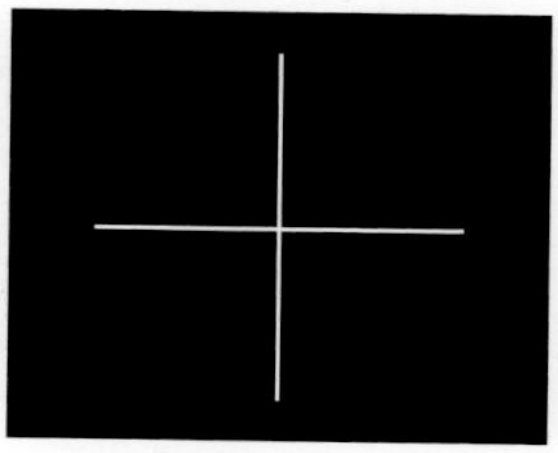
对称性 = 4

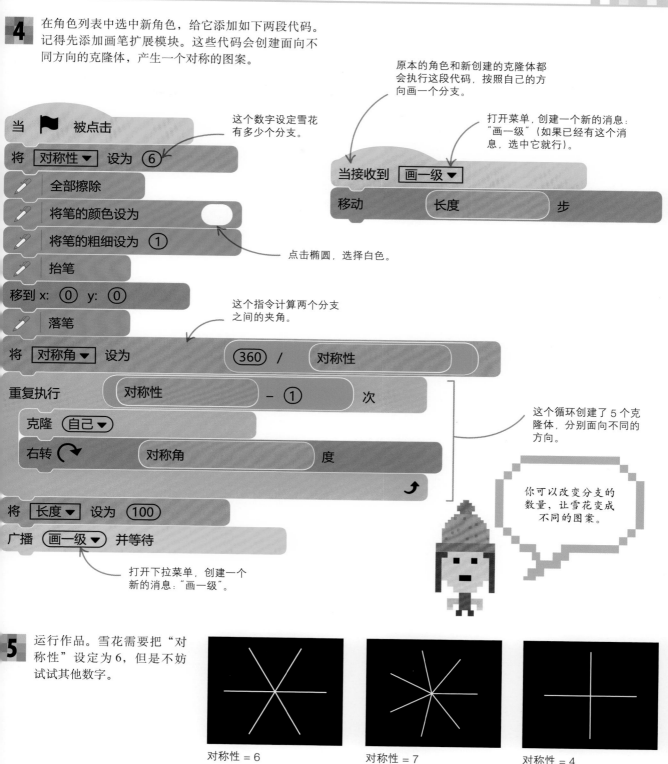

6 如果想要把雪花的其余部分都画全，每个克隆体都需要把后续的分支画出来，就像分形树。按照如下方法修改主程序，完成后先不要运行。

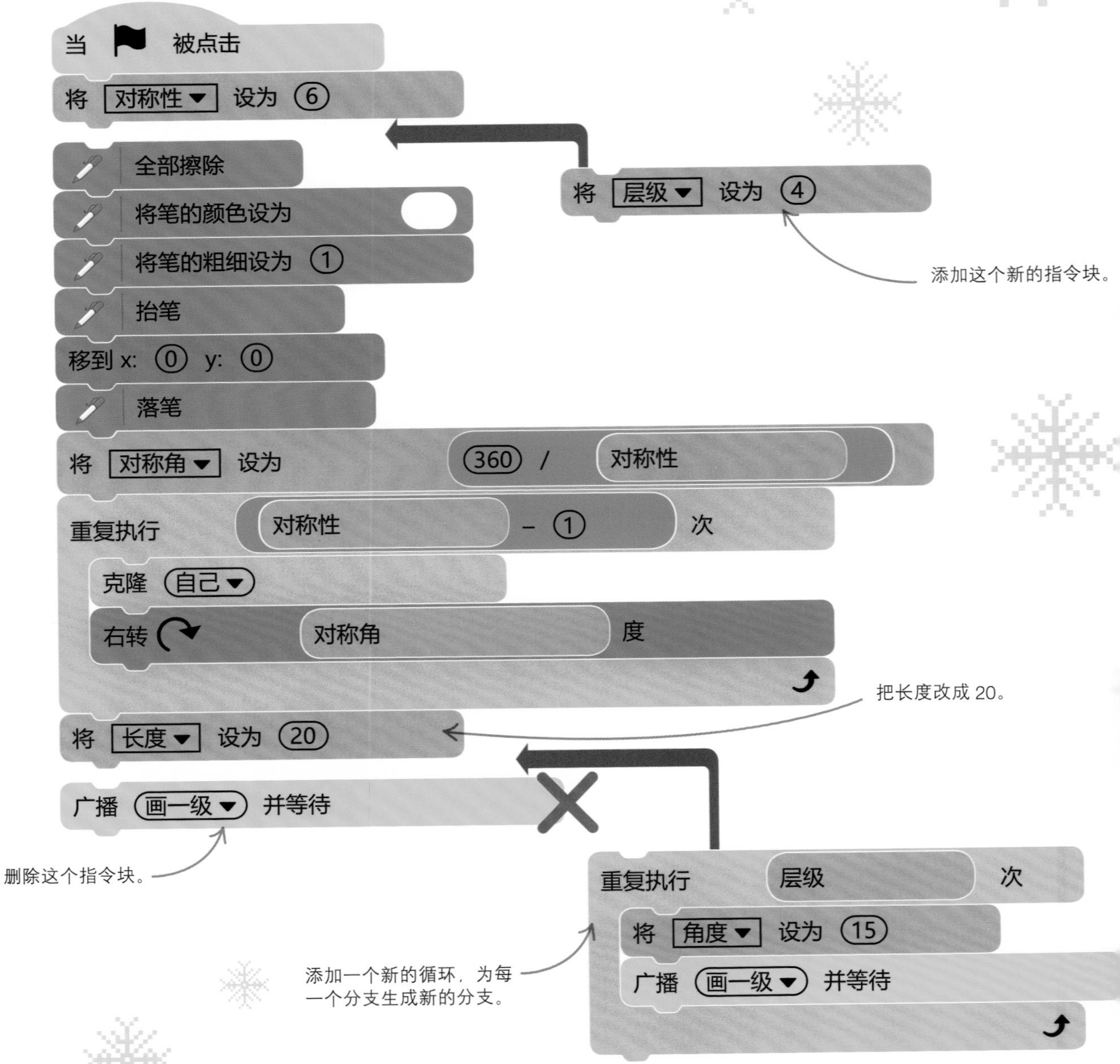
当 被点击
将 对称性 设为 6
全部擦除
将笔的颜色设为
将笔的粗细设为 1
抬笔
移到 x: 0 y: 0
落笔
将 对称角 设为 360 / 对称性
重复执行 对称性 - 1 次
克隆 自己
右转 对称角 度
将 长度 设为 20
广播 画一级 并等待
将 层级 设为 4
添加这个新的指令块。
把长度改成 20。
删除这个指令块。
重复执行 层级 次
将 角度 设为 15
广播 画一级 并等待
添加一个新的循环，为每
一个分支生成新的分支。

7 在接收消息的代码中，添加 3 个新的指令块，它们会创建新的克隆体，和老克隆体的方向不同。

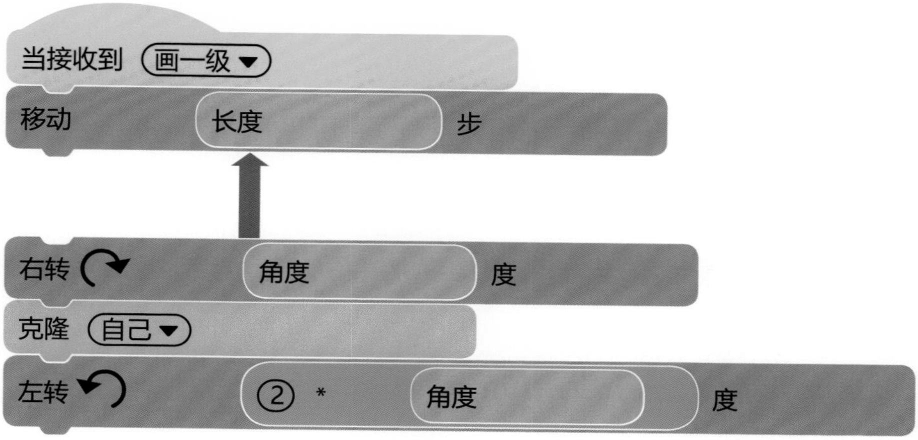

8 现在运行作品，你会看见一个有很多分支的雪花，就像图片所示。

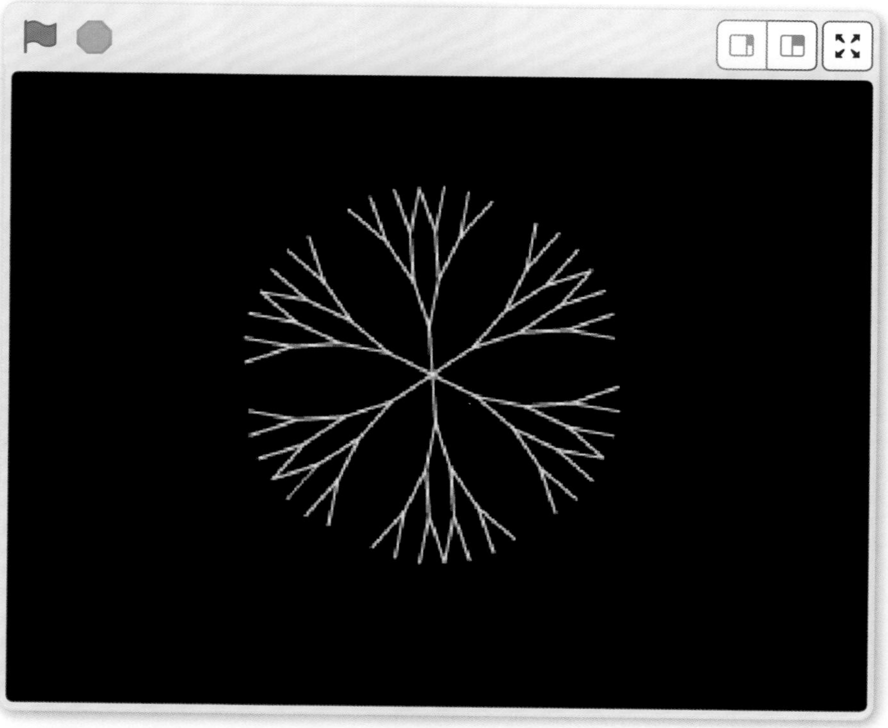

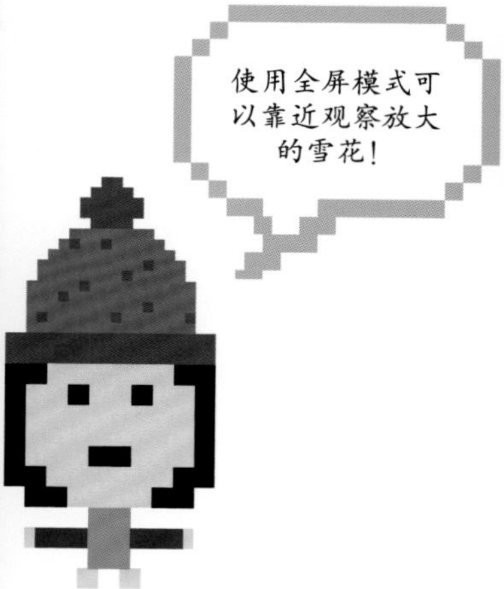

使用全屏模式可以靠近观察放大的雪花！

9 如果在主程序中修改“将层级设为……”的指令，会看到什么变化呢？试一试吧！

层级 = 1

层级 = 2

层级 = 3

层级 = 4

10 为了让每片雪花都不相同，在主程序中添加一个随机数指令。

```
将 [长度 ▼] 设为 (在 (30) 和 (150) 之间取随机数)
重复执行 (层级) 次
    将 [角度 ▼] 设为 (在 (140) 和 (180) 之间取随机数)
    广播 (画一级 ▼) 并等待
```

添加这两个随机数指令。

11 运行作品。每次都会得到一片不同的雪花。

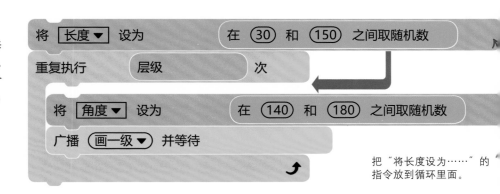

修正与微调

开始试验！在这个作品中，可以尝试很多数字，只要改变其中一个就会产生不同的图案。我们可以设置对称性、层级、角度和长度，甚至还可以给你创造的作品添加颜色。

▷奇特的雪花

试一下这个快速修改，它能产生奇特的雪花。修改后的程序会在每一个分支点改变线条的长度，让雪花产生更多变化。

```
将 [长度 ▼] 设为 (在 (30) 和 (150) 之间取随机数)
重复执行 (层级) 次
    将 [角度 ▼] 设为 (在 (140) 和 (180) 之间取随机数)
    广播 (画一级 ▼) 并等待
```

把“将长度设为……”的指令放到循环里面。

▽点出一片雪花

按照下面的说明修改代码，就可以在舞台任何一个位置上点出雪花。这里也有一个用空格键清理舞台的程序，以免舞台太混乱。从第 7 步后开始修改。

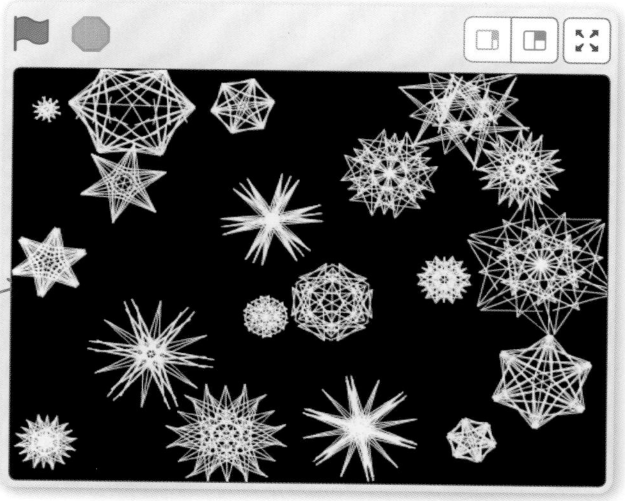

点击之处就出现雪花。

```
当 ⚑ 被点击
将 [对称性▼] 设为 (6)
将 [层级▼] 设为 (4)
全部擦除
将笔的颜色设为 ( )
将笔的粗细设为 (1)
重复执行
    等待 <<按下鼠标？> 不成立>
    等待 <按下鼠标？>
    抬笔
    移到 (鼠标指针▼)
    落笔
    将 [对称角▼] 设为 ((360) / (对称性))
    重复执行 ((对称性) - (1)) 次
        克隆 (自己▼)
        右转 ↻ (对称角) 度
    end
    将 [长度▼] 设为 (在 (10) 和 (50) 之间取随机数)
    重复执行 (层级) 次
        将 [角度▼] 设为 (在 (140) 和 (180) 之间取随机数)
        广播 (画一级▼) 并等待
    end
    广播 (清除所有克隆体▼) 并等待
end
```

添加一个“重复执行”，让雪花变得无穷无尽。

添加两个“等待”指令，用于检测一个完整的鼠标点击（一起一落）。

把原来的“移到”指令换成这个新的。

修改这里的数字，让雪花变得小一点。

添加这个指令以免克隆体用完。

这段代码用来清理舞台。

```
当按下 [空格▼] 键
全部擦除
```

添加这段新代码用于删除克隆体。

```
当接收到 [清除所有克隆体▼]
删除此克隆体
```

6

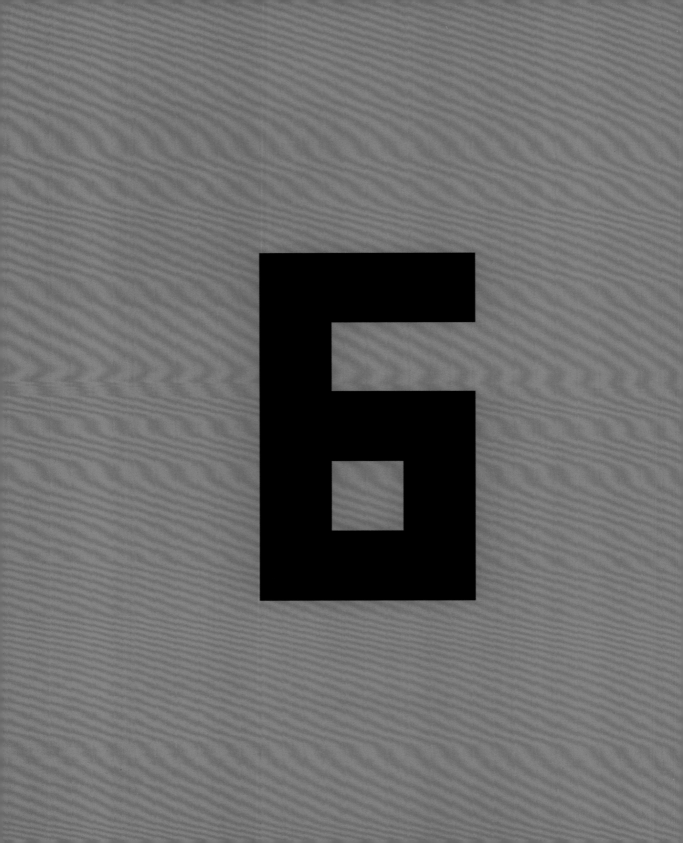

角色和音效

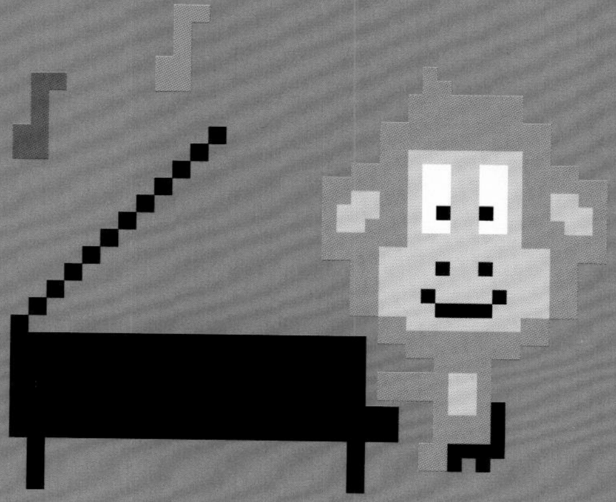

角色和音效

你有一个总喜欢在电脑上敲敲打打的小弟弟或小妹妹吗？这一章的作品，会让他们很开心哦。点击任何一个角色，都会出现独特的动作和声响。在触摸屏上玩，游戏效果尤其棒。

工作原理

“角色和音效”这个作品玩法很容易，只须点击角色或背景，你就会听到一个音效，看到一段动画或视觉特效。

▽虚拟马戏团

这个充满欢乐的作品是搞笑音乐和动画的结合体。你可以添加任意数量的角色和音效，让马戏表演热闹非凡。

点击一个角色，它就会开始自己的表演。

在全屏模式下运行这个作品效果更好，可以避免你不小心挪动角色的位置。

在舞台上点击鼠标会出现一些声响和动画。

背景动作

在这个作品中，每点击一样东西，它都会做一些有趣的事情，甚至点击背景也是如此。按照如下步骤就可以创建这个有趣的舞台背景，再添加其他角色。

1 新建一个作品。先不用管小猫角色。在 Scratch 窗口的右下角，点击“选择一个背景”，把名为“Stars”的图片加载进来。

蓝色的方框表示舞台已经被选中。

2 选中舞台背景，在指令块面板上方点击“声音”标签，再点击“选择一个声音”，选中“Fairydust”。

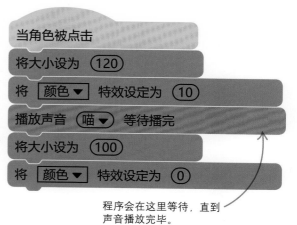

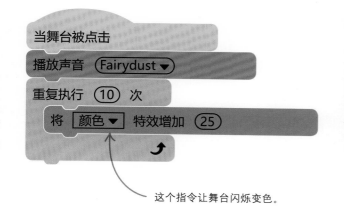

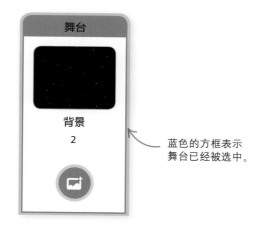

这个声音的长度为0.51 秒。

3 接着把这段代码添加到舞台中，当鼠标点击舞台时，它的颜色会跳跃变化，产生魔幻效果。点击舞台测试一下，看看是否正常运行。

```
当舞台被点击
播放声音 (Fairydust ▾)
重复执行 (10) 次
    将 [颜色 ▾] 特效增加 (25)
↩
```

这个指令让舞台闪烁变色。

4 把小猫拖到舞台的左上角，然后添加如下代码。

```
当角色被点击
将大小设为 (120)
将 [颜色 ▾] 特效设定为 (10)
播放声音 (喵 ▾) 等待播完
将大小设为 (100)
将 [颜色 ▾] 特效设定为 (0)
```

程序会在这里等待，直到声音播放完毕。

5 点击小猫，它会先变大，然后变成黄色，再发出“喵”的叫声，最后恢复成正常模样。

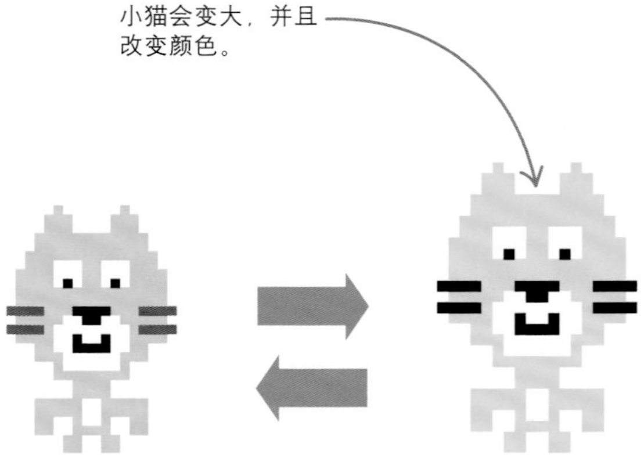
小猫会变大，并且改变颜色。

专家提示

声音指令块

在 Scratch 中有两个播放声音的指令。使用比较短的那个指令时，程序开始播放声音后，会立刻执行后面的其他指令块。这适用于动画，因为它可以让你控制角色一边移动，一边发出声音。当你使用比较长的带有“等待播完”字样的指令时，程序会一直等到声音播放完毕，才去执行后面的其他指令块。这个指令也很有用，比如角色造型、大小的改变时间能与声音的时长一致。

```
播放声音 (喵▼)
```

```
播放声音 (喵▼) 等待播完
```

角色的狂欢盛宴

现在，我们来添加所有角色和代码。有些角色已经包含了合适的声音，但是另一些情况需要点开“声音”标签，从 Scratch 的声音库中加载，然后才可以在代码中选中它们。完成所有代码后，把角色整齐摆放在舞台上，测试一下。

6

Duck
哈哈大笑的鸭子

```
当角色被点击
重复执行 (5) 次
    移动 (10) 步
    播放声音 (duck▼) 等待播完
    移动 (-10) 步
    等待 (0.1) 秒
```

鸭子一边晃动一边嘎嘎叫，重复 5 次。

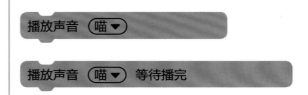

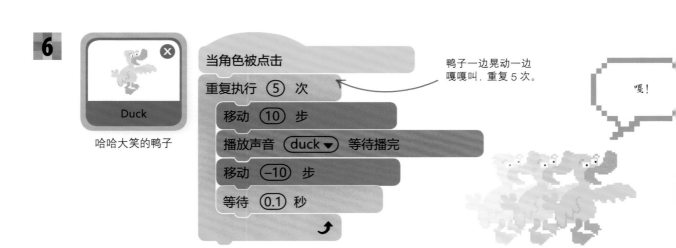

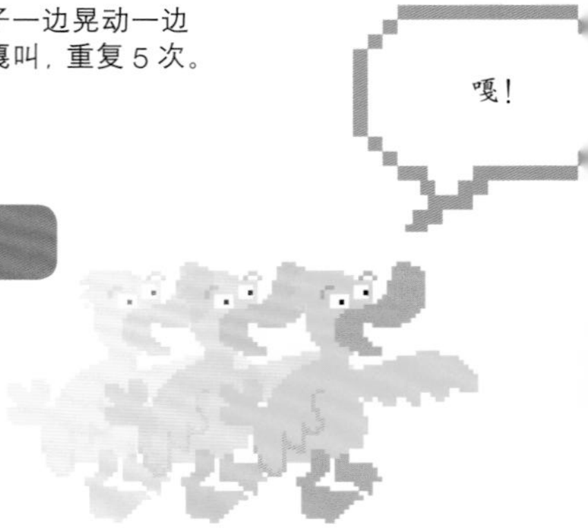
嘎！

7

跳舞的蛋糕

```
当角色被点击
换成 (cake-a ▼)
播放声音 (Birthday ▼)
面向 (75) 方向
重复执行 (4) 次
    右转 ↻ (30) 度
    等待 (1) 秒
    右转 ↺ (30) 度
    等待 (1) 秒
面向 (90) 方向
换成 (cake-b ▼)
```

这个指令点亮蜡烛。

音乐会自动加载。

蛋糕随着音乐左右晃动。

这个指令让蜡烛熄灭。

8

大象吹响号角

```
当角色被点击
换成 (elephant-b ▼)
播放声音 (Trumpet1 ▼)
等待 (0.3) 秒
播放声音 (Trumpet2 ▼)
等待 (2.5) 秒
换成 (elephant-a ▼)
```

这个是大象吹号时的造型。

从声音库中加载"trumpet1"和"trumpet2"。

两个声音同时播放。

9

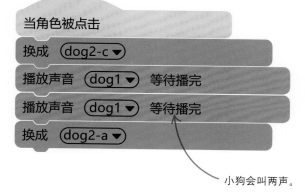

狂吠的小狗

```
当角色被点击
换成 (dog2-c ▼)
播放声音 (dog1 ▼) 等待播完
播放声音 (dog1 ▼) 等待播完
换成 (dog2-a ▼)
```

小狗会叫两声。

10

来回奔跑的马

```
当角色被点击
将旋转方式设为 [左右翻转 ▼]
换成 (horse-b ▼)
播放声音 (Horse ▼) 等待播完
换成 (horse-a ▼)
播放声音 (Horse Gallop ▼)
重复执行 (16) 次
    重复执行 (6) 次
        移动 (5) 步
    右转 ↻ (180) 度
```

马抬起前蹄嘶鸣一声。

从声音库中加载这两个音效。

马会向前向后来回奔跑。

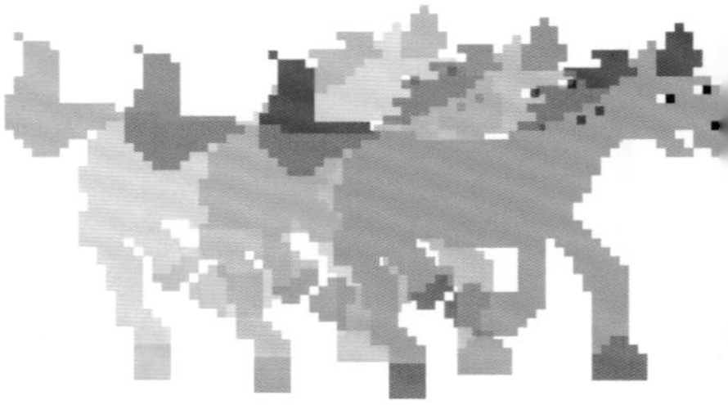

11

安静的小鱼

```
当角色被点击
将旋转方式设为 [左右翻转 ▼]
播放声音 (bubbles ▼)
重复执行 (2) 次
    面向 (-90) 方向
    等待 (1) 秒
    面向 (90) 方向
    等待 (1) 秒
```

"bubbles"音效会自动加载。

在泡泡的汩汩声中，小鱼平静地左右翻转。

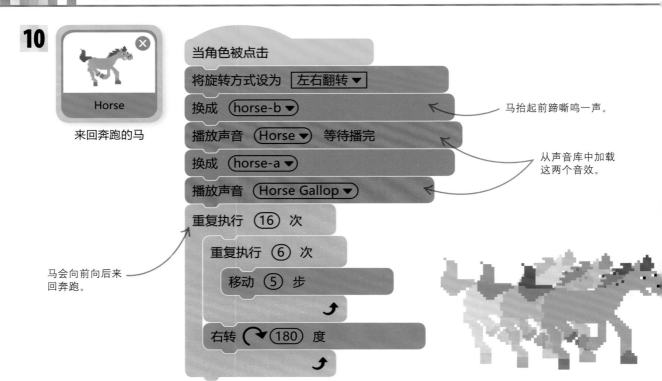

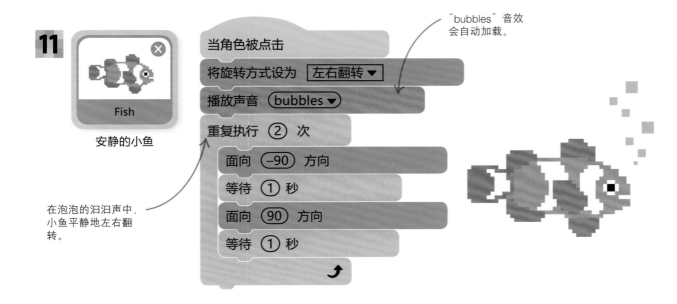

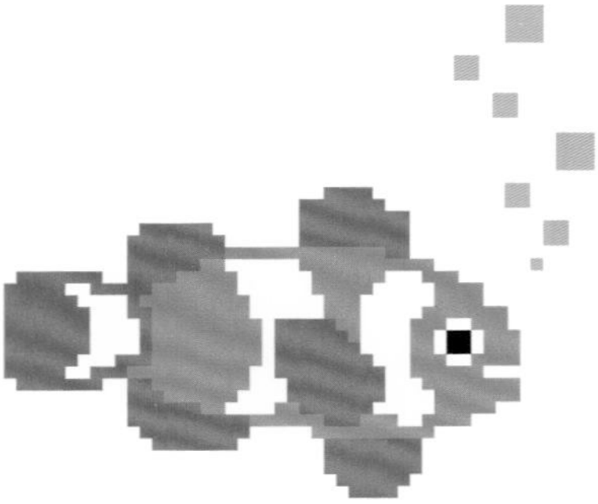

12

Lion

丛林之王

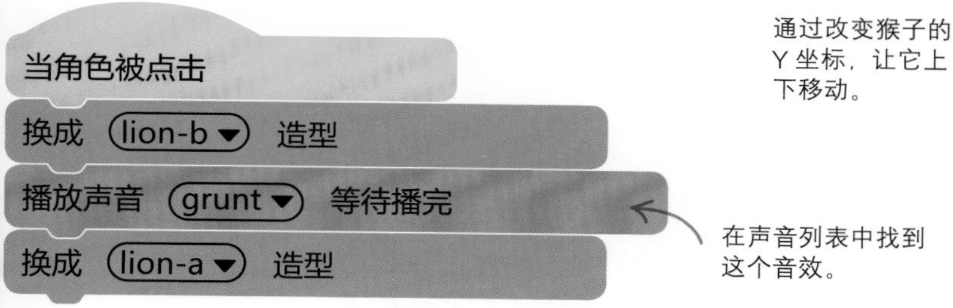
当角色被点击
换成 lion-b 造型
播放声音 grunt 等待播完
换成 lion-a 造型
在声音列表中找到这个音效。

13

Monkey

跳跃的猴子

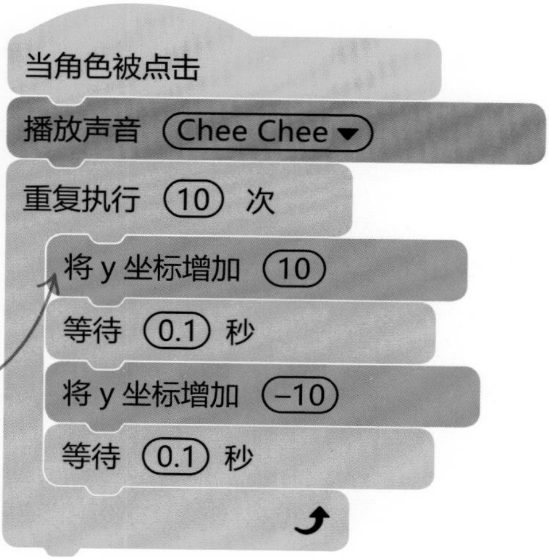
当角色被点击
播放声音 Chee Chee
重复执行 10 次
将 y 坐标增加 10
等待 0.1 秒
将 y 坐标增加 –10
等待 0.1 秒
通过改变猴子的Y坐标，让它上下移动。

奶油泡芙

最后一个角色是一大碗美味诱人的奶油泡芙。当你用鼠标点击碗，奶油泡芙就会消失。目前角色库里没有现成的空碗造型，但是没关系，你可以用绘图编辑器自己画一个。下面的步骤会告诉你如何完成。

14 从角色库中找到奶油泡芙，添加到作品中。然后，点击“造型”标签，紧接着用鼠标右键（或者按Ctrl/Shift键＋鼠标单击）点击唯一的造型，在弹出的菜单中选择“复制”。

15 选中第二个造型“cheesy puffs2”。在绘图编辑器中，选中白色或奶油色，然后使用画圆工具在奶油泡芙上画出一个椭圆。使用擦除工具把多余的部分擦掉。

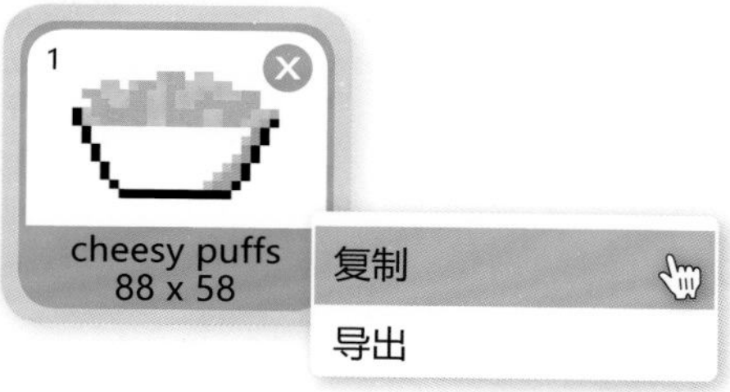
1
cheesy puffs
88 x 58
复制
导出

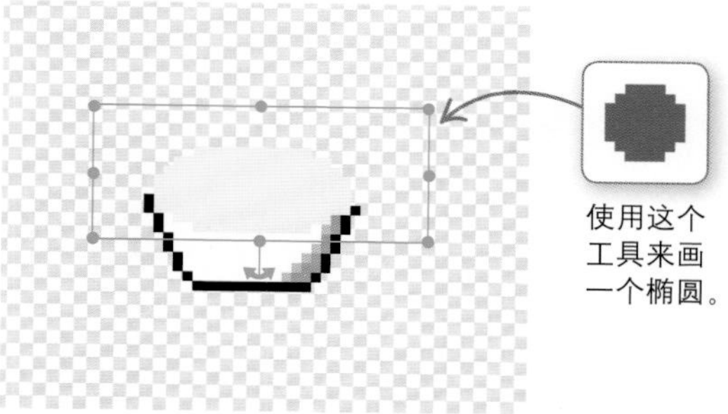
使用这个工具来画一个椭圆。

16 在指令块面板上点击“声音”标签，打开声音库，把“chomp”音效添加进来。然后给这个角色添加如下代码。

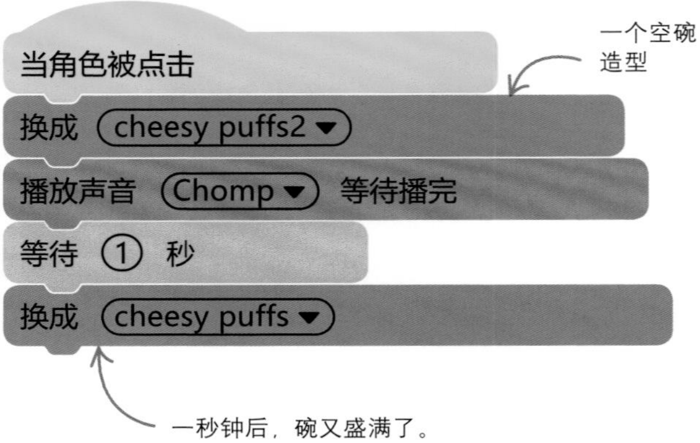

17 用鼠标挪动所有角色，让它们在舞台上排列得美观整齐。然后测试一下这个作品。记住在玩之前点击“全屏模式”，以免点击角色时意外挪动它们的位置。测试每一个角色。运行这个作品时不必点击小绿旗，直接点击角色就行。

修正与微调

这个作品其实是很多小作品的合集。每个角色都是一个小作品。因此，你可以随意更换角色，也可以修改对应的动画和声音。看一看 Scratch 提供的角色库和声音库，帮助你激发创作灵感。当然，你也可以画自己喜欢的角色，录制自己独特的声音。

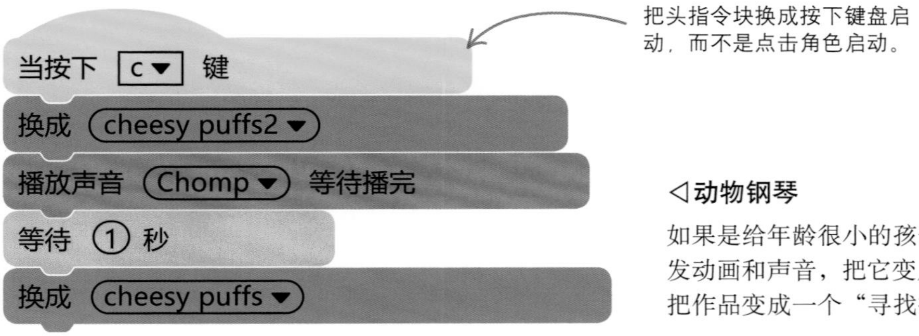

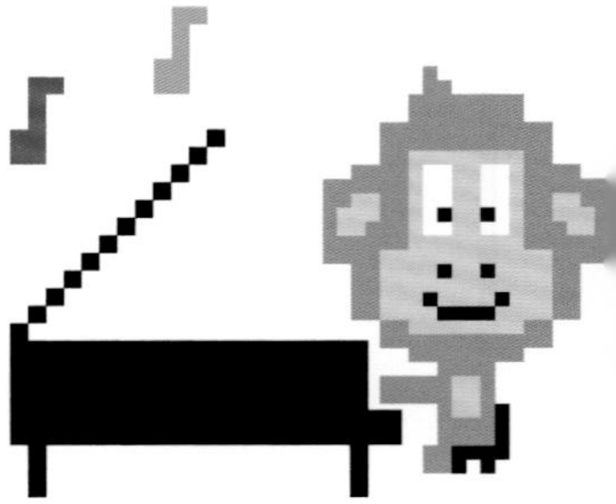

◁**动物钢琴**

如果是给年龄很小的孩子玩，可以修改一下代码，用键盘触发动画和声音，把它变成“钢琴”。选择相距比较远的按键，把作品变成一个“寻找按键”的趣味游戏吧。

▷录制你自己的声音

如果你的计算机有话筒设备，可以录制自己的声音，让作品充满独特的个人气质。首先选择一个你想添加声音的角色。狮子也许不错，你想不想为它录制一个更加逼真的咆哮声？点击声音标签，然后选择“录制”。点击橙色圆形，开始录制；点击方块，停止录制。

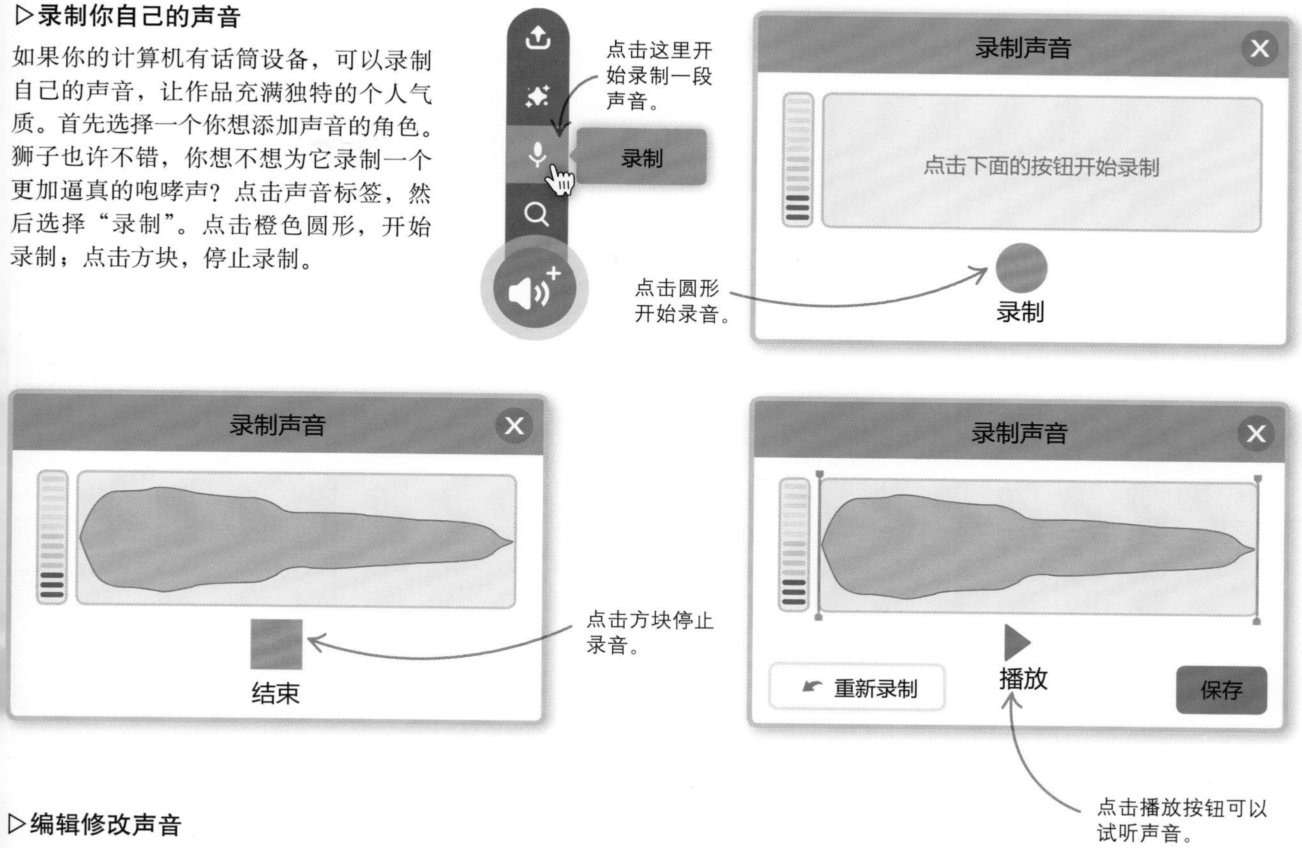

▷编辑修改声音

修改上传或录制的声音很方便。打开“声音”标签，选择你要修改的声音。紫色的图形表示声音播放时的音量大小。选择“删除”工具，高亮选中一段你要修改的声音，然后用下方菜单编辑或添加特效。

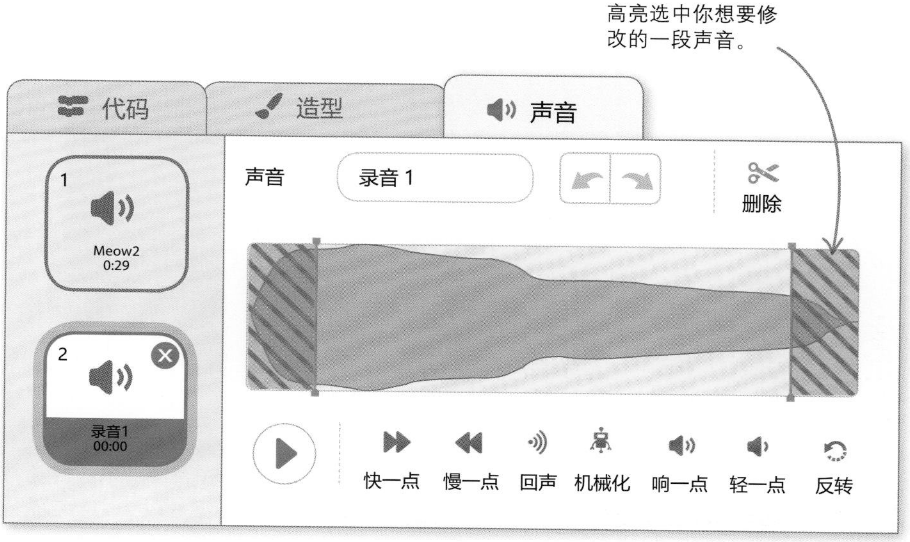

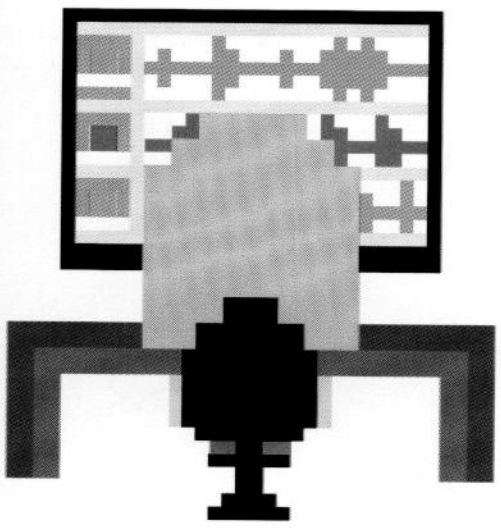

打击乐

这个作品会把电脑键盘变成乐器。随便输入什么，Scratch都会把这些字母变成重复的打击乐，从钹、小手鼓到低音鼓，种类多达 18 种。

工作原理

运行这个作品时，小猫会让你在框里输入一些字母。按下回车键，程序就会把每个字母转换成相应的声音，并且一遍又一遍地重复播放这个音效。播放声音时，舞台上的小猫会边走边打鼓，彩色的小鼓也会随着闪烁。

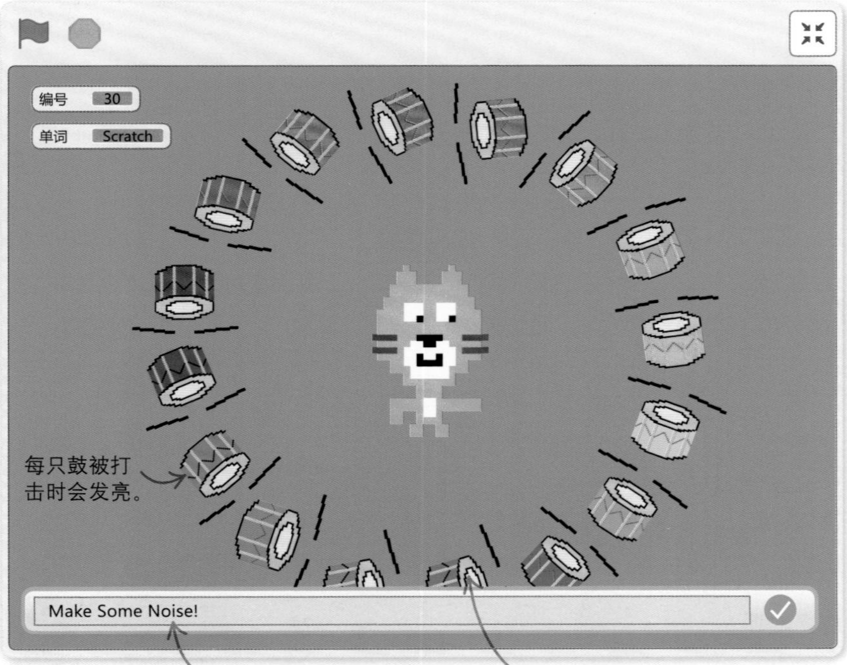

编号 30
单词 Scratch
每只鼓被打击时会发亮。
Make Some Noise!
你输入的文字。
播放声音时，鼓就会点亮。

▽ Scratch 套鼓

代码会把每个字母变成相应的鼓声。字母表有 26 个字母，但 Scratch 只有 18 种鼓声，所以有的声音会对应 2 个字母。

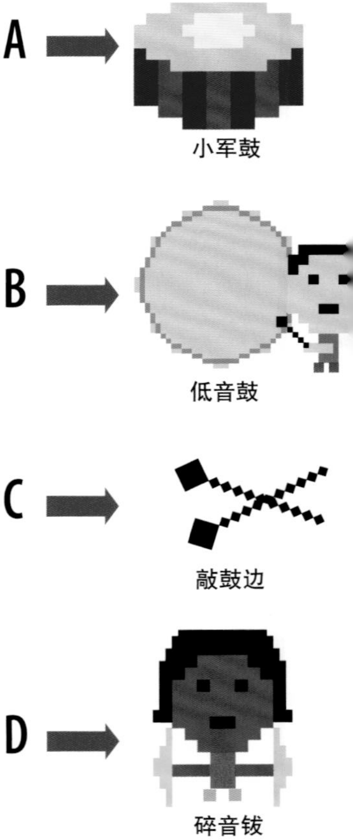

跳舞的猫

为了让作品更有趣，打鼓的时候小猫会一边跳舞，一边大声地喊出每一个字母，这些字母会显示在一个气泡窗口中。按照如下步骤操作，创建一个自定义模块，它会打鼓并让小猫表演动画。

1 新建一个作品，这次保留小猫角色。在界面右下角的背景菜单中选择“绘制”，画一个涂满颜色的舞台背景。首先，选择一个很酷的颜色，然后使用颜色填充工具完成涂色。确保你已经选择了“转换为位图”。

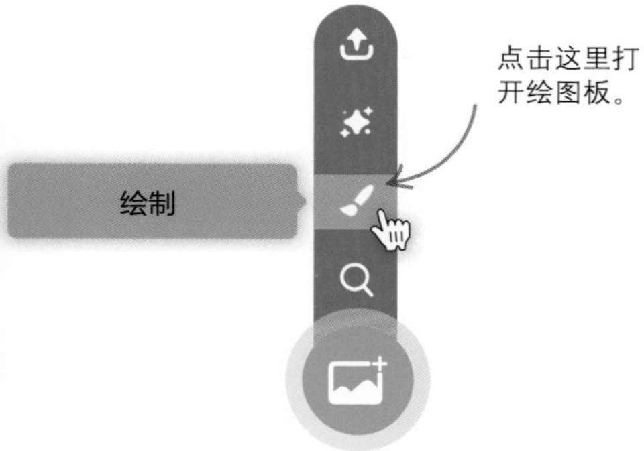

2 选中小猫角色，然后点击指令块面板的“变量”标签，给作品添加两个变量：“编号”“文字”，保持前面的勾选，让它们显示在舞台上。

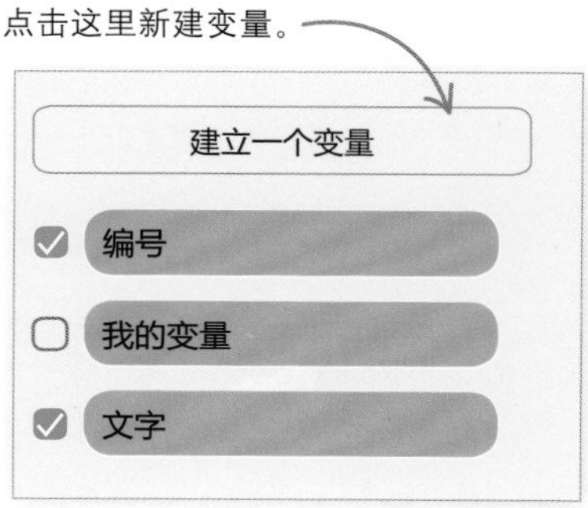

3 现在给小猫角色创建一个自定义模块。在指令块面板上选择“自制积木”，并命名为“敲一下鼓”。它会触发一段代码，发出一记鼓声，同时让小猫说出一个字母。为了让程序简单点，这段代码的第一个版本每次只会发出一种固定的鼓声。

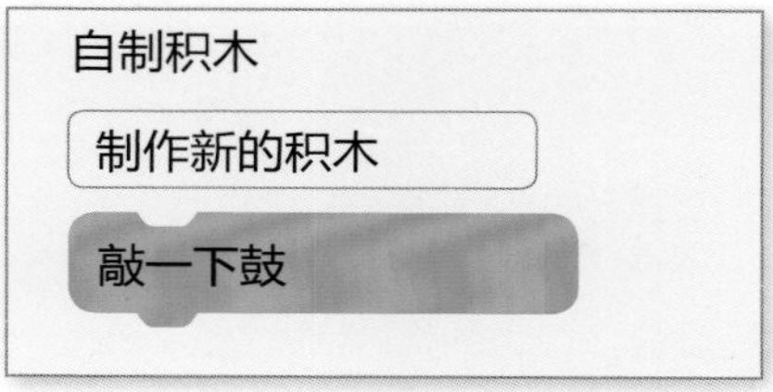

4 新的指令块会出现在面板上，右键单击（或按住 Ctrl/ Shift 键 + 鼠标单击）这个指令块，选择“编辑”，添加输入项。

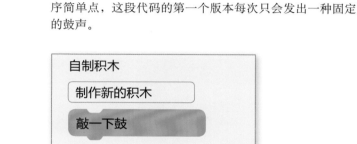

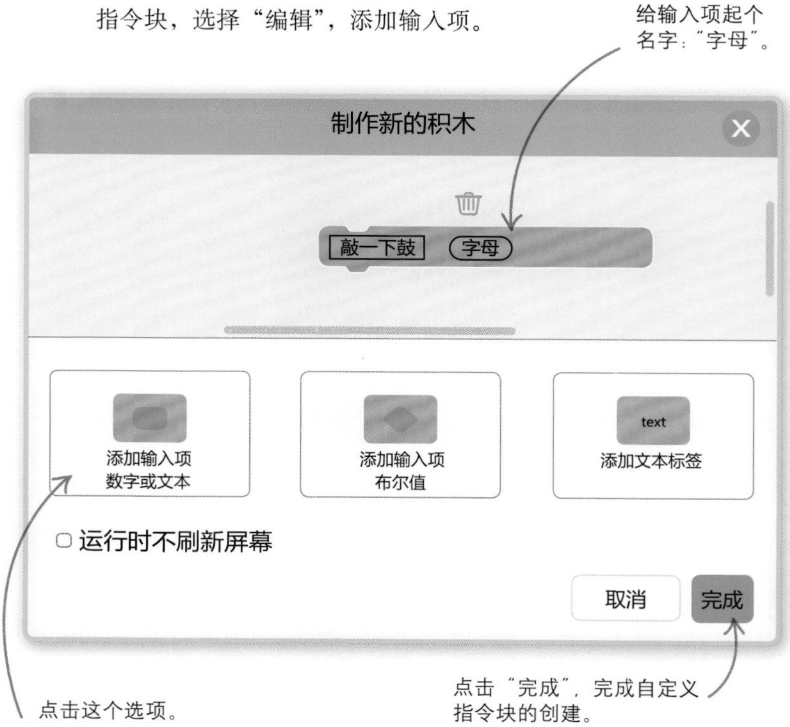

5 接下来，在“定义敲一下鼓”这个头指令块下面添加一段代码。现在，小猫只能说出字母，代码只会打出小军鼓的声音。代码以后会变得更长，这样就能打出各种不同的鼓声了。点击左下方的“添加扩展”，添加音乐扩展模块，以便增加击鼓指令。

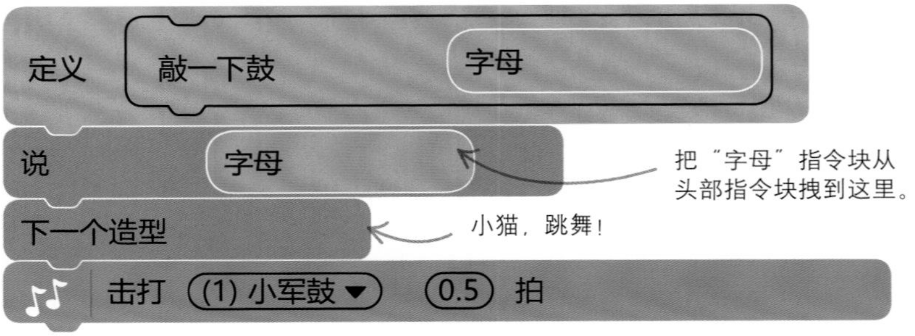
定义 敲一下鼓 字母
说 字母
下一个造型
击打 (1) 小军鼓 (0.5) 拍
把“字母”指令块从头部指令块拽到这里。
小猫，跳舞！

术语

字符串

程序员把一串单词或字母叫作“字符串”。字母串连起来，就像豆子串成项链。

6 现在添加如图所示的代码，它会要求玩家通过键盘输入文字。这段代码会把文字的每个字母分别按顺序发送给“敲一下鼓”指令块，这些字母会被放入自定义代码的“字母”指令块中。

A, B, C, D, E……

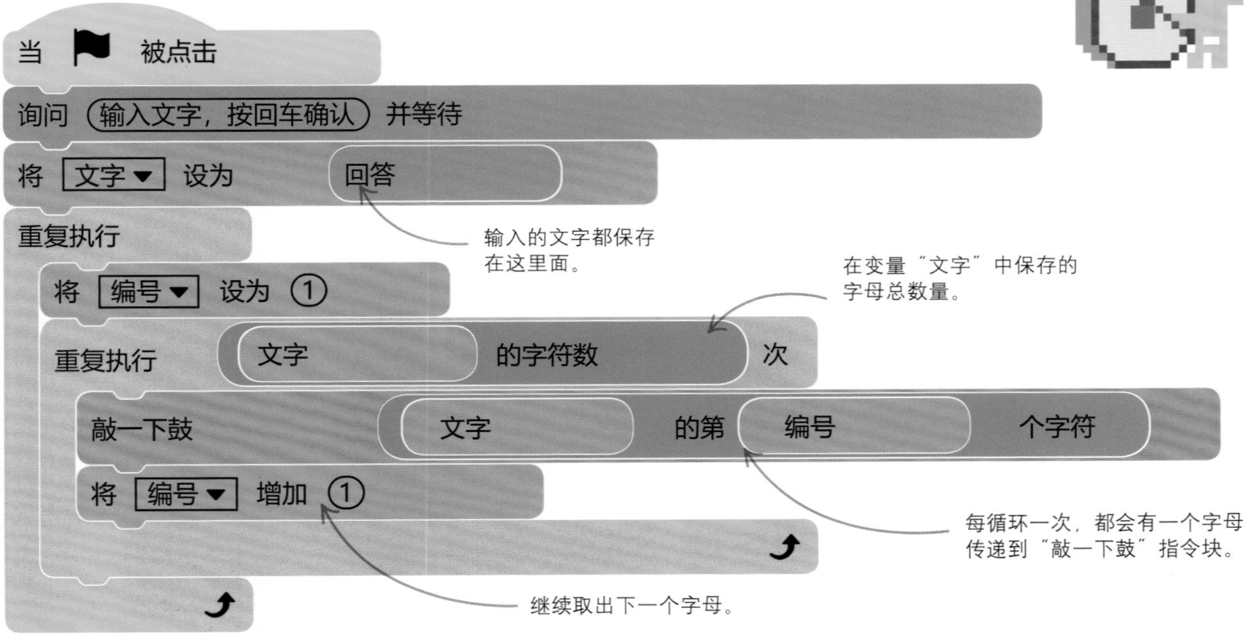
当 被点击
询问 输入文字，按回车确认 并等待
将 文字 设为 回答
重复执行
将 编号 设为 1
重复执行 文字 的字符数 次
敲一下鼓 文字 的第 编号 个字符
将 编号 增加 1
输入的文字都保存在这里面。
在变量“文字”中保存的字母总数量。
每循环一次，都会有一个字母传递到“敲一下鼓”指令块。
继续取出下一个字母。

7 运行作品。输入“Scratch”，然后按回车键。每敲一次鼓，小猫就会说出“Scratch”的一个字母。

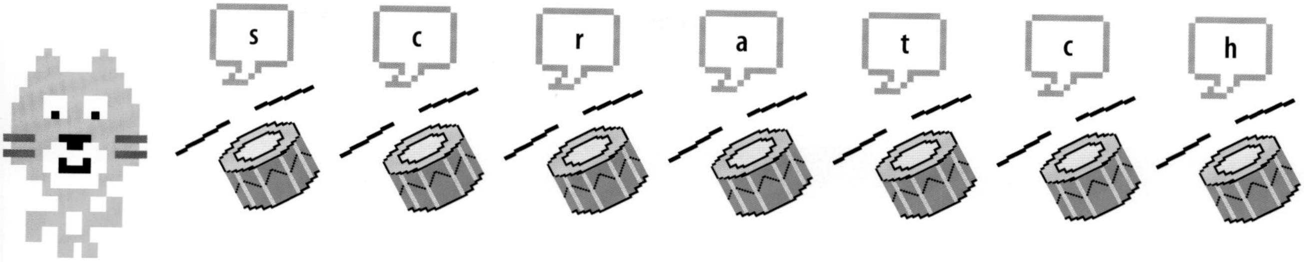

从字母到鼓声

下一步我们要修改程序，让字母敲出不同的鼓声。Scratch 只有 18 种鼓声，所以有的鼓不只对应一个字母。空格、标点符号会在敲鼓过程中产生短暂的休止。Scratch 不会在意字母的大小写，所以“A”和“a”在输入时没有差别。

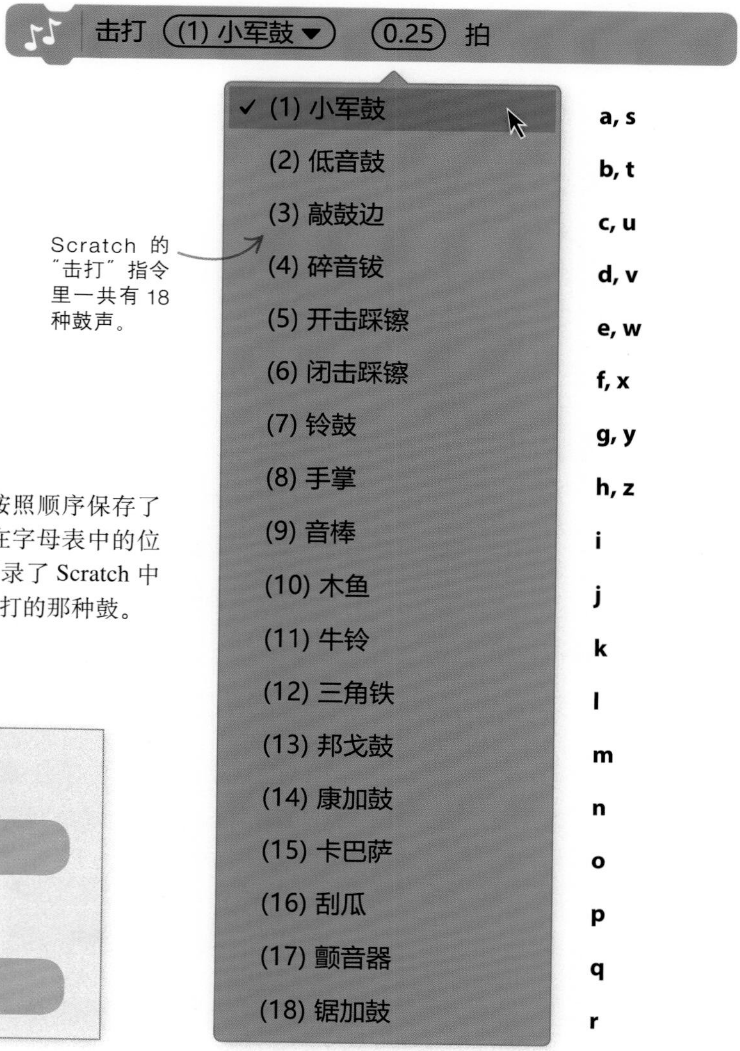

Scratch 的“击打”指令里一共有 18 种鼓声。

8 首先你需要添加 4 个新变量：“字母表”，它按照顺序保存了所有字母；“字母编号”，它记录了一个字母在字母表中的位置，从 1 到 26 进行编号；“鼓的序号”，它记录了 Scratch 中不同鼓声的编号；“选中的鼓”，它记录了被击打的那种鼓。

不要勾选这些变量，这样变量名就不会出现在舞台上。

9 在主程序的开始部分添加 3 个新指令，把变量“字母表”和“鼓的序号”设置好。消息“画鼓”会启动一段代码，这段代码能把鼓画在舞台上，但是这段代码我们之后再做。

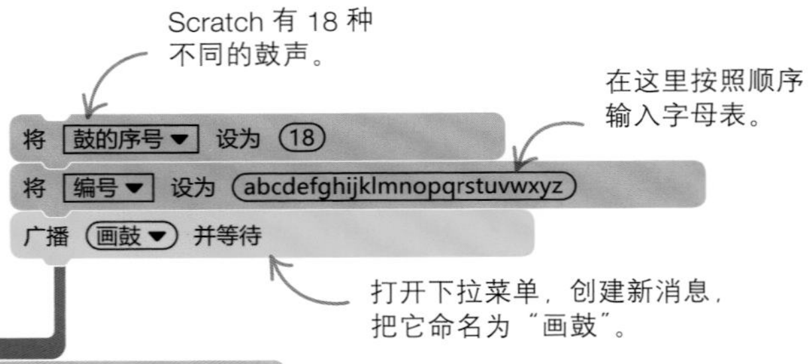
Scratch 有 18 种
不同的鼓声。
在这里按照顺序
输入字母表。
将 鼓的序号 设为 18
将 编号 设为 abcdefghijklmnopqrstuvwxyz
广播 画鼓 并等待
打开下拉菜单，创建新消息，
把它命名为“画鼓”。

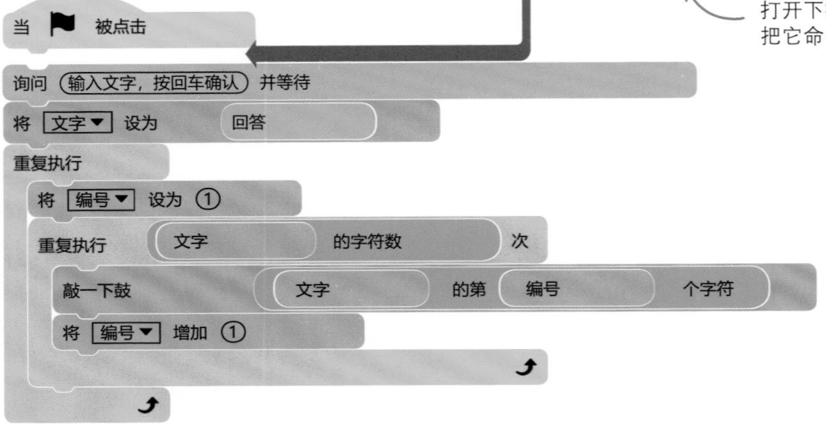
当 被点击
询问 输入文字，按回车确认 并等待
将 文字 设为 回答
重复执行
将 编号 设为 1
重复执行 文字 的字符数 次
敲一下鼓 文字 的第 编号 个字符
将 编号 增加 1

10 把这一段指令加入“定义敲一下鼓”的程序。它能把任何一个字母转变为对应的数字，然后根据这个数字敲打正确的鼓。如果没有找到对应的数字，就会出现暂停，也就是“休止”。

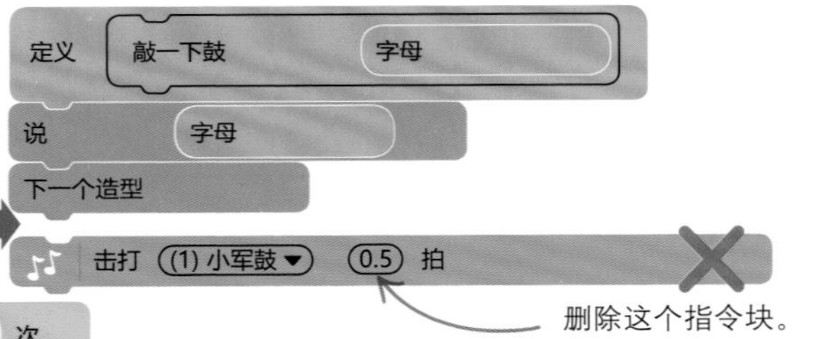
定义 敲一下鼓 字母
说 字母
下一个造型
击打 (1) 小军鼓 0.5 拍
删除这个指令块。

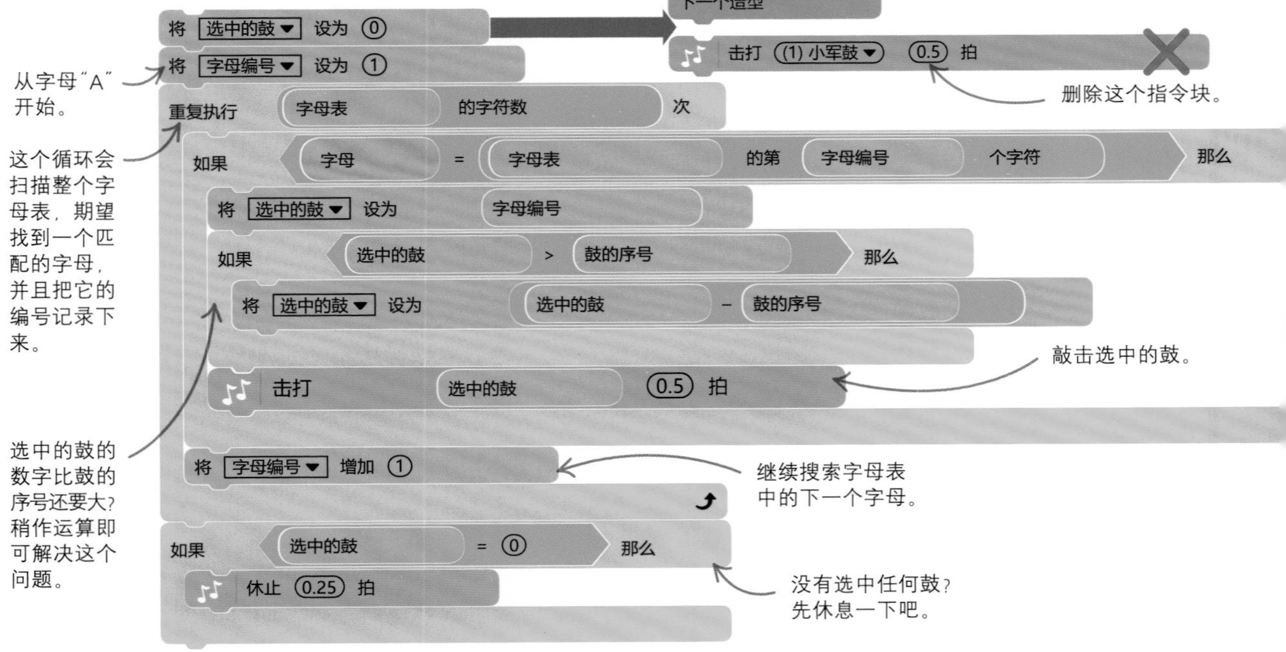
将 选中的鼓 设为 0
从字母“A”
开始。
将 字母编号 设为 1
重复执行 字母表 的字符数 次
这个循环会
扫描整个字
母表，期望
找到一个匹
配的字母，
并且把它的
编号记录下
来。
如果 字母 = 字母表 的第 字母编号 个字符 那么
将 选中的鼓 设为 字母编号
如果 选中的鼓 > 鼓的序号 那么
将 选中的鼓 设为 选中的鼓 − 鼓的序号
击打 选中的鼓 0.5 拍
敲击选中的鼓。
选中的鼓的
数字比鼓的
序号还要大？
稍作运算即
可解决这个
问题。
将 字母编号 增加 1
继续搜索字母表
中的下一个字母。
如果 选中的鼓 = 0 那么
休止 0.25 拍
没有选中任何鼓？
先休息一下吧。

11 现在运行作品，看看你能否打出很酷的鼓点。试着输入“a a a a abababab”。可以用空格键和标点符号让程序暂停一下。

点亮小鼓

为了让这个作品变得更有趣，可以在舞台上摆放一圈小鼓。18 只彩色小鼓分别代表一种鼓声。每当一只鼓被敲响，它就会被点亮。

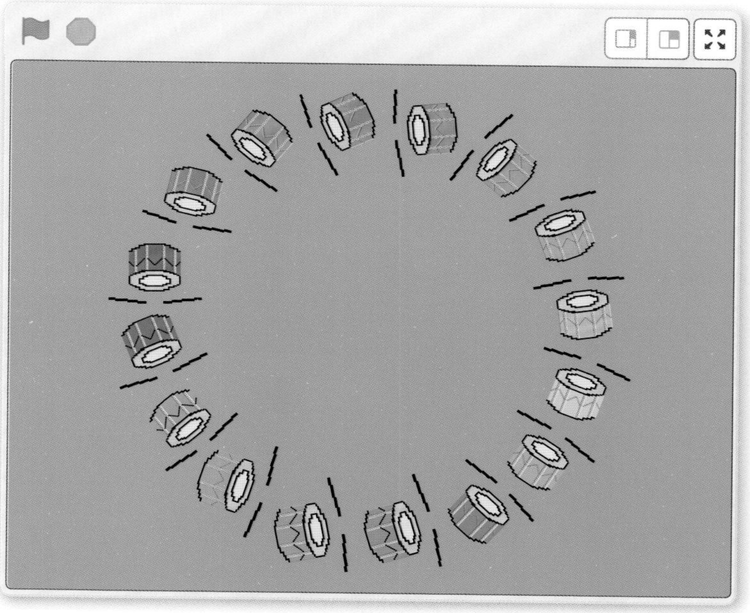

12 在角色列表中点击“选择一个角色”图标，然后从角色库中把“Drum”加载进来。

13 添加一个新变量，命名为“鼓编号”。请确认你选中的是“仅适用于当前角色”，这会让每个克隆体都拥有当前变量的复制品。每只鼓都会记录自己独一无二的编号，在恰当的时间点亮。取消变量前面的勾选，不要让它出现在舞台上。

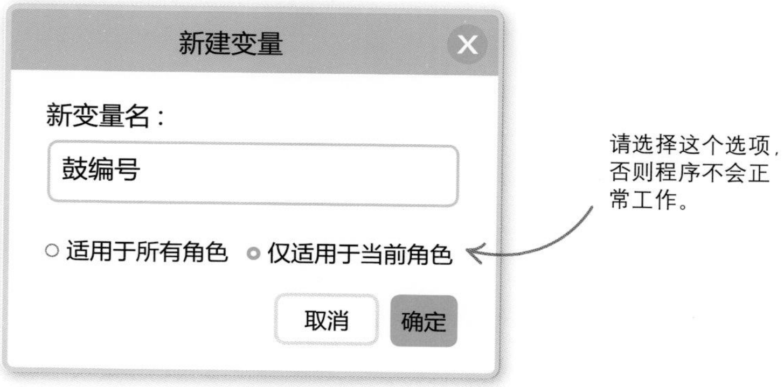

14 把这段代码添加到“Drum”角色中。当这段代码接收到消息“画鼓”，就会在舞台上创造出一圈彩色小鼓克隆体，每只都拥有自己独一无二的编号。

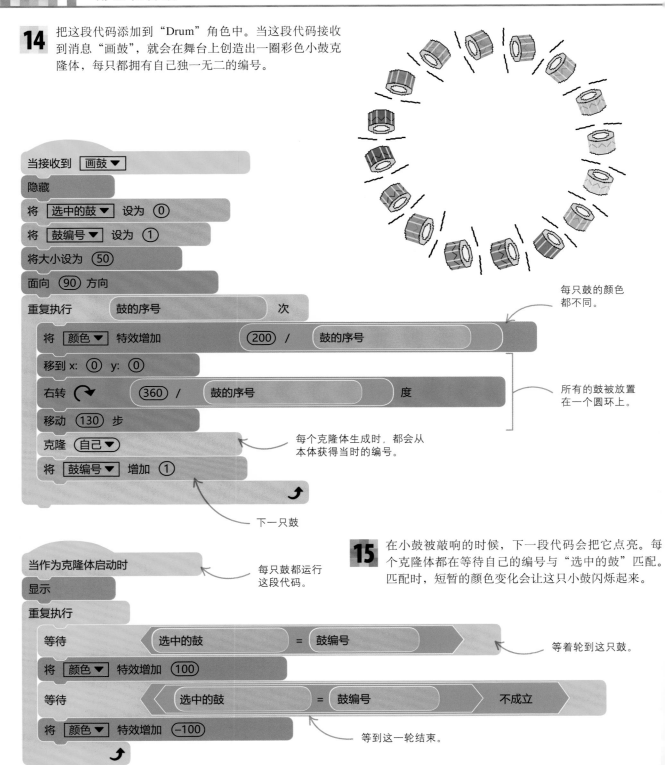

```
当接收到 [画鼓 ▼]
隐藏
将 [选中的鼓 ▼] 设为 (0)
将 [鼓编号 ▼] 设为 (1)
将大小设为 (50)
面向 (90) 方向
重复执行 (鼓的序号) 次
    将 [颜色 ▼] 特效增加 ((200) / (鼓的序号))
    移到 x: (0) y: (0)
    右转 ↻ ((360) / (鼓的序号)) 度
    移动 (130) 步
    克隆 (自己 ▼)
    将 [鼓编号 ▼] 增加 (1)
end
```

每只鼓的颜色都不同。

所有的鼓被放置在一个圆环上。

每个克隆体生成时，都会从本体获得当时的编号。

下一只鼓

15 在小鼓被敲响的时候，下一段代码会把它点亮。每个克隆体都在等待自己的编号与“选中的鼓”匹配。匹配时，短暂的颜色变化会让这只小鼓闪烁起来。

```
当作为克隆体启动时
显示
重复执行
    等待 <(选中的鼓) = (鼓编号)>
    将 [颜色 ▼] 特效增加 (100)
    等待 <<(选中的鼓) = (鼓编号)> 不成立>
    将 [颜色 ▼] 特效增加 (-100)
end
```

每只鼓都运行这段代码。

等着轮到这只鼓。

等到这一轮结束。

16 运行这个作品。鼓会随着鼓点的序列，一只只被点亮。试一下这段字母序列“abcdefghijklmnopqrstuvwxyz”，你会发现所有的鼓按照顺序依次点亮，还会发现当超过字母 r 以后，鼓又被重新使用了。

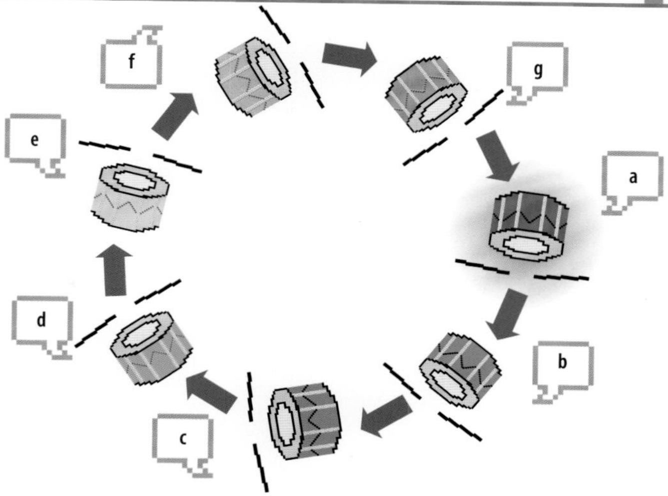

修正与微调

借助一个序列去控制某样东西，这个方法非常实用。你可以试试下面的创意：做一架自动弹奏的钢琴、一只会唱歌的鸭子，或者一个屏幕上的机器人，让它可以按照字母的序列执行一段程序。

试试看

单词钢琴

如果把“击打”的指令换成“弹奏音符”，就轻松创造了一只会唱歌的动物。只须把所有的音符和 26 个数字匹配，让每个字母都有自己对应的音符。

▽演奏速度

演奏音乐时有快有慢，我们把它叫作“演奏速度”。演奏速度越快，每一拍就越短，音乐进行的速度越快。Scratch 可以很方便地设置演奏速度，在指令块面板的“音乐”扩展中就能找到它。选中“演奏速度”指令块前面的勾选，让它显示在舞台上。添加如下代码，这样你就可以用方向键控制演奏速度了。按下空格键会把演奏速度重置为每分钟 60 拍。

```
☑ 演奏速度

当按下 空格▼ 键
将演奏速度设定为 (60)

当按下 ↑▼ 键
将演奏速度增加 (2)

当按下 ↓▼ 键
将演奏速度增加 (-2)
```

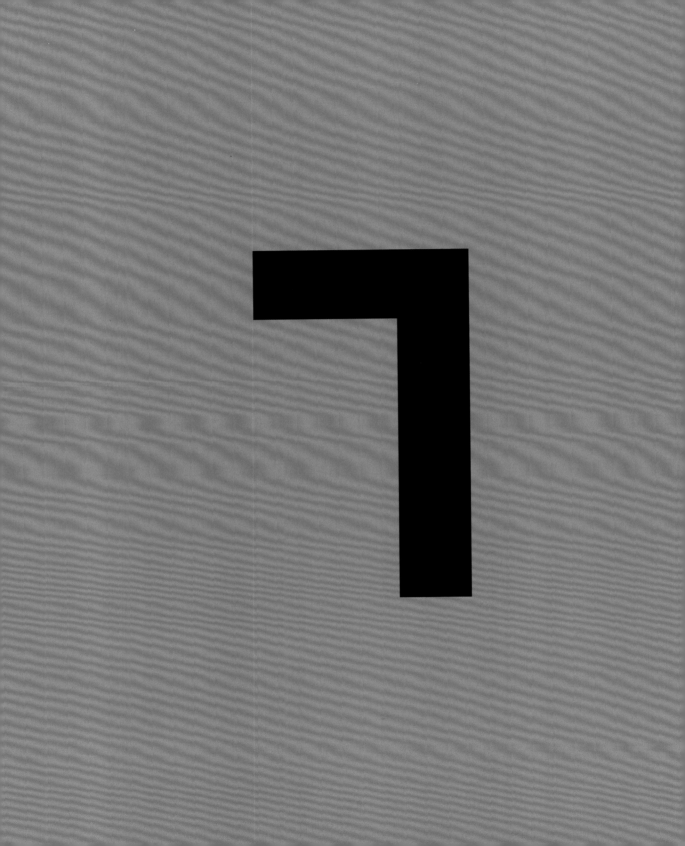

意识扭曲

魔幻圆点

运行这个作品，集中注意力盯着十字的中心，粉色圆点围绕着它一直闪烁。几秒之后，你会看到一个若隐若现的绿色圆点出现在粉色圆点中，但实际上它并不存在。利用这种奇妙的视觉幻象，Scratch 创造出了一种神秘的效果。

工作原理

圆点快速地忽隐忽现，在圆点跑圈的过程中会形成一个缺口。这会让你的大脑产生一种错觉，主动在缺口位置填补一个不同颜色的小圆点，且颜色和粉色互补，这样就会出现一个本不存在的绿色圆点。紧盯绿色圆点，你会发现它把粉色圆点都擦掉了，但这也只是一个幻觉而已。

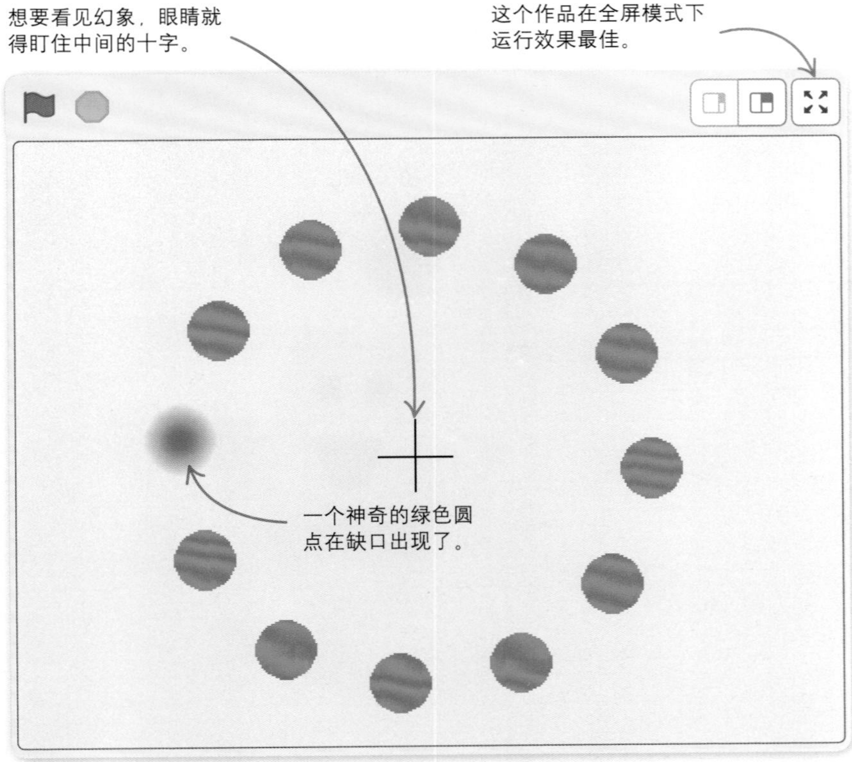

想要看见幻象，眼睛就得盯住中间的十字。
这个作品在全屏模式下运行效果最佳。
一个神奇的绿色圆点在缺口出现了。

我是数字 5！

△带编号的克隆体

每个圆点就是一个克隆体。在这个作品里，你会看见每个克隆体如何拥有自己的变量复制品。也就是说，每个编号用于在特定时刻控制克隆体的隐藏状态。

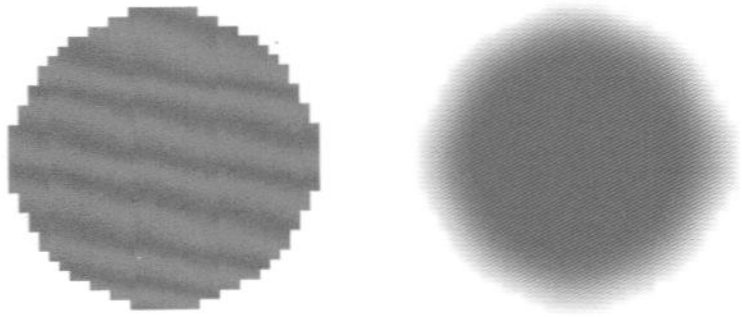

△脑海中的颜色

这种幻觉叫作“残留影像”。如果长时间目不转睛地盯着某个东西，眼睛里的视觉感受器会变得疲劳，大脑开始对颜色失去感觉。所以当颜色突然消失，你就会看到一个颜色相反的残留影像，这就是“色孔”。

粉色造型

要制造出这样的幻觉效果，只须一个角色就够了。不过，首先你要画一个粉色圆点和黑色十字造型。

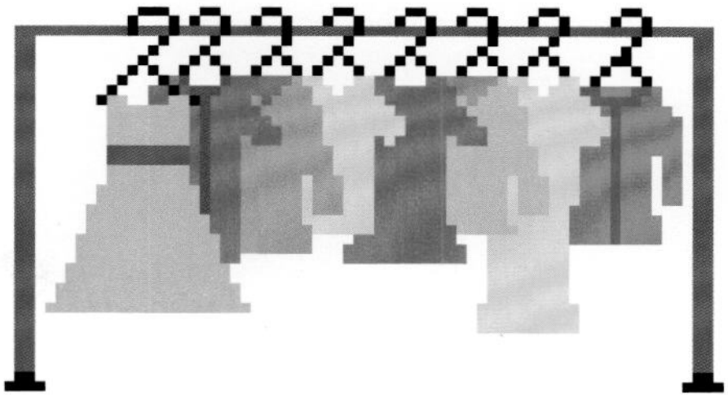

1 新建一个作品，移除小猫角色。在“角色”列表中，点击“绘制”，用绘图板画一个新角色。在调色板中，选择明亮的粉色。

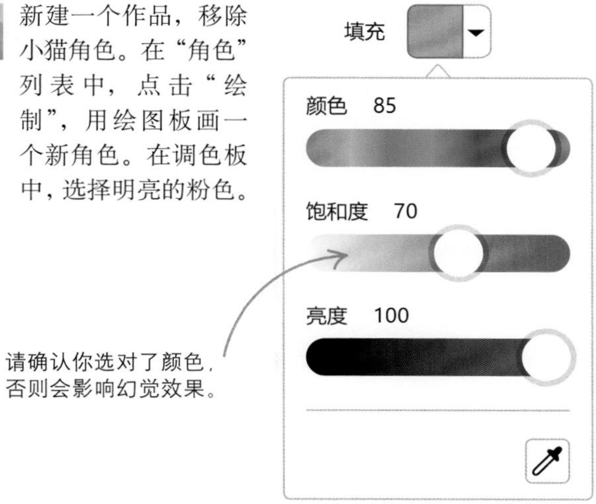

填充
颜色 85
饱和度 70
亮度 100
请确认你选对了颜色，否则会影响幻觉效果。

2 选择椭圆工具，确保已选择上方的“填充”颜色，并且选择了“转换为位图”。

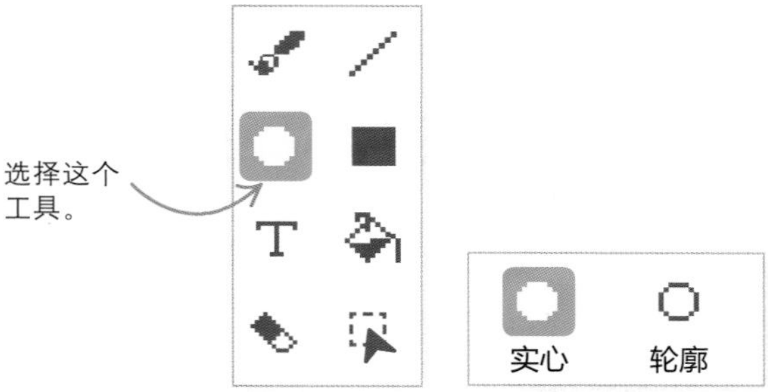

选择这个工具。
实心
轮廓

3 在绘图板的中央按下鼠标，按住 Shift 键的同时拖动鼠标，画出一个粉色的实心圆。把圆放到画面中央的十字位置。

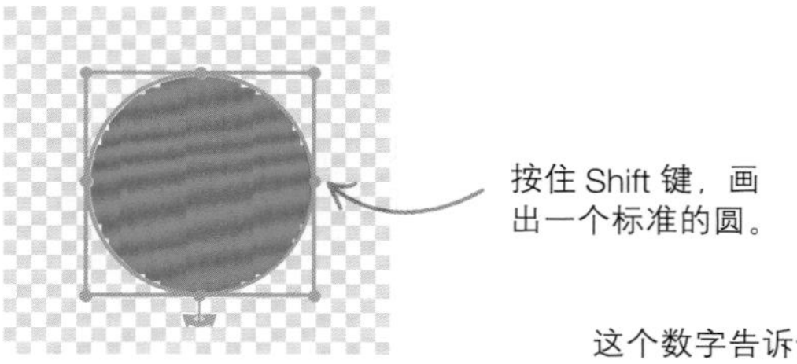

按住 Shift 键，画出一个标准的圆。

4 新画的圆形会出现在造型列表中。名字下面的数字代表了造型的大小尺寸。你需要一个 35 × 35 的圆点，下一步会教你如何调整。

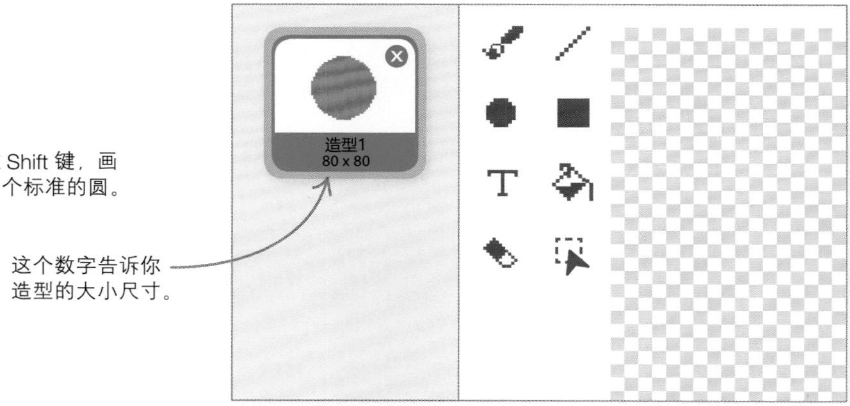

造型1
80 x 80
这个数字告诉你造型的大小尺寸。

5 如果圆形太大或太小，拖拽周围方框的一个角可以改变大小。如果方框消失了，使用“选择”工具在圆的周围重新画一个框。在绘制面板上方，将造型命名为“圆点”。

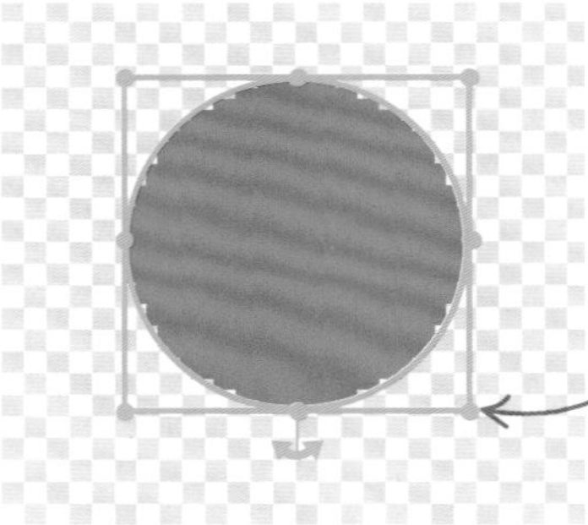

拖拽这个角，改变圆的大小。

6 下一步是创建一个黑色十字，它会出现在幻觉的中央位置。在“造型”菜单中点击“绘制”，画一个新造型。请用线段工具画一个圆点一半大的十字。想要画出标准的水平线和垂直线，请按住 Shift 键。按照上一步中的方法为这个造型设置中心点。

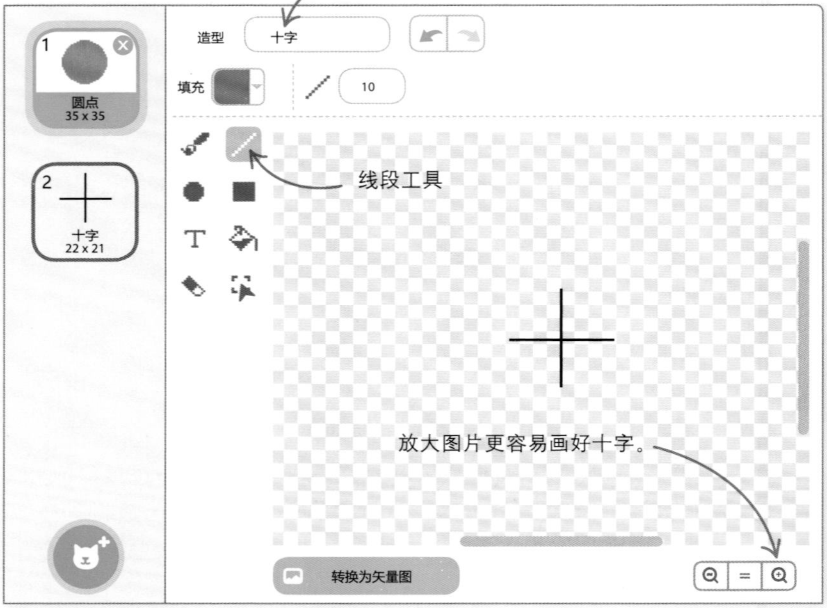

克隆体圆环

现在为舞台涂上颜色，并创造出一个克隆体圆环。这段代码会给每个克隆体唯一的编号，让程序便于控制克隆体隐藏。

7 为了创建一个合适的背景，在舞台区右下方的“背景”菜单中点击“绘制”。

点击这里创建一个新的舞台背景。
绘制

8 现在选中“填充”工具，在颜色区选择灰色。请确保你选中了准确的色度，否则幻觉效果不会出现。然后在绘图区域任何位置点击一下，创建一个灰色的背景。

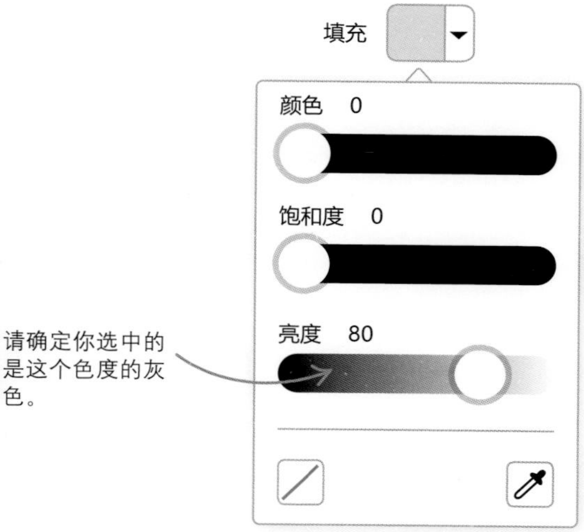

9 点击角色，然后选择“代码”标签。在指令块面板中选择“变量”，接着点击“建立一个变量”。创建新变量，为它起名为“编号”，这时要选择“仅适用于当前角色”。这个选项非常重要，选择这个选项才能让每个克隆体都有一个变量的拷贝，从而可以保存它自己的编号。在指令块面板中，取消变量前面的勾选框，不要让它出现在舞台上。

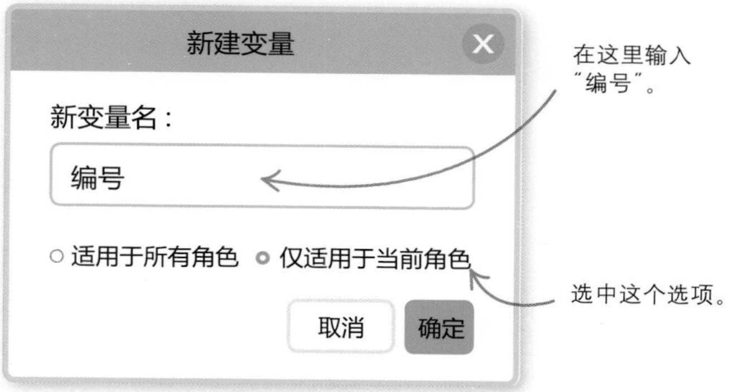

10 现在添加两段代码，创建粉色圆点的 12 个克隆体，并把它们排列成一个圆环。克隆体被创建后，会得到一个变量编号的复制品，这意味着每个克隆体都有独一无二的编号。

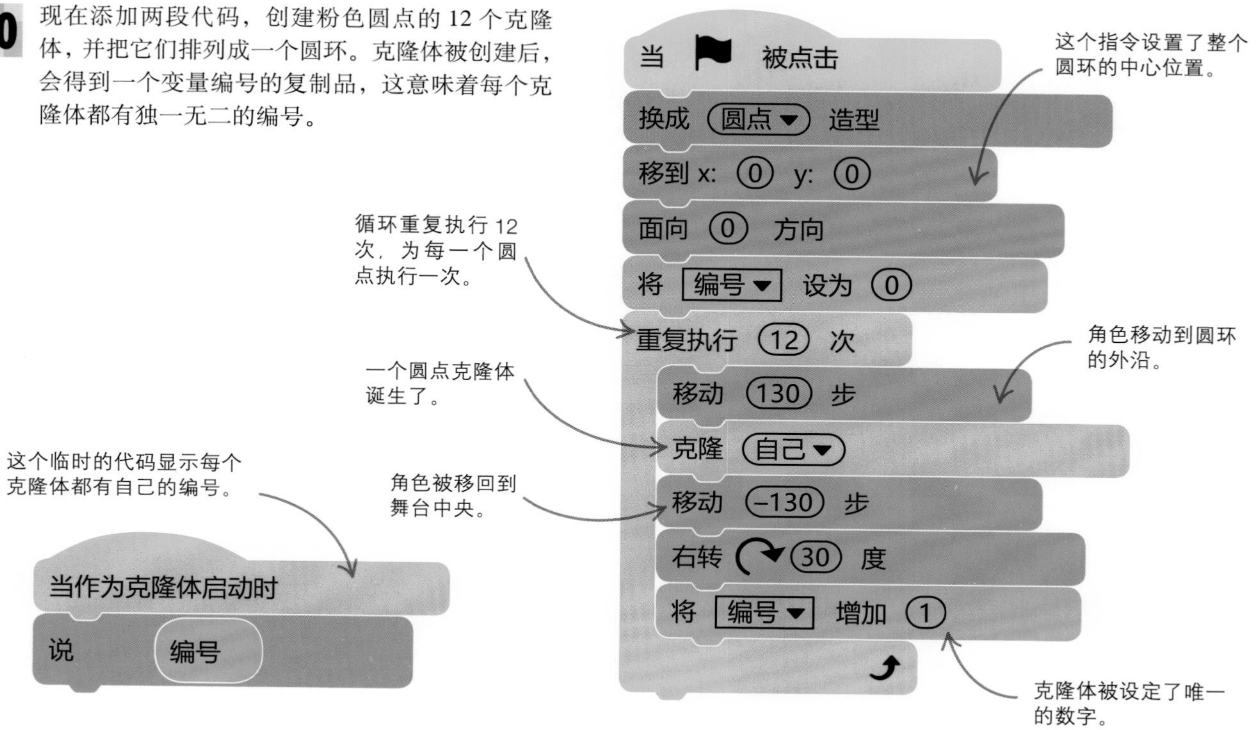

11 运行作品，每个克隆体会说出自己的编号。每个克隆体都不相同，从 0 到 11 分布在整个圆环上。

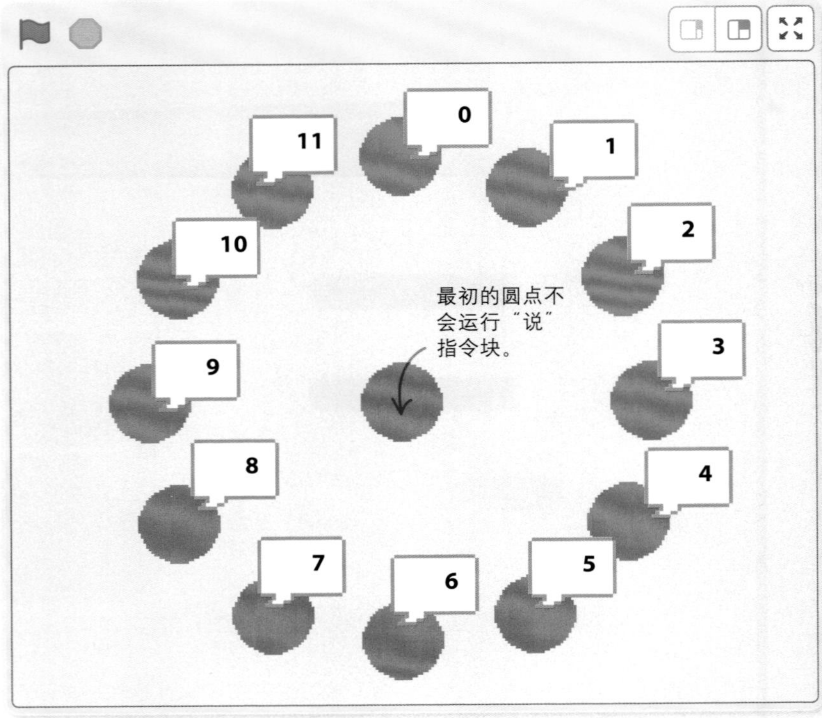

12 现在删除那段比较短的代码，在制造幻觉时，我们不需要看到这些对话框。

制造幻觉

现在，为了让圆点能隐藏起来，你需要新建一个变量“隐藏”，它会规定哪个变量应该隐藏起来。

13 在指令块面板上点击“变量”，新建一个变量，起名为“隐藏”。取消变量前面的勾选，别让它出现在舞台上。

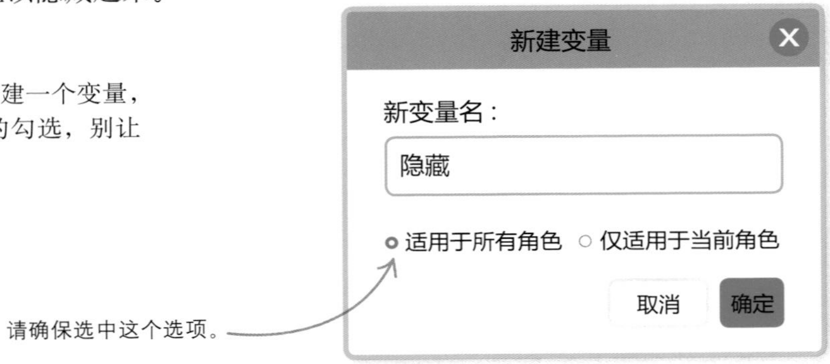

14 把下面的指令添加到角色代码的最下面，完成以后先不要运行程序。

```
当 ⚑ 被点击
换成 (圆点 ▾) 造型
移到 x: (0) y: (0)
面向 (0) 方向
将 [编号 ▾] 设为 (0)
重复执行 (12) 次
    移动 (130) 步
    克隆 (自己 ▾)
    移动 (-130) 步
    右转 ↻ (30) 度
    将 [编号 ▾] 增加 (1)
换成 (十字 ▾) 造型
将 [隐藏 ▾] 设为 (0)
重复执行
    将 [隐藏 ▾] 增加 (1)
    如果 <(隐藏) = (12)> 那么
        将 [隐藏 ▾] 设为 (0)
    广播 (隐藏圆点 ▾)
    等待 (0.1) 秒
```

十字叉造型出现在舞台中央。

“隐藏”变量控制着哪个圆点会隐藏。

“隐藏”变量正向计数到11，然后跳回到0。

打开菜单，创建一条新消息：“隐藏圆点”。

这个数字控制魔幻圆点沿着圆环运动的速度。

15 现在给角色添加下面这段新代码。所有克隆体都会运行这段代码。只有那个编号和“隐藏”变量相同的克隆体才会隐藏。当“隐藏”变量的值变大时，各个圆点会依次隐藏。

```
当接收到 [隐藏圆点 ▾]
如果 <(编号) = (隐藏)> 那么
    隐藏
否则
    显示
```

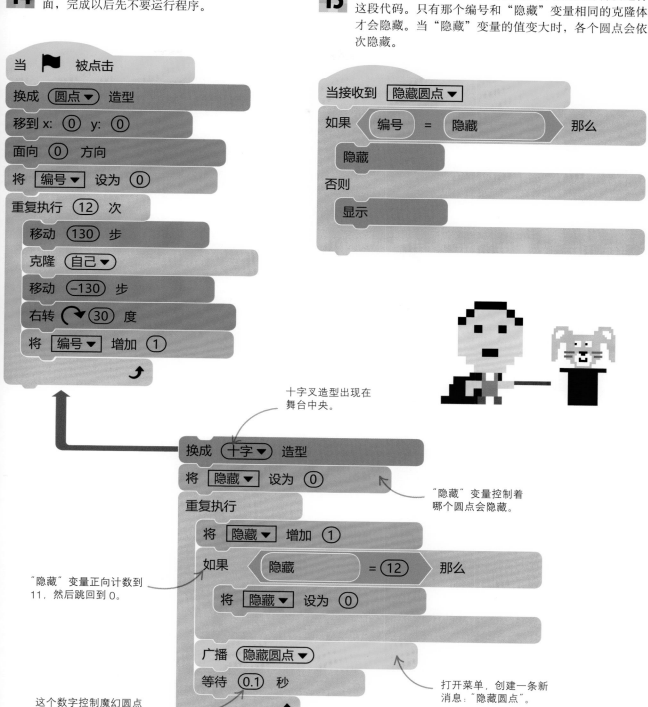

16 运行作品。你应该可以看见一个缺口沿着圆环运行。打开全屏模式，然后紧紧盯着中央的十字。几秒钟后，你会看到神奇的绿色圆点。继续盯着十字，绿色圆点开始把粉色圆点“抹去”。当你把目光从十字上移开，就又能看到空白的缺口了。

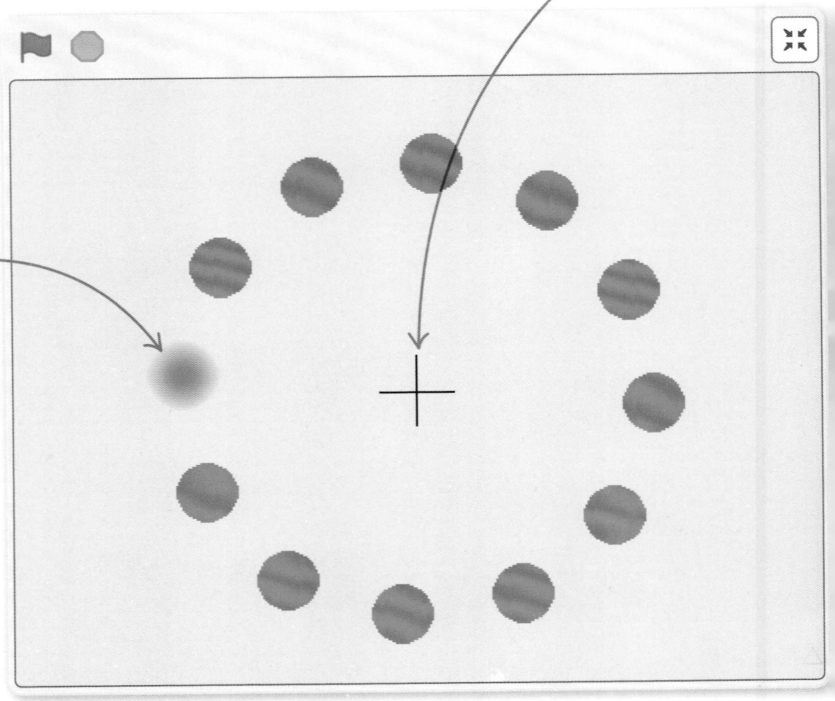

盯着十字就能看到幻象。
如果你直接盯着这个圆点看，它就会消失。

我好像看到了什么东西！

专家提示

如果……那么……否则

“如果……那么……”指令块非常有用，它会根据对某个问题的回答决定执行或者跳过一组指令。但如果你希望答案是肯定的时候做一件事，答案是否定的时候做另一件事，怎样才能办到呢？你可以使用两个“如果……那么……”指令块，但是程序员经常要面对这样的问题，所以他们发明了另外一种解决方法：“如果……那么……否则……”指令块。“如果……那么……否则……”指令有两个“嘴巴”，可以放入两组指令。上面的指令在回答为肯定时执行，下面的指令在回答为否定时执行。

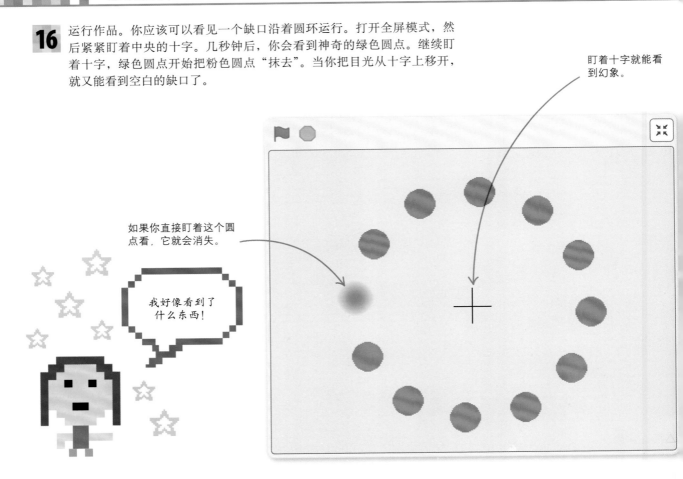

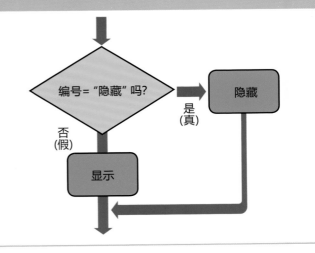

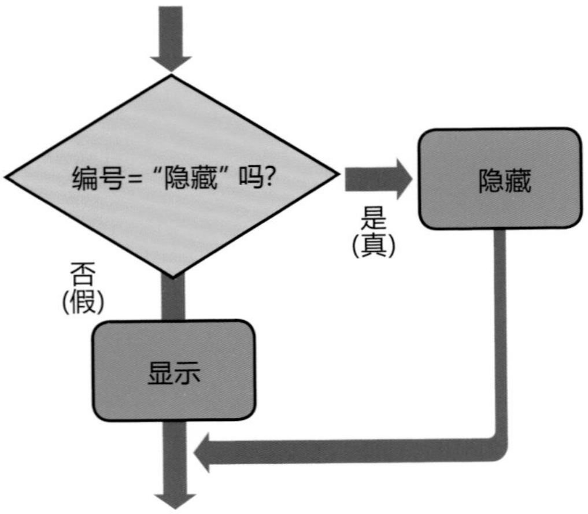

修正与微调

你可以利用 Scratch 继续探索这个奇妙的视觉幻象。如果修改了圆点或背景的颜色，或修改了速度，幻象还会出现吗？如果有更多的圆点，或者每次隐藏的圆点数量超过一个，幻象还有吗？先保存作品，然后随意修改一下程序吧。

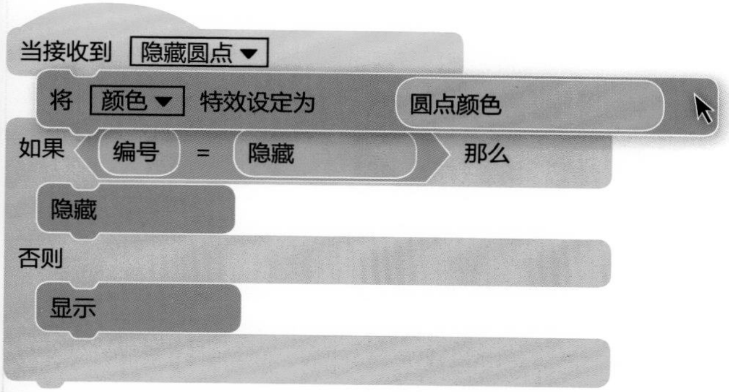

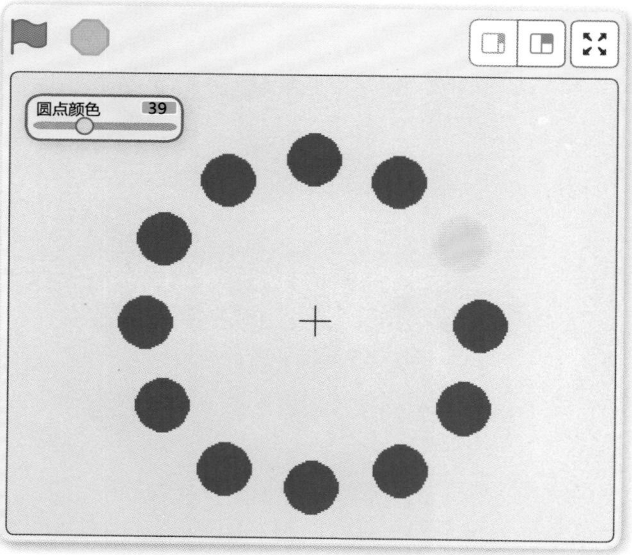

△控制颜色

为了发现哪种颜色能产生最强烈的幻觉，现在创建一个叫作“圆点颜色”的变量，然后在舞台上添加一个滑杆。在接收消息的头指令块下面添加一个设定颜色特效的指令。运行作品，用各种不同的颜色做试验。哪种颜色效果最好？那个魔幻圆点也会改变颜色吗？

试试看

加速

尝试再添加一个新的变量，叫作“延迟”，用来控制魔幻圆点的运动速度。把这两个指令块添加到代码中，你知道应该把它们放在哪里吗？用鼠标右键点击（或者按 Ctrl/Shift + 鼠标单击）舞台上的变量，然后选择“滑杆”。如果把数字调小，幻象还会出现吗？

创螺旋

用 Scratch 的画笔功能可以创造令人惊异的视觉效果，比如五彩的螺旋纹样。如果你的电脑有麦克风，可以让作品中的螺旋线对声音作出反应。

你可以利用麦克风，让螺旋线随着音乐移动！

工作原理

螺旋线的种类非常多，但是这个作品只能画出很简单的一种。迈出 1 步，向右转 10 度；迈出 2 步，向右转 10 度；迈出 3 步……

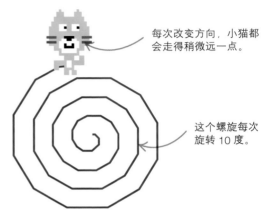

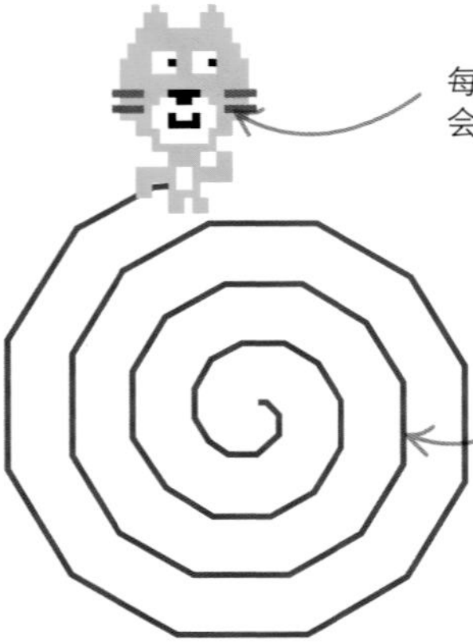

每次改变方向，小猫都会走得稍微远一点。
这个螺旋每次旋转 10 度。

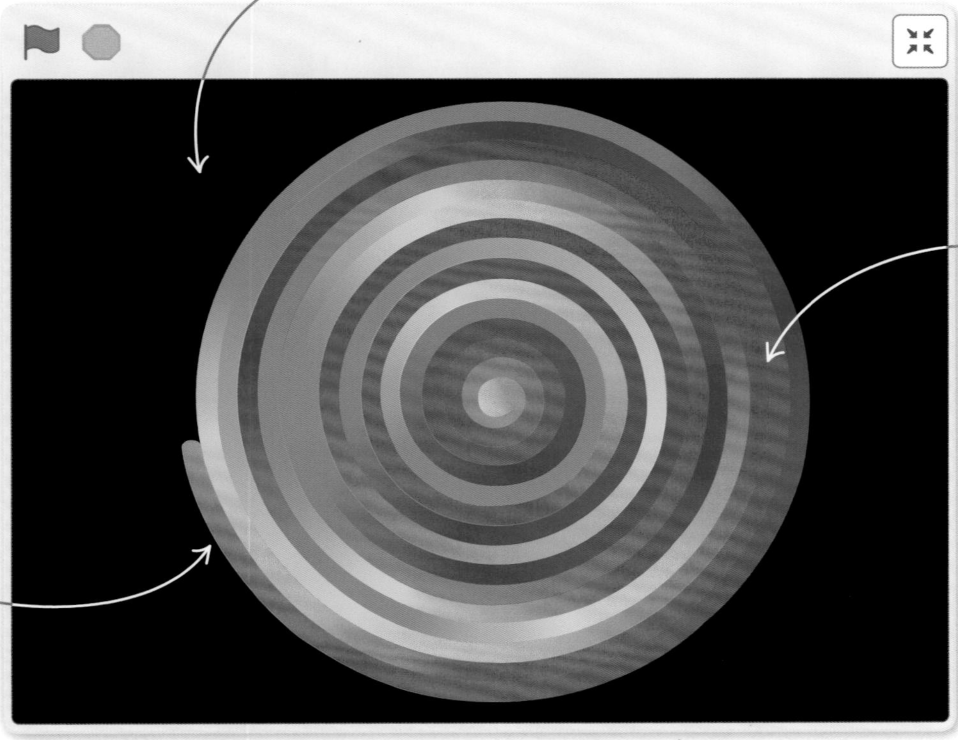

这个作品在全屏模式下更好看。
接收到比较响亮的声音时，彩色线条会变粗。
螺旋线是用画笔画出来的。

制造螺旋

这个作品向你展示如何利用 Scratch 的画笔功能创造快速移动的互动特效。首先，跟随下面的步骤制造一个简单的螺旋。你需要提前添加“画笔”扩展模块，就像之前的作品里那样。

1 新建一个作品。删除小猫，然后在角色菜单中点击“绘制”。不用画出这个角色，因为它只是画笔的一个向导。把角色命名为“螺旋”。

2 现在把舞台的背景改成黑色，这样可以让螺旋线更加明显。在界面的右下角，点击舞台背景菜单的“绘制”。在绘图编辑器中选中黑色，然后用填充工具把整个舞台涂成全黑。确保你选择了“转换为位图”。

使用“填充”工具为背景上色。

3 这个作品需要很多的变量。选中螺旋角色，然后创建如下变量：“重复次数”“画线长度”“画线长度增量”“旋转角度”和“开始方向”。取消这些变量的勾选，不要让它们出现在舞台上。

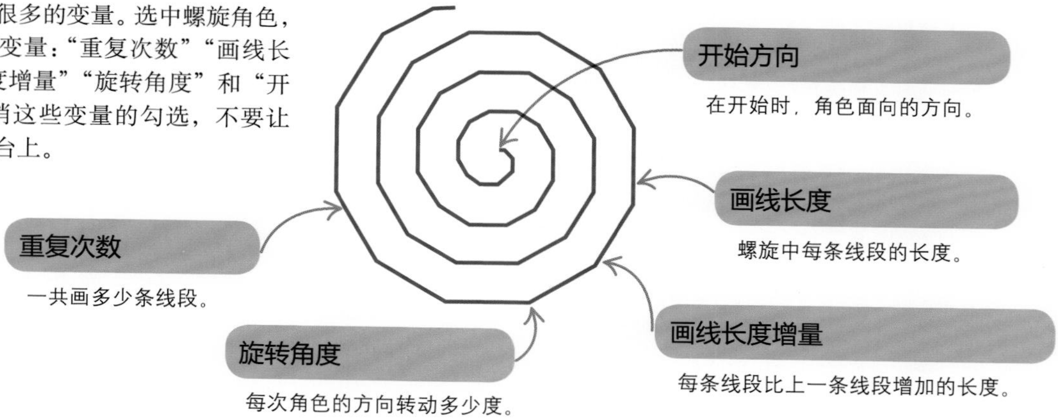

开始方向
在开始时，角色面向的方向。
画线长度
螺旋中每条线段的长度。
重复次数
一共画多少条线段。
画线长度增量
每条线段比上一条线段增加的长度。
旋转角度
每次角色的方向转动多少度。

4 现在创建一个自定义模块，让它来画螺旋线。选择“自制积木”，然后点击“制作新的积木”。

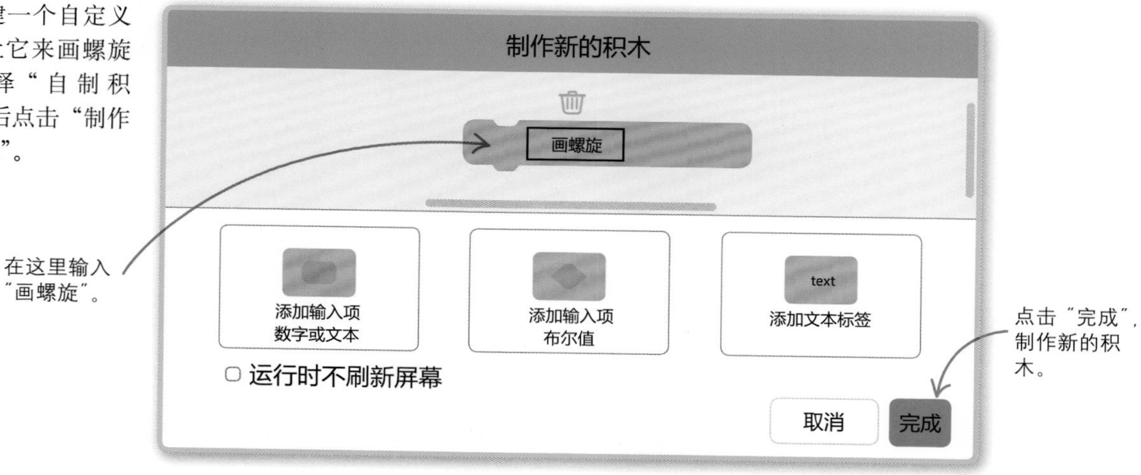

5 你会看见一个头指令块出现在代码区，上面写着“定义画螺旋”。继续添加如下指令。仔细检查这些指令块，想一想每一步运行的情况。现在先不要运行程序，因为还没有任何指令会启动这个新的指令块。

```
定义 画螺旋
面向 (开始方向) 方向
抬笔
移到 x: (0) y: (0)
将 [画线长度 ▼] 设为 (0)
落笔
重复执行 (重复次数) 次
    将 [画线长度 ▼] 增加 (画线长度增量)
    移动 (画线长度) 步
    右转 ↻ (旋转角度) 度
抬笔
```

这个循环用之前讲过的方法画出螺旋线。

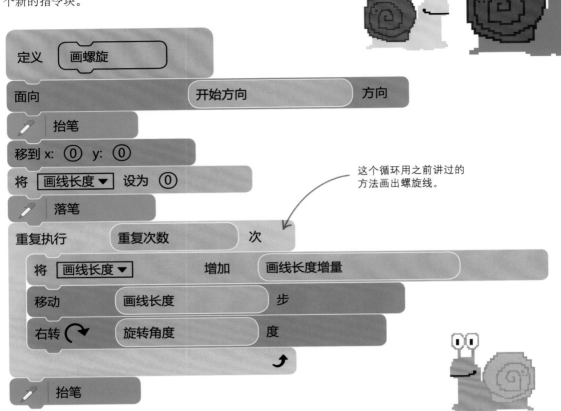

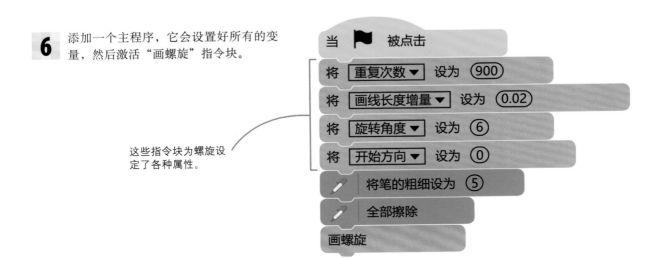

6 添加一个主程序，它会设置好所有的变量，然后激活“画螺旋”指令块。

```
当 ⚑ 被点击
将 [重复次数 ▼] 设为 (900)
将 [画线长度增量 ▼] 设为 (0.02)
将 [旋转角度 ▼] 设为 (6)
将 [开始方向 ▼] 设为 (0)
将笔的粗细设为 (5)
全部擦除
画螺旋
```

这些指令块为螺旋设定了各种属性。

7 运行作品。一个如图所示的螺旋出现了！程序画这个螺旋大概需要 30 秒。

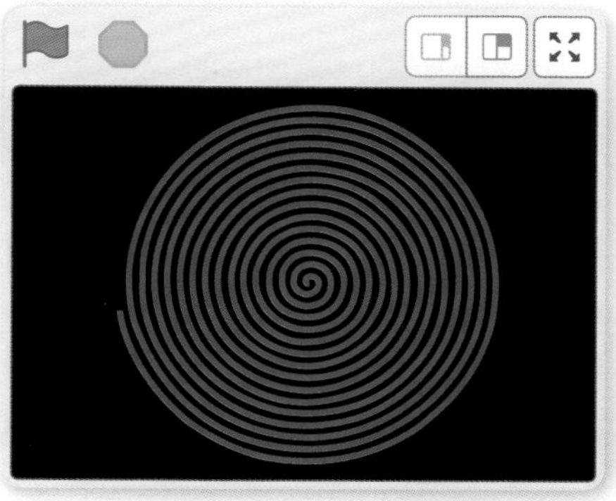

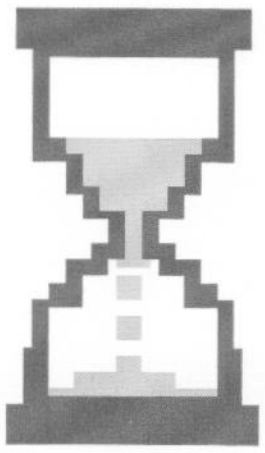

让螺旋也旋转

为了让螺旋旋转下来，程序需要不断重复绘制，每次画在一个新的位置上。为了让这个过程快速进行，我们需要用到一个特殊的技巧，让指令执行得更快。

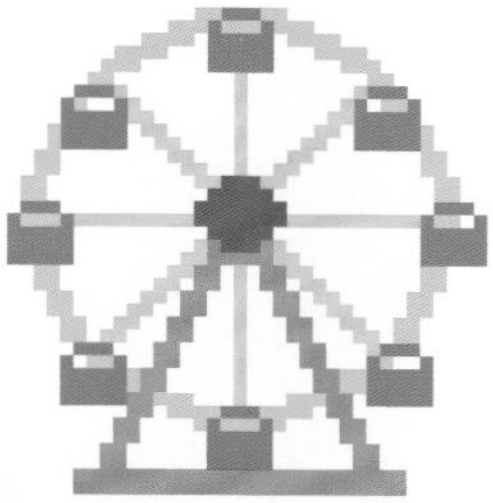

8 画螺旋线需要很长的时间，原因是每次给螺旋添加一条新线段时，程序都会重新绘制整个舞台。你可以设置自定义模块，在工作完毕之前不要重新绘制螺旋。请用鼠标右键点击“定义……”指令块，然后选择“编辑”。

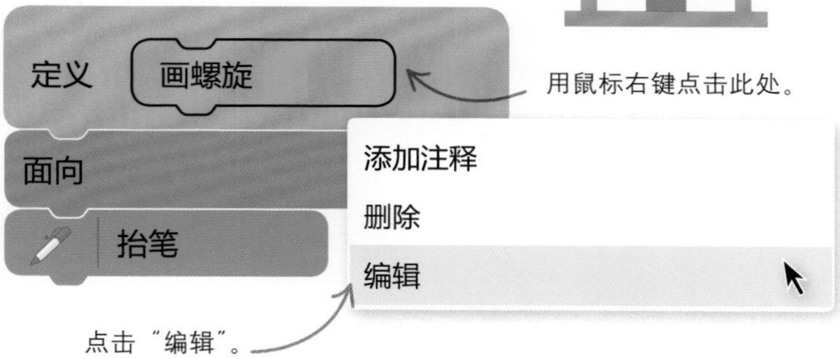

9 勾选“运行时不刷新屏幕”。

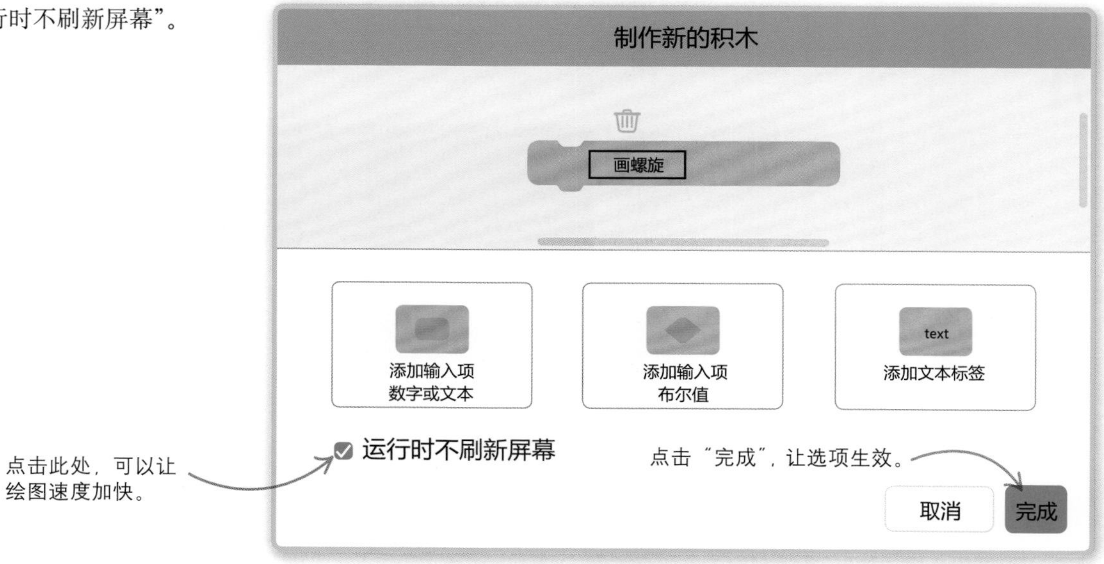

10 现在运行这个作品，螺旋线瞬间就生成了，你完全看不清过程。下一个戏法，是在不同的位置不停地重画螺旋线，这样它看起来就好像在旋转。添加一个新变量“旋转速度”，取消前面的勾选，然后像下面这样修改主程序。

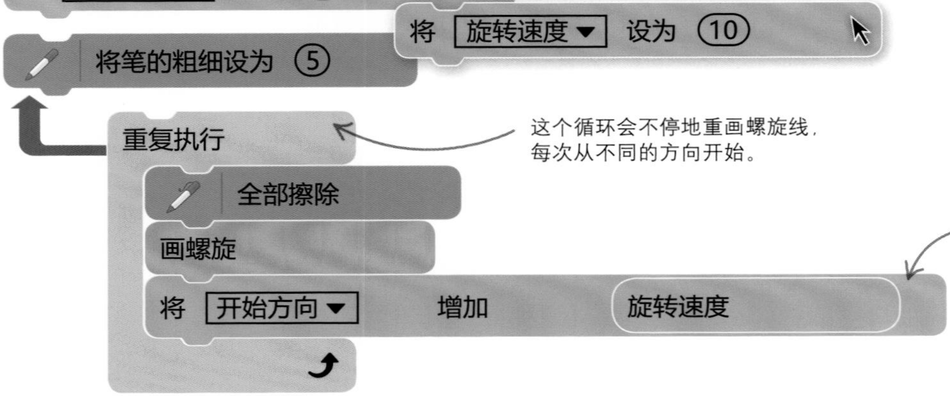

11 运行这个作品，观察螺旋线如何旋转。试试打开全屏模式，你会感受到被催眠的效果。如果你盯着中心看上一阵子，然后把目光移向别处，就会感觉别的东西都诡异地出现了波纹——这是一种视觉幻象。

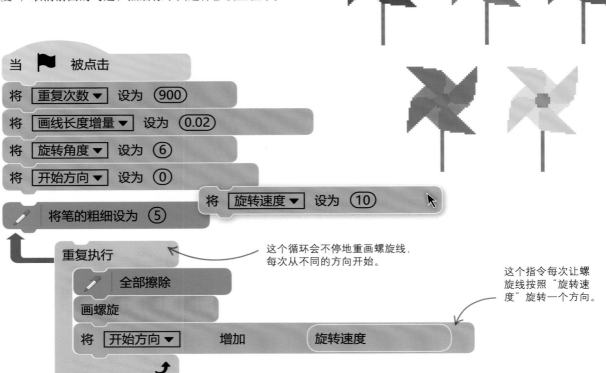

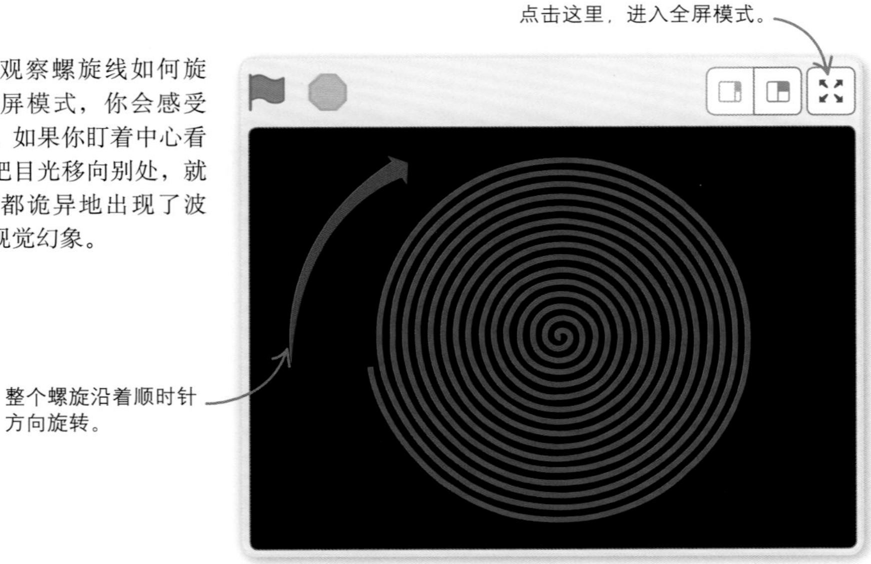

点击这里，进入全屏模式。
整个螺旋沿着顺时针方向旋转。

添加一些颜色

我们可以控制画笔的颜色，让它产生令人称奇的效果。简单修改一下代码，就能创造出如图所示的图案。

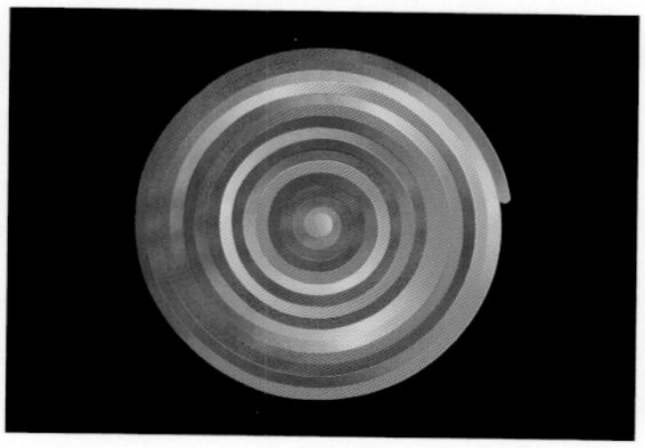

12 添加另一个变量“颜色变化”。然后按照图示，对程序进行修改。运行程序，你会看见全新的彩色螺旋。

```
将 [旋转速度 ▼] 设为 (10)
将笔的粗细设为 (5)
将 [颜色变化 ▼] 设为 (3)
重复执行
    全部擦除
    将笔的 (颜色 ▼) 设为 (0)
    画螺旋
    将 [开始方向 ▼] 增加 (旋转速度)
```

每次画螺旋都用同样的颜色开始。

```
定义 (画螺旋)
面向 (开始方向)
抬笔
移到 x: (0) y: (0)
将 [画线长度 ▼] 设为 (0)
落笔
重复执行 (重复次数)
    将笔的 (颜色 ▼) 增加 (颜色变化)
    将 [画线长度 ▼] 增加 (画线长度增量)
    移动 (画线长度) 步
    右转 ↻ (旋转角度) 度
抬笔
```

每画一条线段，这个指令就会让颜色发生一点变化，最后会形成彩虹效果。

随着音乐运动

如果你的电脑有麦克风，就可以让螺旋跟随声音和音乐产生变化。你需要使用一个特殊的指令块，检测声音的大小。

13 添加两个新变量，“敏感度”和“音量等级”。按照图示修改主程序。

```
当 ⚑ 被点击
将 [重复次数 ▼] 设为 (900)
将 [画线长度增量 ▼] 设为 (0.02)
将 [旋转角度 ▼] 设为 (6)
将 [开始方向 ▼] 设为 (0)
将 [旋转速度 ▼] 设为 (10)
将 [颜色变化 ▼] 设为 (3)
将 [敏感度 ▼] 设为 (3)
重复执行
    全部擦除
    将 [音量等级 ▼] 设为 ((响度) * (敏感度))
    将笔的粗细设为 ((音量等级) / (5))
    将笔的 (颜色 ▼) 设为 ((音量等级) * (10))
    画螺旋
    将 [开始方向 ▼] 增加 (旋转速度)
```

如果螺旋对于音乐的反应不明显，请把此处的数值调大。

程序会连续测量声音的大小，这个指令块会报告一个 0 到 100 之间的音量值。

声音越大，螺旋的线条就越粗。

当音量变大的时候，颜色会顺着螺旋线流动。

14 运行这个作品，同时播放一些音乐或在电脑旁边唱歌。程序会提示你允许使用麦克风，点击“确定”，螺旋就会随着音乐跳舞！

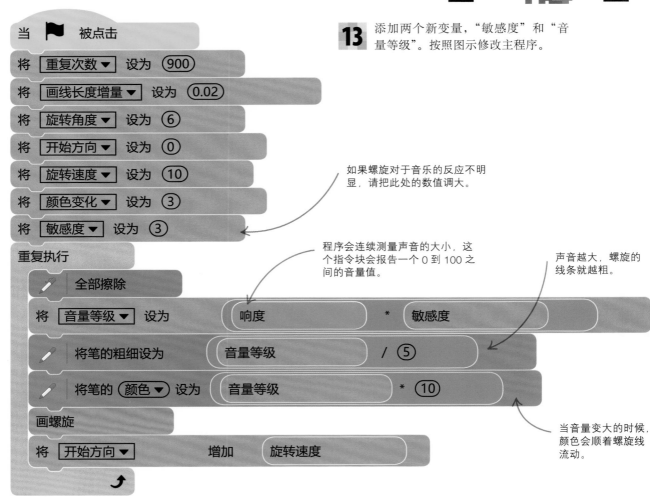

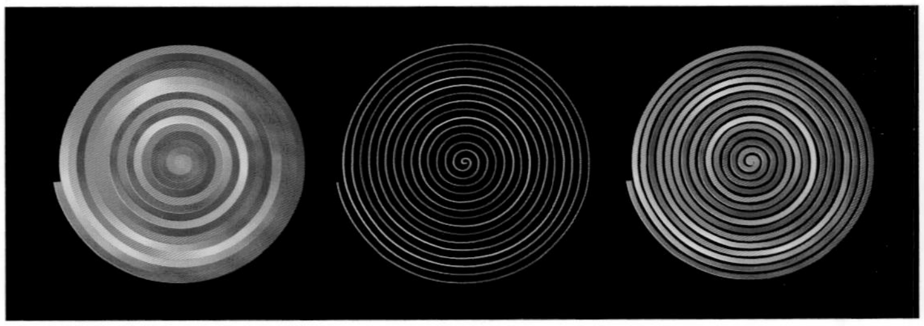

修正与微调

不必害怕，大胆修改程序中的变量值或其他数字，看看有什么效果？你也可以给变量添加滑杆，试验螺旋外观和运动的变化。

▽滑杆

如果你已经让变量在舞台上显示，可以用鼠标右键点击，然后添加“滑杆”。这样就可以在程序运行过程中，试验各种不同的变量值。

▽预设

如果你使用滑杆控制螺旋，最好像下面这样预先把所有的变量值都设置妥当，可以用一个快捷键实现“预设”功能。

```
当按下 [x ▾] 键
将 [重复次数 ▾] 设为 (1200)
将 [画线长度增量 ▾] 设为 (0.01)
将 [旋转角度 ▾] 设为 (4)
将 [旋转速度 ▾] 设为 (20)
将 [颜色变化 ▾] 设为 (1)
```

▽隐身开关

你可以添加如下程序，按下特定的按键后，让滑杆显示或隐藏。用这种方法可以避免滑杆破坏视觉效果。

```
当按下 [h ▾] 键
隐藏变量 [颜色变化 ▾]
隐藏变量 [敏感度 ▾]
```

```
当按下 [s ▾] 键
显示变量 [颜色变化 ▾]
显示变量 [敏感度 ▾]
```

试试看

声音反应

在其他作品中，你也可以让角色对声音作出反应，这会增加很多的乐趣。勾选“响度”指令块，以便在舞台上看到麦克风音量的大小。试着给某些角色添加如图所示的代码，如果是你自己发明的代码更好。

```
当 ⚑ 被点击
重复执行
    将大小设为 (响度)
    将 [颜色 ▾] 特效设定为 (响度)
```

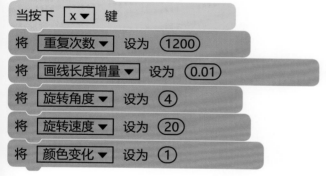

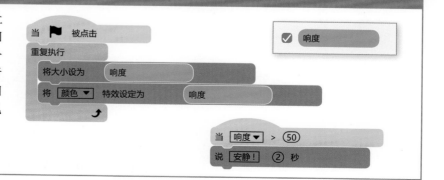

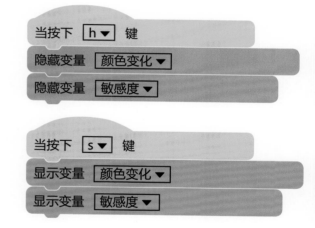

```
当 [响度 ▾] > (50)
说 [安静！] (2) 秒
```

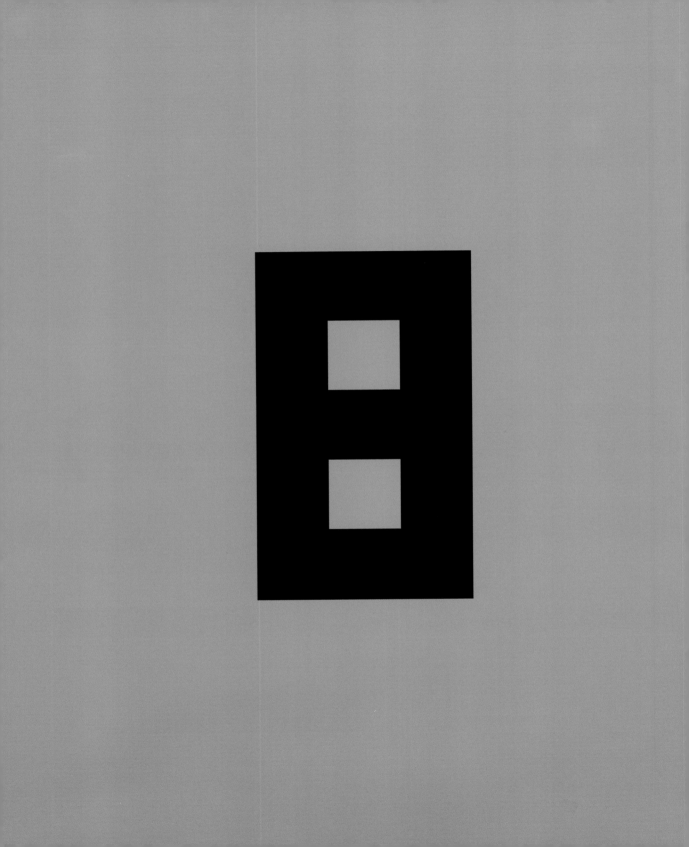

下一个阶段

下一步

学完本书以后，你对于 Scratch 的知识储备应该足够强大了，可以继续向前进入新的领域。这里有一些建议，可以让你的编程能力达到更高的水平，同时也会教你怎样为作品寻找灵感。

探索 Scratch

Scratch 的官方网站 www.scratch.mit.edu 是一个浏览他人作品的好地方，也可以分享你自己的作品。在网站首页的上方点击“发现”就可以查看其他人分享的作品。

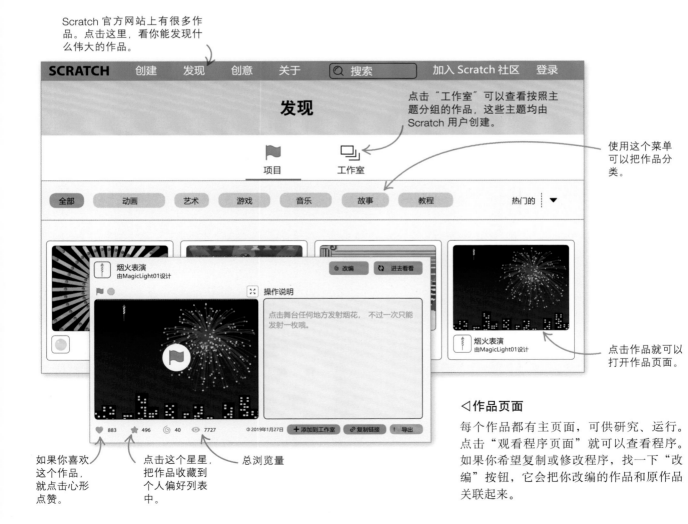

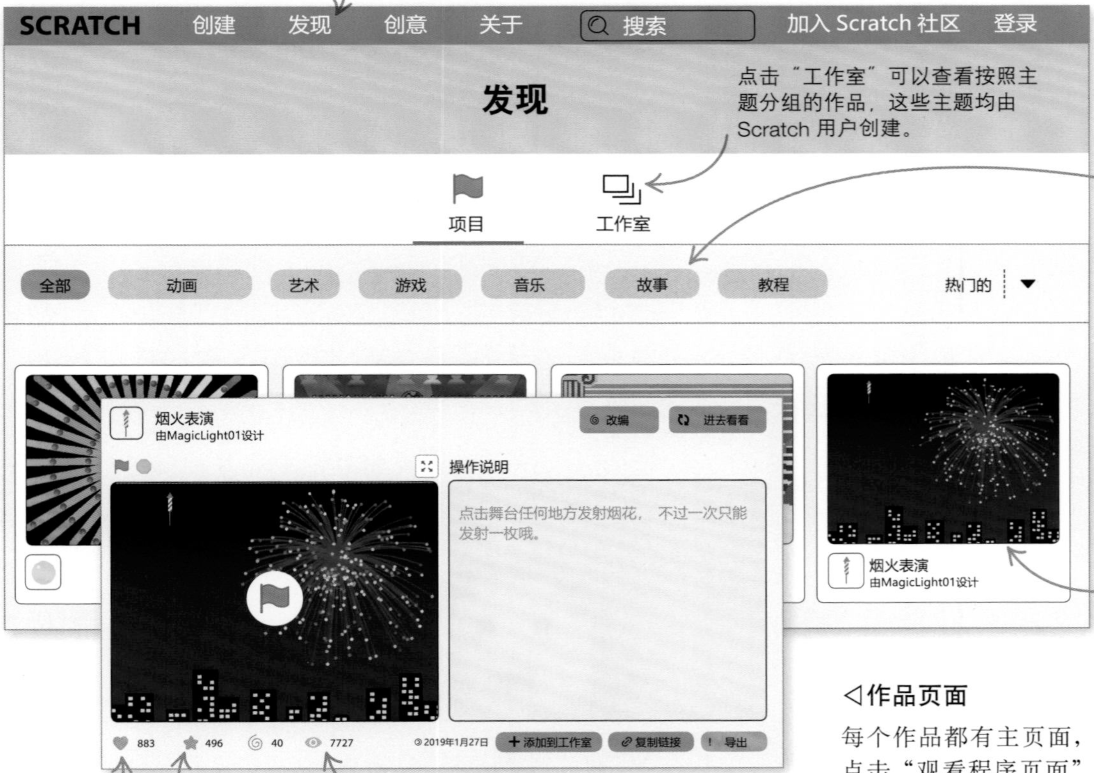

◁作品页面

每个作品都有主页面，可供研究、运行。点击“观看程序页面”就可以查看程序。如果你希望复制或修改程序，找一下“改编”按钮，它会把你改编的作品和原作品关联起来。

▷分享

如果想要把你的作品分享给其他 Scratch 用户，只须打开作品，然后点击上方的“分享”按钮，其他人就可以找到它了。可以查看有多少 Scratch 用户试玩了你的作品，其他人也可以收藏或点赞你的作品。

做一个自己的作品

Scratch 是了不起的游戏乐园，在这里可以尽情试验你的编程灵感。新建一个作品，看看电脑鼠标会把你带到哪里去。

▽涂鸦

Scratch 能让你方便地做试验。比如随意加入一个喜欢的角色，然后给它添加如图所示的程序。也可以打开画笔功能，看看你的角色画出了什么怪异图形。新建变量，添加一些滑杆，这样你可以立刻看到它们带来的效果。

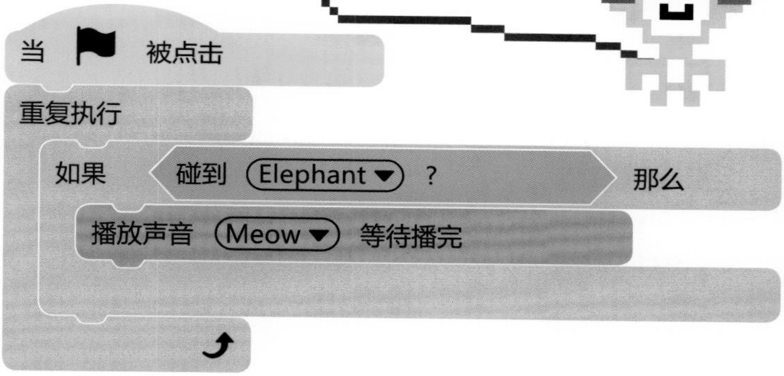

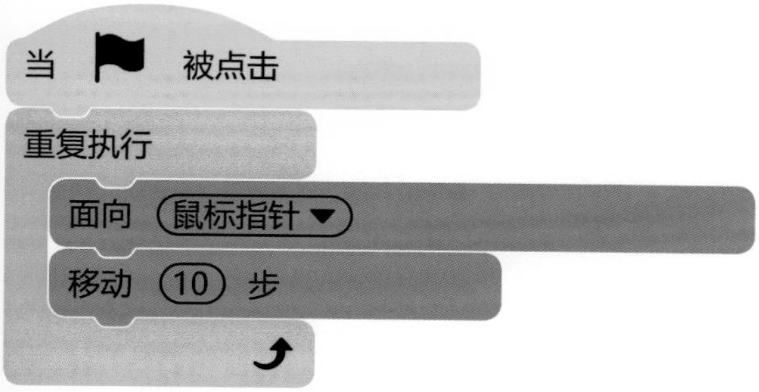

▽享受乐趣

编程是很好玩的。和其他人一起工作，或者分享作品，都是帮助你提高编程水平的好方法。为什么不在学校里加入或干脆创办一个编程俱乐部呢？和那些喜欢 Scratch 编程的朋友搞一个编程聚会，一起研究某个编程主题吧。

▽学习新的编程语言

去拓展自己的能力，学习一种新的编程语言吧。Python 就很容易入门，你会发现很多技巧都曾经在 Scratch 中用过，比如用“如果……那么……”指令块来决定程序的流程，又比如用重复执行来实现循环功能。

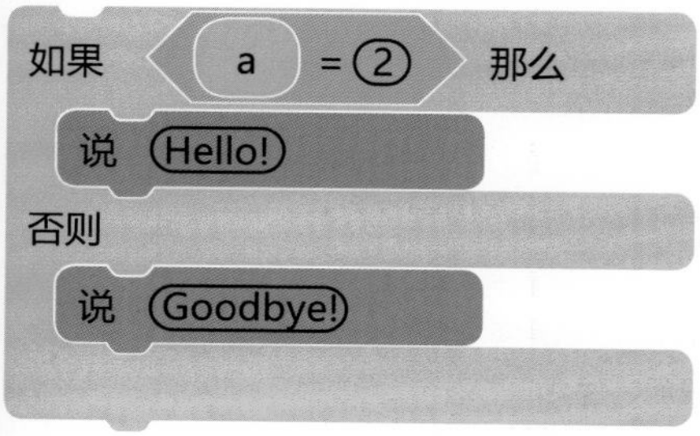

Scratch

```
if a == 2:
    print("Hello!")
else:
    print("Goodbye!")
```

Python

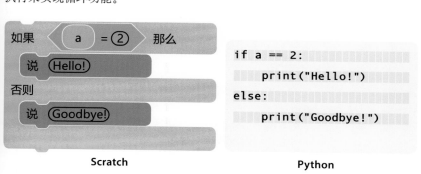

词汇表

编程语言
一种对计算机下达指令的语言。

变量
程序中用来保存可修改数据的地方。变量有名字和值。

布尔表达式
一个“真或假”的判断，通向两个可能的出口。布尔指令块是六边形的，不是圆角矩形。

操作系统
控制计算机上所有东西的程序，比如 Windows、Mac OS 或 Linux。

超速模式
一种快速运行 Scratch 作品的方式，比正常模式快得多。要开启或关闭超速模式，可以在点击绿旗的同时按下 Shift 键。

程序
一组指令，计算机按照其顺序执行，以完成某个特定的任务。

臭虫
程序中的代码错误，会导致程序产生不可预计的运行方式。

代码
在头指令块下面有序排列的一堆指令块。

导出
把 Scratch 的一些东西发送到计算机中，比如把一个角色或作品作为文件保存起来。

导入
从 Scratch 之外将某个东西加载进来，比如来自计算机文件的图片或声音。

动画
快速地切换图片，制造出物体在运动的幻觉。

分形
图案的整体和局部形状保持一致，比如云朵、大树或菜花。

分支
在程序中的某个位置有两个可选项，比如“如果……那么……否则”指令块。

服务器
一台保存了很多文件的计算机，其他计算机可以通过网络访问它。

过程
执行特定任务的一段代码，是程序中运行的程序。也可以称为函数、子程序等。

函数
执行特定任务的一段代码，是程序中运行的程序。也可以称为过程、子程序等。

渐变（色）
从一种颜色到另一种颜色的平滑过渡，比如落日时刻的天空。

角色
舞台上的一个图像。代码可以控制它的运动和变化。

界面
参见“图形化用户界面”。

局部变量
只能被一个角色修改的变量。每个角色的克隆体都会有这种变量的独立版本。

克隆
一个角色的全功能复制品，能移动并执行自己的程序，独立于原来的角色。

库
角色、造型或声音的集合，都可以用于 Scratch 作品。

粒子特效
一种视觉效果，很多小图形以有组织的方式运动，从而形成了更大规模的图案。在 Scratch 中，粒子特效通常用克隆实现。

链表
按照数字顺序保存的数据项集合。

模拟
对某个现实事物的模拟。天气模拟器可以重现风、雨和雪的现象。

目录
一个有组织存放文件的地方。

内存
计算机中的一个芯片，用来存储数据。

Python
由吉多·范罗苏姆发明的流行编程语言。学完 Scratch 以后，学习 Python 是一个很好的选择。

全局变量
可以被作品中所有角色使用并修改的变量。

软件
在计算机中运行的程序，控制了计算机的工作方式。

Scratch 用户
使用 Scratch 编程的人。

矢量图
以形状的集合来保存的计算机图形，矢量图易于修改。和“位图”相对。

事件
某种计算机可以作出反应的事情，比如按下一个按键，或者点击鼠标。

书包
Scratch 中的一个存储区，可以让你在不同的作品之间复制内容。

输出
一个计算机程序产生的结果数据，可以被用户看到。

输入
输入电脑的数据。键盘、鼠标和麦克风都是输入来源。

数据
信息，比如文字、符号或数字。

算法
一步一步执行的指令集合，能完成一个特定的任务。计算机程序的基础就是算法。

随机
计算机程序中的一个函数，能够产生无法预计的结果。随机指令在游戏创作中用处很大。

索引编号
一个数字，对应链表中的指定项。

条件
一个“真或假”的判断，它用于在程序中作出决定。参见“布尔表达式”。

调试
又称除错，寻找并修正程序中的错误。

调用
使用一个函数、过程或子程序。Scratch 中的自定义模块就是对“定义”指令块下方程序的调用。

头指令块
一种 Scratch 指令块，作用是启动一段代码，比如“当绿旗被点击”指令块，也被称为“帽子指令块”。

图形
屏幕上非文字的可视元素，比如图片、图标、符号等。

图形化用户界面
你所看到并操控的程序中的窗口和按钮。

网络
一组彼此连接在一起互相交换信息的电脑。互联网是一个巨大的网络。

微调
对事物进行稍许修改，让它变得更好或不同。

位图
按照像素点阵保存的计算机图形。和“矢量图”相对。

文件
一个数据的存储集合，以名字标记。

舞台
Scratch 中类似窗口的一个区域，Scratch 作品在其中运行。

物理
关于物体如何运动，以及彼此如何互相影响的科学。在模拟作品或游戏作品中，使用物理知识是非常重要的，比如创造出真实的重力效果。

像素
屏幕上的彩色小点，它们组成了图像。

像素艺术
用很大的像素或方块生成的图形，生动地模拟了早期计算机上的图像效果。

消息
在角色之间传递信息的方法。

修正
对代码进行巧妙地修改，完成一些新的功能或简化原来的工作。

循环
一段能重复执行自己的程序，以免需要多次编写同样的程序。

硬件
计算机中你可以看见、触摸的那些部分，比如电线、键盘、屏幕。

语句
计算机语言分解的最小完整指令。

运算符
一种 Scratch 指令块，加工数据后生产出结果，比如检查两个值是否相等，或者把两个数字相加。

运行
让程序开始的命令。

造型
角色显示在舞台上的图像。快速切换角色的造型能产生动画效果。

整数
一个完整的数。整数不包含小数点，也不是分数。

指令块
Scratch 中的一个指令，可以彼此拼接起来组成程序。

子程序
执行特定任务的一段代码，是程序中运行的程序。也可以称为函数、过程等。

字符串
一串字符。字符串可以包含数字、字母和符号。

作品
Scratch 中对于程序及相关的所有角色、声音、背景的合称。

坐标
用于在舞台上标注一个点的一对数字。通常写为（x,y）的格式。

图书在版编目(CIP)数据

DK编程教室 /(英)乔恩·伍德科克等著；余宙华译. -- 海口：南海出版公司, 2020.8
ISBN 978-7-5442-9915-2

Ⅰ. ①D… Ⅱ. ①乔… ②余… Ⅲ. ①程序设计-少儿读物 Ⅳ. ①TP311.1-49

中国版本图书馆CIP数据核字(2020)第066905号

著作权合同登记号 图字：30-2018-087

DK 编程教室
〔英〕乔恩·伍德科克 等 著
余宙华 译

出 版 南海出版公司 (0898)66568511
海口市海秀中路51号星华大厦五楼 邮编 570206
发 行 新经典发行有限公司
电话(010)68423599 邮箱 editor@readinglife.com
经 销 新华书店

责任编辑 侯明明 马晓娴
装帧设计 李照祥
内文制作 博远文化

印 刷 鸿博昊天科技有限公司
开 本 660毫米 x 980毫米 1/16
印 张 13.75
字 数 150千
版 次 2020年8月第1版
印 次 2020年8月第1次印刷
书 号 ISBN 978-7-5442-9915-2
定 价 118.00元

For the curious
www.dk.com